人工智能数学基础与

Python机器学习实战

从推公式到做开发

刘润森 ◎ 著

北京大学出版社

PEKING UNIVERSITY PRESS

内 容 简 介

通常来说,人工智能(Artificial Intelligence, AI)是研究、开发用于模拟、延伸和扩展人的智能的理论、方法、技术及应用系统的一门新的技术科学。人工智能的研究领域包括机器人、语音识别、图像识别、自然语言处理和专家系统等。

机器学习就是用算法解析数据,不断学习,对世界中发生的事做出判断和预测的一项技术。生活中很多机器学习的书籍只注重算法理论方法,并没有注重算法的落地。本书是初学者非常期待的入门书,书中有很多的示例可以帮助初学者快速上手。

本书分为3个部分:第1章和第2章是人工智能的数学基础,主要介绍了机器学习的概念、Python开发环境的搭建、机器学习必备的数学知识,以及线性代数和概率论的相关知识;第3~12章主要介绍了回归模型、分类模型、聚类模型、半监督模型的建立和相关算法的理论,以及如何使用sklearn具体实现相关算法模型的搭建;第13章介绍了Spark机器学习,笔者认为对于机器学习,不能只限于Python中的sklearn的学习,还要紧跟大数据时代的发展。

本书内容通俗易懂,案例丰富,实用性强,特别适合Python语言的入门读者和进阶读者阅读,也适合其他算法程序员和编程爱好者阅读。

图书在版编目(CIP)数据

人工智能数学基础与Python机器学习实战 / 刘润森著. — 北京:北京大学出版社,2021.11
ISBN 978-7-301-32482-0

Ⅰ.①人… Ⅱ.①刘… Ⅲ.①人工智能 – 应用数学 – 基本知识②软件工具 – 程序设计③机器学习
Ⅳ.①TP18②O29③TP311.561④TP181

中国版本图书馆CIP数据核字(2021)第182451号

书 名	人工智能数学基础与Python机器学习实战	
	RENGONG ZHINENG SHUXUE JICHU YU PYTHON JIQI XUEXI SHIZHAN	
著作责任者	刘润森 著	
责 任 编 辑	王继伟	
标 准 书 号	ISBN 978-7-301-32482-0	
出 版 发 行	北京大学出版社	
地 址	北京市海淀区成府路205号 100871	
网 址	http://www.pup.cn 新浪微博:@北京大学出版社	
电 子 信 箱	pup7@pup.cn	
电 话	邮购部 010-62752015 发行部 010-62750672 编辑部 010-62570390	
印 刷 者	北京圣夫亚美印刷有限公司	
经 销 者	新华书店	
	787毫米×1092毫米 16开本 18.25印张 443千字	
	2021年11月第1版 2021年11月第1次印刷	
印 数	1-4000册	
定 价	79.00元	

这项技术有什么前途

　　这是一本关于人工智能数学基础和机器学习的书。机器学习是人工智能的技术基础,国内已有很多院校设立了人工智能专业,机器学习当仁不让地成为该专业的核心课程。自从AlphaGo和韩国九段棋手李世石的人机大战起,人工智能开始流行。人工智能的火热,使得常年不温不火的Python编程语言也异常火热起来,甚至很多人喊起了"人生苦短,我学Python"的口号。

　　机器学习在图像处理、语音识别、自然语言处理方面发挥了越来越大的作用,例如,使用GBDT选择特征,配合Logistic回归做分类,已经成了点击率预估的经典模型。同时,机器学习也渗透到各个传统行业中并产生巨大的社会价值。从某种意义上来说,机器学习在我们的生活中无处不在。机器学习在各领域中扮演了日益重要的角色,从各方面影响和改变着我们的生活。

笔者的使用体会

　　笔者最早从大一下学期开始接续学习机器学习,也曾在CSDN中分享一些相关机器学习的教程和其他IT领域的学习笔记,因此有出版社的朋友找到笔者,希望可以将这些内容整理成书,于是就有了这本书。对笔者而言,本书也是对自己学习成果的总结。大家千万不要认为学习机器学习就是调包,而忽视了里面数学的美,也不要过于在意里面的复杂算法。就国内而言,除少数公司的机器学习部门是推公式、做理论优化外,大部分机器学习岗位都是在用成熟的工具做开发、搞特征、调模型、上线产品。例如,阿里云机器学习PAI平台,封装了上百种算法,提供了完整的机器学习链路,重点是具有可视化操作界面,通过拖曳操作,进行少量配置,即可完成业务处理。这里提醒一句,数学对于机器学习来说是非常重要的。同时,数据分析也很重要,这里包括对数据的理解、对统计学的认知等,可以说,一个好的机器学习算法工程师也一定是一个好的数据分析师。

本书的特色

有些读者在学习时会有这样一种感觉:一门课学完了、考试过了,却不知道学了有什么用,尤其是数学类的课程。这是因为传统教材大多数是按照"定义—例题—习题"的步骤来大篇幅罗列数学概念,偏重理论定义和运算技巧,不注重梳理学科内在的逻辑脉络,更没能深刻挖掘出本学科与当下前沿技术的交会点。因此,本书采用了很多的案例和代码,不局限于算法本身,更注重于实践方面。

本书具有以下特点。

(1)大多数的章节都有典型的Python算法和案例,深入浅出地解释理论,方便学习理解。本书代码绝大多数采用Python语言编写,代码简单优雅,易于上手。本书非常适合想要快速上手机器学习的人员使用。

(2)本书的知识涉及范围较广,包括高等数学、线性代数、概率论、数据处理和机器学习算法等方面。

读者对象

- 有一定的数学基础,希望了解机器学习算法的读者。
- 对人工智能、机器学习感兴趣的读者。
- 机器学习、人工智能专业的大学生。
- 数据分析师。

资源下载

本书所涉及的数据集和源代码已上传到百度网盘,供读者下载。请读者关注封底"博雅读书社"微信公众号,找到"资源下载"栏目,输入图书77页的资源下载码,根据提示获取。另外,读者也可以通过GitHub下载:https://github.com/MaoliRUNsen/machine_learning_book。

目录
CONTENTS

第 1 章

走进机器学习的世界

　　机器学习作为一门多领域的交叉学科,在近年来异军突起。机器学习涉及高等数学、线性代数、概率论、统计学、数据结构和算法及编程等多门学科。机器学习通过计算机自动学习来实现人工智能,是人类在人工智能领域开始的第一个探索。本章将主要介绍机器学习的概念、Python 环境的搭建及必要的机器学习的数学知识。

本章主要涉及的知识点如下。

- ◆ 什么是机器学习、机器学习的分类、常用的机器学习算法和机器学习的流程。
- ◆ Python 环境搭建和机器学习相关软件包介绍。
- ◆ 基本函数的求导公式、求导法则、泰勒展开式和基本函数的积分公式。
- ◆ Python 实现求导和积分。

机器学习概述

1.1.1　什么是机器学习

机器学习(Machine Learning, ML)是21世纪比较热门的话题。然而,最早关于机器学习的定义可以追溯到1959年。1959年,Arthur Samuel在开发跳棋程序时,给出了一个机器学习的定义:Field of study that gives computers the ability to learn without being explicitly programmed。翻译成中文就是,在没有明确设置的情况下,使计算机具有学习能力的研究领域。

从1959年到20世纪90年代,机器学习再没有被定义过,这个阶段属于机器学习的冰冻时期,机器学习的发展几乎处于停滞状态。直到1996年,Langley也给出了一个机器学习的定义:Machine learning is a science of the artificial. The field's main objects of study are artifacts, specifically algorithms that improve their performance with experience。即Langley认为,机器学习是一门人工智能的科学,该领域主要的研究对象是人工智能,特别是如何在经验学习中不断提高算法的性能。机器学习也正式从20世纪末开始复兴起来。

1997年,Tom Mitchell在 *Machine Learning* 一书中给出更深的定义:Machine Learning is the study of computer algorithms that improve automatically through experience。即Tom Mitchell认为,机器学习是对能通过经验自动改进的计算机算法的研究。

2004年,Alpaydin提出自己对机器学习的定义:Machine learning is programming computers to optimize a performance criterion using example data or past experience。即Alpaydin认为,机器学习是用数据或以往的经验,以此优化计算机程序的性能标准。

现时代,根据维基百科和百度百科对机器学习的定义,笔者尝试将机器学习定义如下:机器学习专门研究计算机怎样模拟或实现人类的学习行为,以获取新的知识或技能,重新组织已有的知识结构,使之不断改善自身的性能。机器学习是计算机科学的子领域,也是人工智能的一个分支和实现方式,即以机器学习为手段解决人工智能中的问题。

学习是人类具有的一种表示智慧的行为,人类也一直梦想着机器能像人类一样学习。于是人类发展了各种机器学习理论和学习方法,不断在理论和性能上进行改进和优化。机器学习通常是根据各种机器学习算法,建立人类学习过程的计算模型,最终达到可以处理任务且不受人类的干涉的效果。

1.1.2　机器学习的分类

机器学习可以应用于很多领域,可以将其问题归纳为以下几类,如图1.1所示。

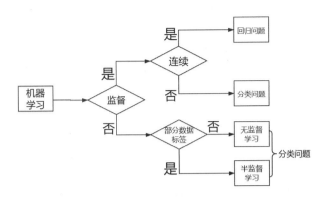

图 1.1　机器学习的问题分类

在机器学习中,监督指的是数据中的标签,具体来说,就是数据集中存在输出变量(y)。机器学习通常被描述为在监督或无监督下从经验中学习。根据是否存在监督,分为监督学习和无监督学习。

监督学习指的是从已知标记的样本的输出标签和输入特征数据来进行学习,从而达到从一个输入预测一个输出的目标。例如,在波士顿房价数据集中,除给出面积、楼龄的特征数据外,也会给出真实的房价,这就是监督学习。监督学习根据预测的结果类型,又分为回归问题和分类问题。如果预测的结果数据是连续分布的,就是回归问题。相反,如果预测的结果数据是离散分布的,就是分类问题。

另外,也存在并没有全部给出所有的数据标签,需要使用部分的数据标签来预测没有给出的数据标签的结果,这是半监督学习。无监督学习是没有给出数据标签,仅仅通过样本之间的比较计算来达成分类目标,也就是常说的聚类问题。

1.1.3　常用的机器学习算法

在机器学习中,不同的问题都有对应的机器学习算法,常用的机器学习算法有如下几种,如图1.2所示。

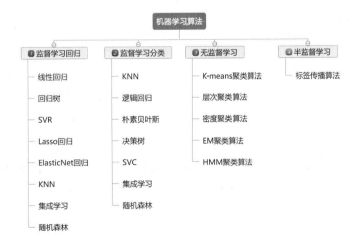

图 1.2　机器学习算法的分类

1. 回归算法

回归算法是拟合样本点,求回归方程的一类算法。常见的回归算法有线性回归、Lasso回归、岭回归和ElasticNet回归等。回归算法的具体内容及处理回归问题的方法,将在第4章中进行介绍。

2. 逻辑回归

逻辑回归并不是回归算法,而是一个二分类的分类算法。该算法的核心是Logistic函数,逻辑回归的具体内容及处理二分类问题的方法,将在第4章中进行介绍。

3. KNN

KNN算法不仅可以处理分类问题,还可以处理回归问题。KNN算法通过计算距离寻找最近邻,然后提取样本集中特征最相似的数据(距离最近)标签。KNN算法的具体内容及处理分类和回归问题的方法,将在第5章中进行介绍。

4. 贝叶斯分类

贝叶斯分类算法是统计学的一种分类方法,它是一类利用概率统计知识进行分类的算法。贝叶斯分类算法的具体内容及处理分类问题的方法,将在第5章中进行介绍。

5. 决策树

决策树是解决分类和回归问题的一种常见的算法。决策树算法采用树形结构,每一次选择最优特征来实现最终的分类。决策树算法的具体内容及处理分类和回归问题的方法,将在第6章中进行介绍。

6. 集成学习

集成学习算法是通过构建并结合多个学习器来完成学习任务的一类算法,可以处理分类和回归问题。集成学习算法的具体内容及处理分类和回归问题的方法,将在第6章中进行介绍。

7. 支持向量机

支持向量机是机器学习算法中建立模型效果比较好的算法,可以处理分类和回归问题。支持向量机的具体内容及处理分类和回归问题的方法,将在第7章中进行介绍。

8. 聚类算法

聚类算法属于无监督学习,常见的聚类算法有K-means聚类算法、层次聚类算法、密度聚类算法、EM聚类算法和HMM聚类算法等。聚类算法的具体内容及处理分类问题的方法,将在第8章和第9章中进行介绍。

9. 标签传播算法

标签传播算法是半监督学习主要的算法。标签传播算法认为,如果是相似的数据,那么应该具有相同的label。标签传播算法的具体内容及处理分类问题的方法,将在第12章中进行介绍。

1.1.4　机器学习的流程

机器学习的一般流程包括确定需求、收集数据、数据预处理、训练模型、评估和优化模型、模型应用等步骤。首先明确目标的任务,需要解决什么问题或需要处理什么需求;然后寻找解决需求的数据,在寻找的数据中进行必要的处理,以排除无关的数据影响;最后根据各算法的特点,选择合适的模型进行评估和验证,评估各模型的结果,最终选择合适的模型进行应用。

1. 确定需求

确定需求是机器学习的第一步。机器学习中特征工程和模型训练都是非常费时的,因此在训练模型前,需要先明确要解决的问题和业务的需求,再基于现有数据选择算法模型进行训练。不要一上来就进入代码环节,这样往往达不到要求,也是"欲速则不达"的体现。

2. 收集数据

确定需求后,需要收集数据。如果是处理业务问题,则往往不需要收集数据,可以通过网络爬虫的方法进行数据的抓取。由于本书的侧重点是机器学习,因此不会介绍网络爬虫的相关知识点。收集的数据需要有代表性,能够反映某一个特点,而且样本数据需要平衡,否则容易出现过拟合或欠拟合的问题,这些都会影响模型的准确率。如果数据对内存的消耗巨大,导致无法读取,这时就需要采用大数据框架分布式读取。

3. 数据预处理

通过收集数据,能得到未经处理的数据。由于这些数据是原始的、未加工的,因此可能存在以下问题。

(1)特征数据的类型不同:数据不能够放在一起进行比较和处理,这时就需要对数据的类型进行转化。

(2)存在缺失值:数据集往往存在一些缺失值,这时可以根据需要选择去除缺失值或填充缺失值。

(3)文本数据无法计算:由于文本数据不是数值类型,因此它没有计算能力,不能建立模型。通常的解决方法是进行One-Hot处理,转换成"1"和"0"的数值类型。

(4)特征可用性低:不同的特征数据对标签都有不同的影响,如果选择无关的特征数据,就会影响模型的准确率。这时,往往需要进行特征工程,对特征进行选择。

数据预处理常常占据整个机器学习过程的一定时间。标准化、归一化、One-Hot编码、特征提取、缺失值处理等是常见的数据预处理方法。数据预处理的具体内容及处理和提取特征的方法,将在第3章中进行介绍。

4. 训练模型

训练模型前,一般会将数据集划分成训练集和测试集,从而提高模型的泛化能力。在模型训练过程中,一般会用多种不同的算法来进行模型训练,然后比较它们的性能,从中选择最优的一个。训练模型的具体内容,将在第12章中进行介绍。

5. 评估和优化模型

模型的评估是优化模型的指标,常见的评估方法有很多,例如,通过交叉验证绘制学习曲线,比较精确率和准确率,绘制混淆矩阵,等等。在模型训练的过程中,往往需要对模型的超参数进行调优。这对机器学习算法原理的要求较高,越深入理解算法的超参数,就越容易发现问题的原因,从而从中选择更优的超参数。

6. 模型应用

模型的应用是项目的最终结果,一般就是将训练的模型持久化,然后在服务器中运行加载模型,并提供REST API(REST描述的是在网络中Client和Server的一种交互形式)或其他形式的服务接口。模型在线上运行的效果直接决定模型的好坏。

1.2 Python 编程语言

随着人工智能时代的来临,Python语言被越来越多的开发人员使用,因为它不仅简单易学,而且还有丰富的第三方库。本节将主要讲解如何安装Python,并着重介绍Anaconda的使用及Python的相关知识。

1.2.1 Python 环境搭建

1. 搭建 Python 环境

首先访问Python官网,然后选择下载与自己的计算机系统对应的Python安装包,下载后直接安装即可。安装成功后,按"Win+R"组合键,在弹出的"运行"对话框(图1.3)中输入"cmd"(cmd即命令提示符,是Windows环境下的虚拟DOS窗口),然后单击"确定"按钮,即可打开命令提示符窗口。

图1.3 "运行"对话框

在命令提示符窗口中,输入"python",即可进入Python的交互环境,输出一个"hello world",也就是print("hello world"),如果成功输出,则表示Python环境搭建成功,如图1.4所示。

```
C:\Users\YIUYE>python
Python 3.7.1 (default, Oct 28 2018, 08:39:03) [MSC v.1912 64 bit (AMD64)] :: Anaconda, Inc. on win32
Type "help", "copyright", "credits" or "license" for more information.
>>> print("hello world")
hello world
>>>
```

图1.4　Python环境搭建成功

2. Anaconda下载

Anaconda是一款Python的集成开发环境（Integrated Development Environment，IDE），通常是数据分析人员比较喜欢的IDE。如果选择安装Anaconda，那么就不需要在Python官网下载Python安装包。访问Anaconda官网，根据自己的计算机系统选择对应的安装包下载即可，这里最好选择Python 3版本，如图1.5所示。

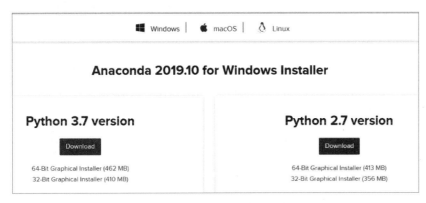

图1.5　Anaconda安装包下载

如果下载速度过慢，可以选择安装Anaconda的清华镜像。安装后添加清华镜像源解决conda install下载速度慢的问题，打开Anaconda Prompt命令行，依次添加以下命令。

```
conda config --add channels https://mirrors.tuna.tsinghua.edu.cn/anaconda/pkgs/free/
conda config --add channels https://mirrors.tuna.tsinghua.edu.cn/anaconda/cloud/
conda-forge/
conda config --add channels https://mirrors.tuna.tsinghua.edu.cn/anaconda/cloud/
msys2/
conda config --set show_channel_urls yes
```

3. conda常见命令和虚拟环境搭建

conda不仅方便安装、更新、卸载工具包，而且安装时能自动安装相应的依赖包。conda命令大多是在配置虚拟环境时使用，下面是conda常见命令。

```
conda list              // 查看当前的包
conda search request    // 查找request库
conda install request   // 安装request库
conda uninstall request // 删除request库
conda update request    // 更新request库
```

很多时候不同的库依赖不同的依赖包,需要创建虚拟环境。下面是conda创建虚拟环境的常用命令。

```
conda info --envs        // 查看安装好的环境
# deeplearn代指克隆得到的新环境的名称,base代指被克隆的环境的名称
conda create --name deeplearn --clone base
# 激活虚拟环境
activate envname // for Windows
source activate envname // for Liunx and Mac
# 退出虚拟环境
deactivate
```

Jupyter Notebook 是一个网页版的 Python 编写交互模式,使用的过程比较简单,同时可以使用 Markdown 编写笔记。如果需要在创建的虚拟环境上运行 Jupyter Notebook,这时就会发现在 Jupyter Notebook 中其实并没有安装指定的虚拟环境引擎。如果需要 Jupyter Notebook 运行在指定的虚拟环境引擎上,则只需要安装nb_conda_kernels插件即可解决。但需要注意的是,在base环境下安装,而不是虚拟环境。

```
(base) conda install nb_conda_kernels
```

安装成功后,打开Jupyter Notebook,在菜单栏的"Kernel"中选择"Change kernel"选项,即可切换到指定的虚拟环境。

1.2.2　机器学习相关软件包介绍

1. Scikit-learn

如果使用Python进行机器学习,那么推荐使用功能强大的Scikit-learn软件包。Scikit-learn库包含了常见机器学习算法,通常使用几行代码就可以建立一个机器学习模型。这里简要介绍Scikit-learn的使用。导入Scikit-learn包,只需要import即可。但这里需要注意的是,Scikit-learn的包名是sklearn。

```
import sklearn
```

调用机器学习算法也非常简单,如线性回归算法可以在线性模型中找到,代码如下。

```
from sklearn.linear_model import LinearRegression
model = LinearRegression()
```

生成模型后,一般使用fit方法对模型进行训练。完成训练的模型一般使用predict方法进行预测。可以说,Scikit-learn对机器学习算法进行了高度的封装,使用起来简单便利。

2. Pandas

Pandas是Python语言中非常著名的用于数据处理的库。数据读取和清理工作一般都使用Pandas来完成。Pandas可以对数据进行导入、清洗、处理、统计和输出。

3. NumPy

NumPy是Python语言的科学计算库,提供了线性代数、概率分布等非常有用的数学工具,现已经广泛应用在Python数据分析领域中。

4. Matplotlib

Matplotlib是Python优秀的数据可视化第三方库,也是Python中最常用的可视化工具之一。

 1.3 机器学习的数学知识

机器学习涉及高等数学,因此在学习机器学习之前,需要先学习一些必备的数学相关知识。本节将主要讲解常见函数的求导、求导法则、泰勒展开式和微分法则。

1.3.1 导数

在学习导数的概念之前,先来回顾一下物理学中变速直线运动的瞬时速度的问题。设一个质点沿着x轴运动,其位置x是时间t的函数,记作$x = f(t)$,求质点在t_0的瞬时速度。

当时间从t_0有增量Δt时,质点的位置也有增量$\Delta x = f(t_0 + \Delta t) - f(t_0)$。因此,在此段时间内质点的平均速度为$\dfrac{\Delta x}{\Delta t} = \dfrac{f(t_0 + \Delta t) - f(t_0)}{\Delta t}$。如果质点是匀速直线运动,则平均速度就是质点在$t_0$的瞬时速度。如果质点是非匀速直线运动,则平均速度就不是质点在t_0的瞬时速度。如果时间段$\Delta t \to 0$,则平均速度$v(t_0) = \lim\limits_{\Delta t \to 0} \dfrac{\Delta x}{\Delta t} = \lim\limits_{\Delta t \to 0} \dfrac{f(t_0 + \Delta t) - f(t_0)}{\Delta t}$会无限地接近于质点$t_0$的瞬时速度。

下面给出导数的定义:设函数在点x_0的某一邻域内有定义,自变量x在x_0处存在增量Δx,相应的函数增量$\Delta y = f(x_0 + \Delta x) - f(x_0)$。如果$\lim\limits_{\Delta x \to 0} \dfrac{\Delta y}{\Delta x}$存在,则称函数$y = f(x)$在点$x_0$处可导,并称此极限值为函数$y = f(x)$在点$x_0$处的导数,记作$f'(x_0)$。如果$\lim\limits_{\Delta x \to 0} \dfrac{\Delta y}{\Delta x}$不存在,则称函数$y = f(x)$在点$x_0$处不可导。简单来说,导数就是曲线的斜率,是曲线变化快慢的反映。

1.3.2 基本函数的求导公式

下面笔者总结了一些基本函数的求导公式,具体如下。

(1)常数求导公式:$(C)' = 0$(C为常数)。

(2)幂函数求导公式:$(x^\mu)' = \mu x^{\mu - 1}$。

（3）正弦函数求导公式：$(\sin x)' = \cos x$。

（4）余弦函数求导公式：$(\cos x)' = -\sin x$。

（5）正切函数求导公式：$(\tan x)' = \sec^2 x$。

（6）余切函数求导公式：$(\cot x)' = -\csc^2 x$。

（7）正割函数求导公式：$(\sec x)' = \sec x \tan x$。

（8）余割函数求导公式：$(\csc x)' = -\csc x \cot x$。

（9）反正弦函数求导公式：$(\arcsin x)' = \dfrac{1}{\sqrt{1 - x^2}}$。

（10）反余弦函数求导公式：$(\arccos x)' = -\dfrac{1}{\sqrt{1 - x^2}}$。

（11）反正切函数求导公式：$(\arctan x)' = \dfrac{1}{1 + x^2}$。

（12）反余切函数求导公式：$(\text{arccot}\, x)' = -\dfrac{1}{1 + x^2}$。

（13）指数函数求导公式：$(a^x)' = a^x \ln a, (e^x)' = e^x$。

（14）对数函数求导公式：$(\log_a x)' = \dfrac{1}{x \ln a}, (\ln x)' = \dfrac{1}{x}$。

1.3.3　求导法则

如果函数 $u = u(x)$ 和 $v = v(x)$ 在点 x 处可导，那么函数和、差、积和商的求导法则具体如下。

函数和、差的求导法则：$(u \pm v)' = u' \pm v'$。

函数积的求导法则：$(uv)' = u'v + uv', (Cu)' = Cu'(C为常数)$。

函数商的求导法则：$\left(\dfrac{u}{v}\right)' = \dfrac{u'v - uv'}{v^2}$。

下面已知函数 $f(x) = x^x, x > 0$，尝试计算出 $f(x)$ 的最小值。

令 $x^x = e^{x\ln x}$，则可以得到 $f(x) = e^{x\ln x}, x > 0$。$f'(x) = e^{x\ln x}(x\ln x)' = e^{x\ln x}(\ln x + 1) = x^x(1 + \ln x)$。当 $x = e^{-1}$ 时，$f'(-e) = 0$；当 $x \to 0$ 时，$f'(x) < 0$；当 $x \to \infty$ 时，$f'(x) > 0$。即当 $x = e^{-1}$ 时，函数 $f(x) = x^x$ 有最小值，$f(e^{-1}) = e^{-\frac{1}{e}}$。

1.3.4　Python实现求导

在 Python 中，使用 SymPy 包能实现表达式或表达式代入值的求导。SymPy 包可以通过 pip install sympy 命令进行安装。

1. 表达式的求导

下面导入 SymPy 包，通过 Symbol 方法对 x 自变量进行标记，最后使用 diff 方法即可求出 $x^3 + x$ 的导

数为 $3x^2 + 1$，具体代码如下。

```
import sympy
x = sympy.Symbol("x")
print(sympy.diff(x**3+x, x))

print((x**2).diff())

####输出如下####
3 * x ** 2 + 1
2 * x
```

如果需要求偏导，则存在两个自变量。例如，求出 $y = x_1^3 + x_1x_2 + x_2$ 的导函数，其中 x_1 和 x_2 都是自变量。这需要对 x_1 和 x_2 两个自变量进行标记，具体代码如下。

```
import sympy
x1 = sympy.Symbol("x1")
x2 = sympy.Symbol("x2")
y = x1 ** 3 + x1 * x2 + x2
print(sympy.diff(y, x1))
print(sympy.diff(y, x2))

####输出如下####
3 * x1 ** 2 + x2
x1 + 1
```

2. 表达式代入值的求导

很多时候自变量都有特定的值，可以进行表达式代入值的求导。下面求出当 $x = 6$ 时，函数 $y = x^3 + x$ 的值。这需要定义函数，通过 evalf 方法传入 x 的数值，具体代码如下。

```
import sympy
def sympy_derivative():
    x = sympy.symbols('x')
    y = x ** 3 + x
    return sympy.diff(y, x)
func = sympy_derivative()
print(func)
# 将x等于6代入计算,结果为109
print(func.evalf(subs={'x':6}))

####输出如下####
3 * x ** 2 + 1
109.000000000000
```

如果求偏导需要代入值，则也是同样的道理。下面求出当 $x_1 = 6$ 时，函数 $y = x_1^3 + x_1 x_2 + x_2$ 对 x_2 的导函数，具体代码如下。

```python
import sympy
def sympy_derivative():
    x1 = sympy.symbols('x1')
    x2 = sympy.symbols('x2')
    y = x1 ** 3 + x1 * x2 + x2
    return sympy.diff(y, x2)
func = sympy_derivative()
print(func)
print(func.evalf(subs={'x1':6}))


####输出如下####
x1 + 1
7.00000000000000
```

1.3.5 泰勒展开式

泰勒展开式是将一个在 $x = x_0$ 处具有 n 阶导数的函数 $f(x)$，利用关于 $x - x_0$ 的 n 次多项式来逼近函数的方法。如果函数 $f(x)$ 在定义域 I 内有定义，且有 $n + 1$ 阶导数存在，则有 $f(x) = f(x_0) + \dfrac{f'(x_0)}{1!}(x - x_0) + \dfrac{f''(x_0)}{2!}(x - x_0)^2 + \cdots + \dfrac{f^{(n)}(x_0)}{n!}(x - x_0)^n + R_n(x)$。

其中，$f^{(n)}(x)$ 是 $f(x)$ 的 n 阶导数；$R_n(x)$ 是泰勒展开式的余项，是 $(x - x_0)^n$ 的高阶无穷小。常见函数的泰勒展开式如下。

$$\frac{1}{1 - x} = 1 + x + x^2 + \cdots + x^n + R(x^n), x \in (-1, 1)$$

$$e^x = 1 + x + \frac{x^2}{2!} + \cdots + \frac{x^n}{n!} + R(x^n), x \in \mathbf{R}$$

$$\cos x = 1 - \frac{x^2}{2!} + \frac{x^4}{4!} - \frac{x^6}{6!} + \cdots + (-1)^n \frac{x^{2n}}{(2n)!} + R(x^{2n+1}) = \sum_{n=0}^{\infty} (-1)^n \frac{x^{2n}}{(2n)!} + R(x^{2n+1}), x \in \mathbf{R}$$

$$\sin x = x - \frac{x^3}{3!} + \frac{x^5}{5!} - \frac{x^7}{7!} + \cdots + (-1)^{n-1} \frac{x^{2n-1}}{(2n-1)!} + R(x^{2n}) = \sum_{n=0}^{\infty} (-1)^{n-1} \frac{x^{2n-1}}{(2n-1)!} + R(x^{2n}), x \in \mathbf{R}$$

$$\ln(1 + x) = x - \frac{x^2}{2} + \frac{x^3}{3} - \frac{x^4}{4} + \cdots + (-1)^{n-1} \frac{x^n}{n} + R(x^n) = \sum_{n=0}^{\infty} (-1)^{n-1} \frac{x^n}{n} + R(x^n), x \in (-1, 1]$$

$$\arctan x = x - \frac{x^3}{3} + \frac{x^5}{5} - \frac{x^7}{7} + \cdots + (-1)^{n-1} \frac{x^{2n-1}}{2n-1} + R(x^{2n}) = \sum_{n=0}^{\infty} (-1)^{n-1} \frac{x^{2n-1}}{2n-1} + R(x^{2n}), x \in (-1, 1)$$

下面使用Python代码计算 e^x 函数的泰勒展开式的前10个数，并使用Matplotlib绘制出来，具体代码如下。

```python
import numpy as np
import math
import matplotlib as mpl
import matplotlib.pyplot as plt
def calc_e_small(x):
    '''
    计算前10个
    '''
    n = 10
    f = np.arange(1, n+1).cumprod()   # 阶乘
    b = np.array([x]*n).cumprod()     # 计算的是x的n次方
    return np.sum(b/f) + 1


def calc_e(x):
    reverse = False
    if x < 0:  # 处理负数
        x = -x
        reverse = True
    y = calc_e_small(x)
    if reverse:
        return 1 / y
    return y


if __name__ == "__main__":
    t1 = np.linspace(-2, 0, 10, endpoint=False)
    t2 = np.linspace(0, 4, 20)
    t = np.concatenate((t1, t2))
    y = np.empty_like(t)
    for i, x in enumerate(t):
        y[i] = calc_e(x)
        print('e^', x, ' = ', y[i], '(近似值)\t', math.exp(x), '(真实值)')
    plt.figure(facecolor='w')
    mpl.rcParams['font.sans-serif'] = ['SimHei']
    mpl.rcParams['axes.unicode_minus'] = False
    plt.plot(t, y, 'r-', t, y, 'go', linewidth=2, markeredgecolor='k')
    plt.title('Taylor展开式的应用 - $e^x$函数', fontsize=18)
    plt.xlabel('X', fontsize=15)
    plt.ylabel('exp(X)', fontsize=15)
    plt.grid(True, ls=':')
    plt.show()
```

运行上述代码,结果如图1.6所示。

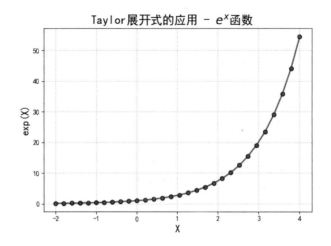

图 1.6　Python模拟 e^x 函数的泰勒展开式

1.3.6　微积分基本定理

如果函数 $f(x)$ 在区间 $[a,b]$ 上连续,并且存在原函数 $F(x)$,则有 $\int_a^b f(x)\mathrm{d}x = F(b) - F(a) = F(x)\big|_a^b$。 这个结论就是著名的微积分基本定理,也被称为牛顿-莱布尼兹公式,其中原函数 $F(x)$ 的导函数是函数 $f(x)$。微积分基本定理揭示了导数与定积分之间的内在联系,同时它也提供了计算定积分的一种有效方法。

莱布尼兹曾在其发表的第一篇微分学论文中定义了微分,广泛采用了微分记号 $\mathrm{d}x, \mathrm{d}y$,并明确陈述了函数和、差、积、商、乘幂和方根的微分公式,也就是微分法则,具体如下。

函数和、差的微分法则: $\mathrm{d}(u \pm v) = \mathrm{d}u \pm \mathrm{d}v$。

函数积的微分法则: $\mathrm{d}(uv) = v\mathrm{d}u + u\mathrm{d}v$, $\mathrm{d}(Cu) = C\mathrm{d}u$(C 为常数)。

函数商的微分法则: $\mathrm{d}\left(\dfrac{u}{v}\right) = \dfrac{v\mathrm{d}u - u\mathrm{d}v}{v^2}$。

函数乘幂的微分法则: $\mathrm{d}(x^a) = ax^{a-1}\mathrm{d}x$。

函数方根的微分法则: $\mathrm{d}(\sqrt[b]{x^a}) = \dfrac{a}{b}\sqrt[b]{x^{a-b}}\,\mathrm{d}x$。

1.3.7　基本函数的积分公式

下面笔者总结了一些基本函数的积分公式,具体如下。

$$\int k\mathrm{d}x = kx + C(C, k \text{ 为常数})$$

$$\int x^\mu \mathrm{d}x = \frac{x^{\mu+1}}{\mu+1} + C$$

$$\int \frac{\mathrm{d}x}{x} = \ln|x| + C$$

$$\int a^x \mathrm{d}x = \frac{a^x}{\ln a} + C$$

$$\int e^x \mathrm{d}x = e^x + C$$

$$\int \sin x \mathrm{d}x = -\cos x + C$$

$$\int \cos x \mathrm{d}x = \sin x + C$$

$$\int \tan x \mathrm{d}x = -\ln|\cos x| + C$$

$$\int \frac{1}{\sin^2 x} \mathrm{d}x = \int \csc^2 \mathrm{d}x = -\cot x + C$$

$$\int \frac{1}{\cos^2 x} \mathrm{d}x = \int \frac{1}{\sec^2 x} \mathrm{d}x = \tan x + C$$

$$\int \frac{1}{1+x^2} \mathrm{d}x = \arctan x + C$$

$$\int \frac{1}{a^2+x^2} \mathrm{d}x = \frac{1}{a}\arctan\left(\frac{x}{a}\right) + C$$

$$\int \frac{1}{\sqrt{1-x^2}} \mathrm{d}x = \arcsin x + C$$

$$\int \frac{1}{x^2-a^2} \mathrm{d}x = \frac{1}{2a}\ln\left|\frac{x-a}{x+a}\right| + C$$

$$\int u'v \mathrm{d}x = uv - \int uv' \mathrm{d}x \quad (\text{分部积分法})$$

根据上面的公式,分别计算下面的定积分。

（1）$\int_{-1}^{2} x^4 \mathrm{d}x$；（2）$\int_{1}^{2} \frac{\mathrm{d}x}{\sqrt{x}}$；（3）$\int_{0}^{2} \frac{x\mathrm{d}x}{\sqrt{1+x^2}}$。

解：（1）

$$\int_{-1}^{2} x^4 \mathrm{d}x = \left(\frac{1}{5}x^5\right)\Big|_{-1}^{2} = \frac{33}{5}$$

（2）

$$\int_{1}^{2} \frac{\mathrm{d}x}{\sqrt{x}} = 2\sqrt{x}\Big|_{1}^{2} = 2\sqrt{2} - 2$$

（3）

$$\int_{0}^{2} \frac{x\mathrm{d}x}{\sqrt{1+x^2}} = \frac{1}{2}\int_{0}^{2} \frac{\mathrm{d}(x^2)}{\sqrt{1+x^2}} = \left[\frac{1}{2}\times 2(1+x^2)^{\frac{1}{2}}\right]\Big|_{0}^{2} = (1+x^2)^{\frac{1}{2}}\Big|_{0}^{2} = \sqrt{5} - 1$$

根据前面学习的公式,许多定积分都能求解出来。但是,如果遇到需要换元的情况,那么定积分的求解难度就会加大。下面再举几个换元的定积分例子。

$(4) \int_0^1 \dfrac{x^4}{\sqrt[3]{7+x^5}} dx; (5) \int_{-1}^2 \dfrac{dx}{x^2+2x+3}; (6) \int_0^{\frac{\pi}{2}} \dfrac{\sin x}{\sin x + \cos x} dx$。

解：(4)令$u = 7 + x^5 \in (7, 8)$，得到$du = 5x^4 dx$，则有

$$\int_0^1 \frac{x^4}{\sqrt[3]{7+x^5}} dx = \int_7^8 u^{-\frac{1}{3}} \left(\frac{1}{5} du \right) = \left[\frac{1}{5} \times \frac{3}{2} \left(u^{\frac{2}{3}} \right) \right]\Bigg|_7^8 = \frac{3}{10} \left(4 - \sqrt[3]{49} \right)$$

(5)

$$\int_{-1}^2 \frac{dx}{x^2+2x+3} = \int_{-1}^2 \frac{dx}{(x+1)^2 + (\sqrt{2})^2} = \left(\frac{1}{\sqrt{2}} \arctan \frac{x+1}{\sqrt{2}} \right)\Bigg|_{-1}^2 = \frac{1}{\sqrt{2}} \arctan \frac{3}{\sqrt{2}}$$

(6)

$$\int_0^{\frac{\pi}{2}} \frac{\sin x}{\sin x + \cos x} dx = \frac{1}{2} \int_0^{\frac{\pi}{2}} \frac{\sin x + \cos x - (\cos x - \sin x)}{\sin x + \cos x} dx$$

$$= \frac{1}{2} \int_0^{\frac{\pi}{2}} dx - \frac{1}{2} \int_0^{\frac{\pi}{2}} \frac{\cos x - \sin x}{\sin x + \cos x} dx$$

$$= \frac{\pi}{4} - \frac{1}{2} \int_0^{\frac{\pi}{2}} \frac{d(\sin x + \cos x)}{\sin x + \cos x}$$

$$= \frac{\pi}{4}$$

1.3.8　Python实现积分

在Python中，使用SymPy包能实现微积分，主要通过integrate方法计算微积分。下面使用Python代码计算定积分$\int_1^2 x^2 dx$，具体代码如下。

```
import sympy
import math
x = sympy.symbols("x")
print(sympy.integrate(x**2, (x, 1, 2)))
# 常量
r = sympy.symbols('r', positive=True)
# 圆的面积
circle_area = 2 * sympy.integrate(math.sqrt(r**2-x**2), (x, -r, r))
print(circle_area)
# 球的体积
print(sympy.integrate(circle_area, (x, -r, r)))

####输出如下####
7/3
pi*r**2
4*pi*r**3/3
```

要计算二重积分和三重积分，可分别使用SciPy的integrate模块中的dblquad模块和tplquad方法。

下面通过dblquad方法计算二重积分 $\int_0^1 \int_0^2 x^2 y \, dx \, dy$，具体代码如下。

```
from scipy import integrate
f = lambda y, x: x*y**2
val1, err1 = integrate.dblquad(f,    # 函数
                               0,    # x下界0
                               2,    # x上界2
                               lambda x: 0,    # y下界0
                               lambda x: 1)    # y上界1
print('二重积分结果: ', val1)

####输出如下####
二重积分结果: 0.6666666666666667
```

通过tplquad方法计算三重积分 $\int_0^1 \int_0^2 \int_0^3 xyz \, dx \, dy \, dz$，具体代码如下。

```
from scipy import integrate
# 三重积分
val2, err2 = integrate.tplquad(lambda z, y, x: x*y*z,    # 函数
                               0,    # x下界0
                               3,    # x上界3
                               lambda x: 0,    # y下界0
                               lambda x: 2,    # y上界2
                               lambda x, y: 0,    # z下界0
                               lambda x, y: 1)    # z上界1
print('三重积分结果: ', val2)

####输出如下####
三重积分结果: 4.5
```

第 2 章

人工智能数学基础

在第 1 章中，笔者曾提到机器学习涉及高等数学、线性代数、概率论、统计学、数据结构和算法及编程等多门学科。因此，本章将主要介绍机器学习中必要的线性代数和概率论相关知识。

本章主要涉及的知识点如下。

- ♦ 向量及其线性运算。
- ♦ 矩阵及其线性运算。
- ♦ 离散型和连续型随机变量。
- ♦ 随机变量概率分布：伯努利分布、泊松分布、指数分布、二项分布、正态分布、伽马分布、贝塔分布、卡方分布、t 分布和 F 分布。

2.1 线性代数

本节将介绍向量和矩阵的基本概念,向量和矩阵的线性运算,以及如何使用Python代码进行向量或矩阵的相关线性运算。

2.1.1 向量及其线性运算

1. 向量

在这里,介绍的是向量在线性代数中的应用。向量的概念其实很简单,如向量[1 2]就是一个维度是$(1,2)$的二维的行向量,同理,向量$\begin{bmatrix}1\\2\end{bmatrix}$就是一个维度是$(2,1)$的二维的列向量。上面所述的向量,其实是一组数字排列成一行或一列,我们称数字为向量的元素。

如果元素是横向排列的,那么就将其称为行向量,如[1 2 3]和[4 5 6]就是行向量,它们的维度都是$(1,3)$。如果行向量的元素的数量是n,那么这个行向量的维度就是$(1,n)$。如果元素是纵向排列的,那么就将其称为列向量,如$\begin{bmatrix}1\\2\\3\end{bmatrix}$和$\begin{bmatrix}4\\5\\6\end{bmatrix}$就是列向量,它们的维度都是$(3,1)$。如果列向量的元素的数量是$n$,那么这个列向量的维度就是$(n,1)$。

在进行向量的线性运算时,需要满足一个条件:进行加法、减法、乘法或除法运算的两个向量的维度必须相同。例如,向量$u=\begin{bmatrix}1\\2\end{bmatrix}$和向量$v=\begin{bmatrix}3\\4\end{bmatrix}$做加法运算,只要将相同位置上的元素进行相加即可,这样就可以得到其结果$\begin{bmatrix}1+3\\2+4\end{bmatrix}=\begin{bmatrix}4\\6\end{bmatrix}$,结果向量的维度是保持不变的。做减法运算也是同样的道理,得到其结果$\begin{bmatrix}1-3\\2-4\end{bmatrix}=\begin{bmatrix}-2\\-2\end{bmatrix}$。做乘法和除法运算(对应元素相乘除),其结果分别为$\begin{bmatrix}1\times3\\2\times4\end{bmatrix}=\begin{bmatrix}3\\8\end{bmatrix}$和$\begin{bmatrix}1/3\\2/4\end{bmatrix}=\begin{bmatrix}1/3\\1/2\end{bmatrix}$。

2. 代码实现

下面使用Python代码进行向量的线性运算,使用的第三方库是NumPy,具体代码如下。

```
C:\Users\runsen >python
Python 3.7.1 (default, Oct 28 2018, 08:39:03) [MSC v.1912 64 bit (AMD64)] :: Anaconda,
Inc. on win32
Type "help", "copyright", "credits" or "license" for more information.
>>> import numpy as np
>>> a = np.array([1, 2, 3]).reshape(-1, 1)
>>> a.shape
(3, 1)
```

```
>>> a
array([[1],
       [2],
       [3]])
>>> b = np.array([4, 5, 6]).reshape(-1, 1)
>>> b
array([[4],
       [5],
       [6]])
>>> a + b
array([[5],
       [7],
       [9]])
>>> a - b
array([[-3],
       [-3],
       [-3]])
>>> a * b
array([[ 4],
       [10],
       [18]])
>>> a / b
array([[0.25],
       [0.4 ],
       [0.5 ]])
```

2.1.2 矩阵及其线性运算

1. 矩阵

矩阵是由多个列向量或行向量组合而成，可以看作 $m \times n$ 个数 a_{ij} 排列成的 m 行 n 列的表格 $\begin{bmatrix} a_{11} & \cdots & a_{1n} \\ \vdots & \ddots & \vdots \\ a_{m1} & \cdots & a_{mn} \end{bmatrix}$，称为 m 行 n 列矩阵，用英文字母 A 表示。如果 $m = n$，则称矩阵 A 是 n 阶方阵。

例如，有一个 3×3 的三阶方阵 $A = \begin{bmatrix} 1 & 2 & 3 \\ 4 & 5 & 6 \\ 7 & 8 & 9 \end{bmatrix}$，显而易见，方阵 A 由3行3列构成，一共包含9个元素，每一个元素都对应着矩阵中的一个数据项。其中，第一行第一列的项是1，也可以用 $a_{11} = 1$ 表示。在 Python 中通过 np.mat 创建矩阵，或者使用 np.asmatrix 将 array 数据类型转化为矩阵，具体代码如下。

```
>>> np.mat([[1, 2], [3, 4]])
matrix([[1, 2],
        [3, 4]])
>>> x = np.array([[1, 2], [3, 4]])
>>> m = np.asmatrix(x)
```

```
>>> x[0, 0] = 5
>>> m
matrix([[5, 2],
        [3, 4]])
```

2. 矩阵的线性运算

两个矩阵相加或相减,需要满足一个条件:两个矩阵的列数和行数一致,也就是两个矩阵的维度需要相同。假设矩阵 $A = \begin{bmatrix} 1 & 2 \\ 3 & 4 \end{bmatrix}$,矩阵 $B = \begin{bmatrix} 1 & 1 \\ 1 & 1 \end{bmatrix}$,那么 $A + B = \begin{bmatrix} 1+1 & 2+1 \\ 3+1 & 4+1 \end{bmatrix} = \begin{bmatrix} 2 & 3 \\ 4 & 5 \end{bmatrix}$, $A - B = \begin{bmatrix} 1-1 & 2-1 \\ 3-1 & 4-1 \end{bmatrix} = \begin{bmatrix} 0 & 1 \\ 2 & 3 \end{bmatrix}$。

两个矩阵 A 和 B 相乘,需要满足一个条件: A 的列数等于 B 的行数。假设 A 是 $m \times n$ 矩阵, B 是 $n \times s$ 矩阵,那么矩阵 $C = A \times B$ 的维度是 $m \times s$,其中矩阵 C 中的元素 $c_{ij} = a_{i1}b_{1j} + a_{i2}b_{2j} + \cdots + a_{in}b_{nj}$。

例如, $A = \begin{bmatrix} 1 & 2 \\ 3 & 4 \end{bmatrix}$, $B = \begin{bmatrix} 5 & 6 \\ 7 & 8 \end{bmatrix}$,那么 $A \times B = \begin{bmatrix} 1\times5+2\times7 & 1\times6+2\times8 \\ 3\times5+4\times7 & 3\times6+4\times8 \end{bmatrix} = \begin{bmatrix} 19 & 22 \\ 43 & 50 \end{bmatrix}$。

又如, $A = \begin{bmatrix} 1 & 2 & 3 \\ 4 & 5 & 6 \end{bmatrix}$, $B = \begin{bmatrix} 1 & 2 \\ 3 & 4 \\ 5 & 6 \end{bmatrix}$,那么 $A \times B = \begin{bmatrix} 1\times1+2\times3+3\times5 & 1\times2+2\times4+3\times6 \\ 4\times1+5\times3+6\times5 & 4\times2+5\times4+6\times6 \end{bmatrix} = \begin{bmatrix} 22 & 28 \\ 49 & 64 \end{bmatrix}$, $B \times A = \begin{bmatrix} 1\times1+2\times4 & 1\times2+2\times5 & 1\times3+2\times6 \\ 3\times1+4\times4 & 3\times2+4\times5 & 3\times3+4\times6 \\ 5\times1+6\times4 & 5\times2+6\times5 & 5\times3+6\times6 \end{bmatrix} = \begin{bmatrix} 9 & 12 & 15 \\ 19 & 26 & 33 \\ 29 & 40 & 51 \end{bmatrix}$。

下面使用Python代码验证上面的矩阵线性运算,其中矩阵的乘法可以使用NumPy中的dot方法或@标记符,具体代码如下。

```
>>> A = np.array([[1, 2], [3, 4]])
>>> A
array([[1, 2],
       [3, 4]])
>>> A = np.array([[1, 2], [3, 4]])
>>> A = np.mat([[1, 2], [3, 4]])
>>> A
matrix([[1, 2],
        [3, 4]])
>>> B = np.mat([[1, 1], [1, 1]])
>>> B
matrix([[1, 1],
        [1, 1]])
>>> A + B
matrix([[2, 3],
        [4, 5]])
>>> A - B
matrix([[0, 1],
        [2, 3]])
>>> B = np.mat([[5, 6], [7, 8]])
```

```
>>> A * B
matrix([[19, 22],
        [43, 50]])
>>> A = np.mat([[1, 2, 3], [4, 5, 6]])
>>> B = np.mat([[1, 2], [3, 4], [5, 6]])
>>> A * B
matrix([[22, 28],
        [49, 64]])
>>> B * A
matrix([[ 9, 12, 15],
        [19, 26, 33],
        [29, 40, 51]])
>>> np.dot(A, B)
matrix([[22, 28],
        [49, 64]])
>>> np.dot(B, A)
matrix([[ 9, 12, 15],
        [19, 26, 33],
        [29, 40, 51]])
>>> A @ B
matrix([[22, 28],
        [49, 64]])
>>> B @ A
matrix([[ 9, 12, 15],
        [19, 26, 33],
        [29, 40, 51]])
```

单位矩阵是一个 $n \times n$ 的方阵，主对角线上的元素都是1，其余元素都是0。例如，$A = \begin{bmatrix} 1 & 0 \\ 0 & 1 \end{bmatrix}$ 就是一个单位矩阵。单位矩阵具有如下性质。

如果矩阵 A 是 $n \times n$ 的单位矩阵，矩阵 B 是 $n \times n$ 的矩阵，则有 $A \times B = \begin{bmatrix} 1 & 0 \\ 0 & 1 \end{bmatrix} \times \begin{bmatrix} a & b \\ c & d \end{bmatrix} = \begin{bmatrix} 1 \times a & 1 \times b \\ 1 \times c & 1 \times d \end{bmatrix} = \begin{bmatrix} a & b \\ c & d \end{bmatrix} = B$。NumPy中的eye方法可以创建单位矩阵，具体代码如下。

```
>>> np.mat(np.eye(4))
matrix([[1., 0., 0., 0.],
        [0., 1., 0., 0.],
        [0., 0., 1., 0.],
        [0., 0., 0., 1.]])
```

3. 行列式

从形式上来看，n 阶行列式与方阵一样均有 $n \times n$ 个元素，但不同的是，行列式的两侧用竖直线作为标记，而方阵的两侧用括号作为标记。例如，$|A| = \begin{vmatrix} a_{11} & a_{12} \\ a_{21} & a_{22} \end{vmatrix}$ 就是矩阵 $A = \begin{bmatrix} a_{11} & a_{12} \\ a_{21} & a_{22} \end{bmatrix}$ 的行列式。如果行列式中的各项都是常数，那么行列式最后求出的结果是一个具体的数。如果行列式中含有未知

数,那么行列式最后求出的结果是一个含有未知数的表达式。假设 A 是一个 $n \times n$ 的方阵,那么 $\det(A)$ 或 $|A|$ 表示该方阵的行列式。

二阶行列式的计算通常采用的是对角线法则,如果 $A = \begin{bmatrix} 1 & 0 \\ 0 & 1 \end{bmatrix}$,那么 $|A| = 1 \times 1 - 0 \times 0 = 1$,即为主对角线上的元素乘积与副对角线上的元素乘积之差。

如果是三阶行列式,那么情况会变得稍微复杂。假设 $A = \begin{bmatrix} a_{11} & a_{12} & a_{13} \\ a_{21} & a_{22} & a_{23} \\ a_{31} & a_{32} & a_{33} \end{bmatrix}$,那么三阶行列式的计算公式为 $|A| = a_{11} \times a_{22} \times a_{33} + a_{12} \times a_{23} \times a_{31} + a_{13} \times a_{21} \times a_{32} - a_{11} \times a_{23} \times a_{32} - a_{12} \times a_{21} \times a_{33} - a_{13} \times a_{22} \times a_{31}$。对三阶行列式的计算公式进一步化简,得到 $|A| = a_{11}(a_{22}a_{33} - a_{23}a_{32}) - a_{12}(a_{21}a_{33} - a_{23}a_{31}) + a_{13}(a_{21}a_{32} - a_{22}a_{31})$。最终得到 $|A| = a_{11} \begin{vmatrix} a_{22} & a_{23} \\ a_{32} & a_{33} \end{vmatrix} - a_{12} \begin{vmatrix} a_{21} & a_{23} \\ a_{31} & a_{33} \end{vmatrix} + a_{13} \begin{vmatrix} a_{21} & a_{22} \\ a_{31} & a_{32} \end{vmatrix}$。在这里,$\begin{vmatrix} a_{22} & a_{23} \\ a_{32} & a_{33} \end{vmatrix}$ 是元素 a_{11} 的余子式,一般用 M_{11} 表示。$\begin{vmatrix} a_{22} & a_{23} \\ a_{32} & a_{33} \end{vmatrix}$ 可以看作在行列式 $|A| = \begin{vmatrix} a_{11} & a_{12} & a_{13} \\ a_{21} & a_{22} & a_{23} \\ a_{31} & a_{32} & a_{33} \end{vmatrix}$ 中划去元素 a_{11} 所在的行和列,余下的元素按原样排列,得到的新行列式。

行列式的计算公式中存在正负符号,而正负符号与元素所在的位置有关。假设 $|A| = a_{11}A_{11} + a_{12}A_{12} + a_{13}A_{13}$,这里的 A_{11}、A_{12} 和 A_{13} 称为代数余子式,那么代数余子式和余子式的关系如下:$A_{ij} = (-1)^{i+j}M_{ij}$,这里的 i 和 j 分别指的是元素 a_{ij} 所在的行数和列数。

因此,一般的行列式的计算方法为 $|A| = a_{i1}A_{i1} + a_{i2}A_{i2} + \cdots + a_{in}A_{in}$,这种方法叫作代数余子式法。假设 $A = \begin{bmatrix} 1 & 0 & 3 \\ 2 & 0 & 1 \\ 3 & 3 & 5 \end{bmatrix}$,那么根据代数余子式法,$|A| = a_{12}A_{12} + a_{22}A_{22} + a_{32}A_{32} = -3 \times (1 - 6) = 15$。但是,代数余子式法的计算量大,而且容易出错。

计算行列式还有一种方法,叫作化三角形法。该方法利用三角化的思想,主要适用于高阶行列式的计算,其主要思想是将对角线上(下)的元素通过行列式的性质化为0,其结果为行列式对角线上的元素的乘积。化三角形法是行列式计算中的一个重要方法之一。原则上,每个行列式都可以利用行列式的性质化为三角形行列式。

在行列式的计算中,有两个重要的性质,分别如下。

(1)对换行列式中两行(列)的位置,行列式反号。

(2)将行列式的某一行(列)的倍数加到另一行(列),行列式的值不变。

例如,通过化三角形法计算行列式 $D = \begin{vmatrix} 1 & -1 & 2 & -3 & 1 \\ -3 & 3 & -7 & 9 & -5 \\ 2 & 0 & 4 & -2 & 1 \\ 3 & -5 & 7 & -14 & 6 \\ 4 & -4 & 10 & -10 & 2 \end{vmatrix}$。

$$D \xrightarrow[\substack{(2)+3(1) \\ (3)-2(1) \\ (4)-3(1) \\ (5)-4(1)}]{} \begin{vmatrix} 1 & -1 & 2 & -3 & 1 \\ 0 & 0 & -1 & 0 & -2 \\ 0 & 2 & 0 & 4 & -1 \\ 0 & -2 & 1 & -5 & 3 \\ 0 & 0 & 2 & 2 & -2 \end{vmatrix} \xrightarrow[]{(2)\leftrightarrow(3)} -\begin{vmatrix} 1 & -1 & 2 & -3 & 1 \\ 0 & 2 & 0 & 4 & -1 \\ 0 & 0 & -1 & 0 & -2 \\ 0 & -2 & 1 & -5 & 3 \\ 0 & 0 & 2 & 2 & -2 \end{vmatrix} \xrightarrow[]{(4)+(2)} -\begin{vmatrix} 1 & -1 & 2 & -3 & 1 \\ 0 & 2 & 0 & 4 & -1 \\ 0 & 0 & -1 & 0 & -2 \\ 0 & 0 & 1 & -1 & 2 \\ 0 & 0 & 2 & 2 & -2 \end{vmatrix}$$

$$\xrightarrow[\substack{(4)+(3) \\ (5)+2(3)}]{} -\begin{vmatrix} 1 & -1 & 2 & -3 & 1 \\ 0 & 2 & 0 & 4 & -1 \\ 0 & 0 & -1 & 0 & -2 \\ 0 & 0 & 0 & -1 & 0 \\ 0 & 0 & 0 & 2 & -6 \end{vmatrix} \xrightarrow[]{(5)+2(4)} -\begin{vmatrix} 1 & -1 & 2 & -3 & 1 \\ 0 & 2 & 0 & 4 & -1 \\ 0 & 0 & -1 & 0 & -2 \\ 0 & 0 & 0 & -1 & 0 \\ 0 & 0 & 0 & 0 & -6 \end{vmatrix} = (-1)\times(-2)\times1\times1\times6 = 12$$

NumPy 提供了线性代数函数模块 linalg,主要使用det方法计算方阵的行列式,具体代码如下。

```
>>> import numpy as np
>>> A = np.mat([[1, 0, 3], [2, 0, 1], [3, 3, 5]])
>>> np.linalg.det(A)
15.0
>>> A = np.mat([[1, -1, 2, -3, 1], [-3, 3, -7, 9, -5], [2, 0, 4, -2, 1],
            [3, -5, 7, -14, 6], [4, -4, 10, -10, 2]])
>>> A
matrix([[  1,  -1,   2,  -3,   1],
        [ -3,   3,  -7,   9,  -5],
        [  2,   0,   4,  -2,   1],
        [  3,  -5,   7, -14,   6],
        [  4,  -4,  10, -10,   2]])
>>> np.linalg.det(A)
11.999999999999984
```

4. 逆矩阵

对于 n 阶矩阵 A,如果存在一个 n 阶矩阵 B,使得 $AB = BA = I$,其中 I 是单位矩阵,则称矩阵 A 为可逆矩阵,而矩阵 B 称为矩阵 A 的逆矩阵,矩阵 A 的逆矩阵记作 A^{-1}。

求矩阵的逆矩阵常用初等变换法。如果矩阵 A 可逆,则矩阵 A 和单位矩阵 I 可以通过初等变换转化为单位矩阵 I 和逆矩阵 A^{-1},用公式表达就是:$(A, I) \xrightarrow{初等变换} (I, A^{-1})$。

例如,通过初等变换法求出矩阵 $A = \begin{bmatrix} 2 & 3 & 1 \\ 0 & 1 & 3 \\ 1 & 2 & 5 \end{bmatrix}$ 的逆矩阵。

$$AI = \begin{bmatrix} 2 & 3 & 1 & 1 & 0 & 0 \\ 0 & 1 & 3 & 0 & 1 & 0 \\ 1 & 2 & 5 & 0 & 0 & 1 \end{bmatrix} \xrightarrow{(1)\leftrightarrow(3)} \begin{bmatrix} 1 & 2 & 5 & 0 & 0 & 1 \\ 0 & 1 & 3 & 0 & 1 & 0 \\ 2 & 3 & 1 & 1 & 0 & 0 \end{bmatrix} \xrightarrow[\substack{(3)+(2) \\ -\frac{1}{6}(3)}]{(3)-2\times(1)} \begin{bmatrix} 1 & 2 & 5 & 0 & 0 & 1 \\ 0 & 1 & 3 & 0 & 1 & 0 \\ 0 & 0 & 1 & -1/6 & -1/6 & 1/3 \end{bmatrix}$$

$$\xrightarrow{(2)-3\times(3)} \begin{bmatrix} 1 & 2 & 5 & 0 & 0 & 1 \\ 0 & 1 & 0 & 1/2 & 3/2 & -1 \\ 0 & 0 & 1 & -1/6 & -1/6 & 1/3 \end{bmatrix} \xrightarrow[\substack{(1)-5\times(3)}]{(1)-2\times(2)} \begin{bmatrix} 1 & 0 & 0 & -1/6 & -13/6 & 4/3 \\ 0 & 1 & 0 & 1/2 & 3/2 & -1 \\ 0 & 0 & 1 & -1/6 & -1/6 & 1/3 \end{bmatrix} = IA^{-1}$$

最终得到 $A^{-1} = \begin{bmatrix} -1/6 & -13/6 & 4/3 \\ 1/2 & 3/2 & -1 \\ -1/6 & -1/6 & 1/3 \end{bmatrix}$。

求矩阵的逆矩阵，还有一种常用的方法就是伴随矩阵法。如果 n 阶矩阵 A 的行列式 $|A| \neq 0$，而且当 A 可逆时，有 $AA^* = A^*A = |A|I$，其中 A^* 是 A 的伴随矩阵，则 $A^{-1} = \dfrac{1}{|A|}A^*$。

例如，通过伴随矩阵法求出矩阵 $A = \begin{bmatrix} 2 & 3 & 1 \\ 0 & 1 & 3 \\ 1 & 2 & 5 \end{bmatrix}$ 的逆矩阵。

首先计算出代数余子式：$A_{11} = -1, A_{12} = 3, A_{13} = -1, A_{21} = -13, A_{22} = 9, A_{23} = -1, A_{31} = 8, A_{32} = -6,$

$A_{33} = 2$，即可得到 $A^* = \begin{bmatrix} -1 & -13 & 8 \\ 3 & 9 & -6 \\ -1 & -1 & 2 \end{bmatrix}$。然后计算行列式 $|A| = 2 \times (-1) + 8 = 6$，最终得到 $A^{-1} =$

$\dfrac{1}{6}\begin{bmatrix} -1 & -13 & 8 \\ 3 & 9 & -6 \\ -1 & -1 & 2 \end{bmatrix} = \begin{bmatrix} -1/6 & -13/6 & 4/3 \\ 1/2 & 3/2 & -1 \\ -1/6 & -1/6 & 1/3 \end{bmatrix}$。

NumPy 提供了线性代数函数模块 linalg，主要使用 inv 方法计算矩阵的逆矩阵，具体代码如下。

```
>>> import numpy as np
>>> A = np.mat([[2, 3, 1], [0, 1, 3], [1, 2, 5]])
>>> np.linalg.inv(A)
matrix([[-0.16666667, -2.16666667,  1.33333333],
        [ 0.5       ,  1.5       , -1.        ],
        [-0.16666667, -0.16666667,  0.33333333]])
```

通过 inv 方法求矩阵的逆，注意必须是方阵，否则会报错(the array must be square)。NumPy 中的 linalg 线性代数函数模块，其函数用法如表 2.1 所示。

表2.1 linalg线性代数函数模块

函数	描述
diag	以一维数组的形式返回方阵的对角线(或非对角线)元素
dot	矩阵乘法
det	计算矩阵行列式
eig	计算方阵的本征值和本征向量
inv	计算方阵的逆
qr	计算 QR 分解
svd	计算奇异值分解(SVD)
solve	解线性方程组 $Ax = b$，其中 A 为一个方阵
lstsq	计算 $Ax = b$ 的最小二乘解

2.2　随机变量

在机器学习中,数据集的特征变量分布存在某些规律,这主要涉及概率论和数理统计领域。因此,本节将主要介绍机器学习中必要的概率论和数理统计相关知识。随机变量是用数值来表示随机事件的结果。众所周知,随机变量分为离散型随机变量和连续型随机变量。

2.2.1　离散型随机变量

如果随机变量X只能取有限个,则称随机变量X是离散型随机变量。假设X的一切可能值为$x_1, x_2, \cdots, x_n$,其对应的概率为$P(X = x_i, i = 1, 2, \cdots, n) = p_i$,则有$\sum_{i=1}^{n} p_i = 1$。

一般地,如果离散型随机变量X可能取的不同值为$x_1, x_2, \cdots, x_n$,X取每一个值$x_i (i = 1, 2, \cdots, n)$的概率$P(X = x_i) = p_i$,以表格的形式表示如下,则称该表为离散型随机变量$X$的分布列。

X	x_1	x_2	$\cdots$	x_n
P	p_1	p_2	$\cdots$	p_n

假设离散型随机变量X取$0, 1, 2$,其对应的概率为$0.1, 0.6, 0.3$,那么对应的分布列如下。

X	0	1	2
P	0.1	0.6	0.3

可以看到,三者的概率和为1,那么随机变量X的分布函数$F(x)$的图形如图2.1所示。

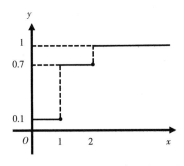

图2.1　随机变量X的分布函数$F(x)$

离散型随机变量X的期望用$E(X)$表示,$E(X)$的计算公式为$E(X) = \sum_{i=1}^{n} x_i p_i$。期望反映了离散型随机变量取值的平均水平。对于上面的离散型随机变量X,可以计算出对应的期望$E(X) = 0 \times 0.1 + 1 \times 0.6 + 2 \times 0.3 = 1.2$。如果变量$Y$和离散型随机变量$X$存在线性关系$Y = aX + b$,则有$E(Y) = E(aX + b) = aE(X) + b$。

离散型随机变量X的方差用$D(X)$表示,$D(X)$的计算公式为$D(X) = \sum_{i=1}^{n} (x_i - E(X))^2 p_i$。方差反映

了离散型随机变量取值的稳定与波动、集中与离散的程度。方差越大,数据的波动越大,数据越离散;方差越小,数据的波动越小,数据越集中。对于上面的离散型随机变量 X,可以计算出对应的方差 $D(X) = (0 - 1.2)^2 \times 0.1 + (1 - 1.2)^2 \times 0.6 + (2 - 1.2)^2 \times 0.3 = 0.36$。如果变量 Y 和离散型随机变量 X 存在线性关系 $Y = aX + b$,则有 $D(Y) = D(aX + b) = a^2 D(X)$。

其中,期望和方差具有如下关系:$D(X) = E(X^2) - (E(X))^2$。下面计算出离散型随机变量 X^2 的分布列如下。

X^2	0	1	4
P	0.1	0.6	0.3

因此,可以计算出离散型随机变量 X^2 对应的期望 $E(X^2) = 0 \times 0.1 + 1 \times 0.6 + 4 \times 0.3 = 1.8$。根据期望和方差的关系,计算出 $D(X) = E(X^2) - (E(X))^2 = 1.8 - 1.2^2 = 0.36$。

2.2.2 连续型随机变量

如果随机变量 X 的所有可能取值不可以逐个列举出来,那么该随机变量属于连续型随机变量。下面是连续型随机变量的定义:设随机变量 X 的分布函数为 $F(x)$,如果存在一个非负函数 $f(x)$,使得对于任意实数 x,恒有 $F(x) = \int_{-\infty}^{x} f(t)\mathrm{d}t$ 成立,则称 X 为连续型随机变量,其中函数 $f(x)$ 称为 X 的概率密度函数,简称密度函数。

连续型随机变量的期望是对概率密度函数和连续型随机变量的乘积在定义域中求积分,具体计算公式为 $E(X) = \int_{-\infty}^{+\infty} xf(x)\mathrm{d}x$。连续型随机变量的方差需要先计算出 $E(X^2)$,再根据期望和方差的关系 $D(X) = E(X^2) - (E(X))^2$ 求得。

例如,随机变量 X 具有概率密度函数 $f(x) = \begin{cases} kx, 0 \leqslant x < 3 \\ 2 - \dfrac{x}{2}, 3 \leqslant x < 4 \\ 0, 其他 \end{cases}$,分别求:(1)确定常数 k;(2)求随机变量 X 的分布函数 $F(x)$;(3)求 $P\left\{1 < x \leqslant \dfrac{7}{2}\right\}$;(4)求 $E(X)$ 和 $D(X)$。

解:(1)由 $\int_{-\infty}^{+\infty} f(x)\mathrm{d}x = \dfrac{9}{2}k + \dfrac{1}{4} = 1$,得到 $k = \dfrac{1}{6}$。

(2)分布函数

$$F(x) = \begin{cases} 0, x < 0 \\ \int_0^x \dfrac{x}{6}\mathrm{d}x, 0 \leqslant x < 3 \\ \int_0^3 \dfrac{x}{6}\mathrm{d}x + \int_3^x \left(2 - \dfrac{x}{2}\right)\mathrm{d}x, 3 \leqslant x < 4 \\ 1, x \geqslant 4 \end{cases} = \begin{cases} 0, x < 0 \\ \dfrac{x^2}{12}, 0 \leqslant x < 3 \\ -3 + 2x - \dfrac{x^2}{4}, 3 \leqslant x < 4 \\ 1, x \geqslant 4 \end{cases}$$

(3)

$$P\left\{1 < x \leqslant \frac{7}{2}\right\} = F\left(\frac{7}{2}\right) - F(1) = \left(-3 + 2 \times \frac{7}{2} - \frac{1}{4} \times \frac{7}{2} \times \frac{7}{2}\right) - \frac{1}{12} = 4 - \frac{49}{16} - \frac{1}{12} = \frac{41}{48}$$

(4)

$$E(X) = \int_{-\infty}^{+\infty} xf(x)\mathrm{d}x = \int_0^3 \frac{x^2}{6}\mathrm{d}x + \int_3^4 \left(2x - \frac{x^2}{2}\right)\mathrm{d}x = \left(\frac{x^3}{18}\right)\Big|_0^3 + \left(x^2 - \frac{x^3}{6}\right)\Big|_3^4 = \frac{7}{3}$$

$$E(X^2) = \int_{-\infty}^{+\infty} x^2 f(x^2)\mathrm{d}x = \int_0^3 \frac{x^4}{6}\mathrm{d}x + \int_3^4 \left(2x^2 - \frac{x^4}{2}\right)\mathrm{d}x = \left(\frac{x^5}{30}\right)\Big|_0^3 + \left(\frac{2x^3}{3} - \frac{x^5}{10}\right)\Big|_3^4 = \frac{17}{3}$$

$$D(X) = E(X^2) - (E(X))^2 = \frac{17}{3} - \frac{49}{9} = \frac{2}{9}$$

2.3 随机变量概率分布

随机变量的取值虽然不确定,但是取值和与其相应概率值存在某些联系。因此,随机变量概率分布探究的是随机变量的取值与该取值发生概率所构成的分布,以此来表现一个随机变量的所有取值与其相应概率值之间的关系。本节将介绍一些常见的随机变量概率分布。

2.3.1 伯努利分布

伯努利试验是只有两种可能结果的试验,其结果的概率分布就是伯努利分布。伯努利分布是离散型随机变量X的一种常见分布,其中离散型随机变量X只有1和0两个取值,其概率对应的是p和$1 - p$。因此,伯努利分布也称为0-1分布或两点分布。伯努利分布的期望为$E(X) = 1 \times p + 0 \times (1 - p) = p$,$E(X^2) = 1^2 \times p + 0^2 \times (1 - p) = p$,方差为$D(X) = E(X^2) - (E(X))^2 = p - p^2 = p(1 - p)$。

假设进行10次抛硬币试验,其中出现正面的概率为0.5,这里称为成功概率。下面使用Python代码绘制成功次数和成功概率的伯努利分布图,具体代码如下。

```
from scipy.stats import binom
import matplotlib.pyplot as plt
import numpy as np
n = 10
p = 0.5
k = np.arange(0, 10)
binomial = binom.pmf(k, n, p)
plt.plot(k, binomial)
```

```
plt.title('Binomial: n = %i, p=%0.2f'%(n, p), fontsize=15)
plt.xlabel('Number of successes')
plt.ylabel('Probability of sucesses', fontsize=15)
plt.show()
```

运行上述代码,结果如图2.2所示。

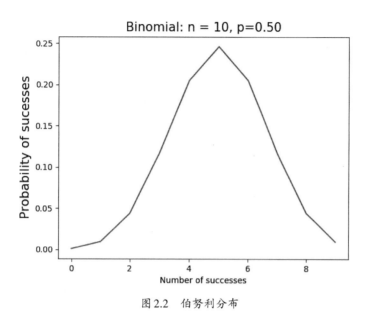

图2.2　伯努利分布

2.3.2　泊松分布

泊松分布是一种统计与概率学中常见的离散型随机变量 X 的概率分布,用于描述单位时间内随机事件发生的次数。其中,泊松分布的概率函数为 $P(X=i)=\dfrac{\lambda^i}{i!}\mathrm{e}^{-\lambda}(i=1,2,\cdots,n)$。泊松分布的期望和方差都等于参数 λ。泊松分布中的参数 λ 是单位时间或单位面积内随机事件的平均发生次数。

下面使用Python代码绘制泊松分布,主要使用的是np.random.poisson方法,其中lam指定参数 $\lambda=5$,size指定随机事件发生的次数为10000。

```
# 泊松分布
X = np.random.poisson(lam=5, size=10000)  # lam为λ,size为i
s = plt.hist(X, bins=15, range=[0, 15], color='g', alpha=0.5)
plt.plot(s[1][0:15], s[0], 'r')
plt.grid()
plt.show()
```

运行上述代码,结果如图2.3所示。

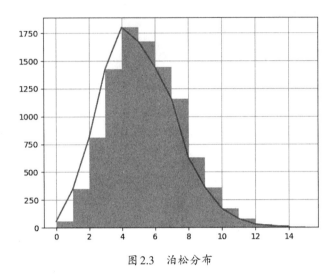

图2.3　泊松分布

2.3.3　指数分布

指数分布是连续型随机变量X的概率分布,主要描述的是两次事件发生的时间间隔。指数分布的概率密度函数为$f(x) = \begin{cases} \dfrac{1}{\theta} \mathrm{e}^{-\frac{x}{\theta}}, x > 0 \\ 0, x \leqslant 0 \end{cases}$,其中$\dfrac{1}{\theta}$是指数分布的参数,表示的是每单位时间内发生随机事件的次数。指数分布的期望为$E(X) = \theta$,方差为$D(X) = \theta^2$。指数分布的分布函数为$F(x) = \begin{cases} 1 - \mathrm{e}^{-\frac{x}{\theta}}, x > 0 \\ 0, x \leqslant 0 \end{cases}$。

假设$\theta = 50000$,下面使用Python代码绘制间隔时间和概率密度的指数分布图,具体代码如下。

```
from scipy import stats
import math
import numpy as np
import matplotlib.pyplot as plt

plt.rcParams['font.sans-serif'] = ['SimHei'] # 用来正常显示中文标签
plt.rcParams['axes.unicode_minus'] = False # 用来正常显示负号

r = 1 / 50000
X = []
Y = []
for x in np.linspace(0, 1000000, 100000):
    if x == 0:
        continue
    # 直接用公式计算
    # p = r * math.e ** (-r*x)
    p = stats.expon.pdf(x, scale=1/r)
```

```
    X.append(x)
    Y.append(p)
plt.plot(X, Y)
plt.xlabel("间隔时间")
plt.ylabel("概率密度")
plt.show()
```

运行上述代码,结果如图2.4所示。

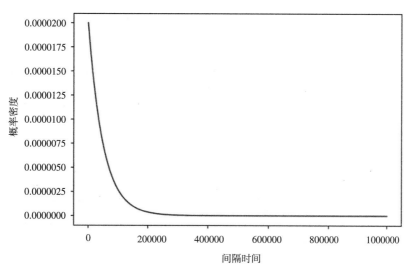

图 2.4   指数分布

2.3.4   二项分布

二项分布其实是重复 n 次独立的伯努利试验,因此二项分布是离散型随机变量 X 的概率分布。在每次伯努利试验中只有两种可能的结果,两种结果发生与否相互独立,此次试验结果与之前的试验结果无关,而且事件发生与否的概率在每一次独立伯努利试验中都保持不变,则这一系列试验总称为 n 重伯努利试验。当试验次数为1时,二项分布服从伯努利分布。

如果离散型随机变量 X 服从参数为 n 和 p 的二项分布,记作 $X \sim B(n, p)$,其对应的概率函数为 $P\{X = k\} = \mathrm{C}_n^k p^k (1-p)^{n-k} (k = 0, 1, 2, \cdots, n)$。$\mathrm{C}_n^k = \dfrac{n!}{k!(n-k)!}$ 为二项式的系数。二项分布的期望为 $E(X) = np$,方差为 $D(X) = np(1-p)$。

二项分布采用两个参数作为输入,分别为事件发生的次数和试验成功与否的概率。二项分布最简单的示例就是抛硬币。下面使用Python代码模拟25次抛硬币,并绘制试验成功与否不同概率的二项分布图,具体代码如下。

```
for prob in range(3, 10, 3):
    x = np.arange(0, 25)
    binom = stats.binom.pmf(x, 20, 0.1*prob)
```

```
    plt.plot(x, binom, '-o', label="p = {:f}".format(0.1*prob))
    plt.xlabel('Random Variable', fontsize=12)
    plt.ylabel('Probability', fontsize=12)
    plt.title("Binomial Distribution varying p")
    plt.legend()
plt.show()
```

运行上述代码,结果如图2.5所示。

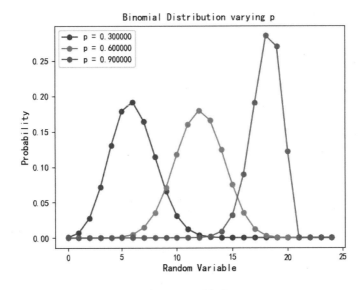

图2.5 二项分布

2.3.5 正态分布

正态分布是统计学的核心概念。如果随机变量 X 服从一个期望为 μ、方差为 σ^2 的正态分布,记作 $X \sim N(\mu, \sigma^2)$,其概率密度函数为 $f(x) = \dfrac{1}{\sqrt{2\pi}\,\sigma} \mathrm{e}^{-\frac{(x-\mu)^2}{2\sigma^2}}$,期望值 μ 决定了其位置,其标准差 σ 决定了分布的幅度。$\mu = 0, \sigma^2 = 1$ 时的正态分布称为标准正态分布,其概率密度函数为 $f(x) = \dfrac{1}{\sqrt{2\pi}} \mathrm{e}^{-\frac{x^2}{2}}$。

下面使用Python代码模拟正态分布,绘制其对应的分布图,具体代码如下。

```
n = np.arange(-50, 50)
mean = 0
normal = stats.norm.pdf(n, mean, 10)
plt.plot(n, normal)
plt.xlabel('Distribution', fontsize=12)
plt.ylabel('Probability', fontsize=12)
plt.title("Normal Distribution")
plt.show()
```

运行上述代码,结果如图2.6所示。

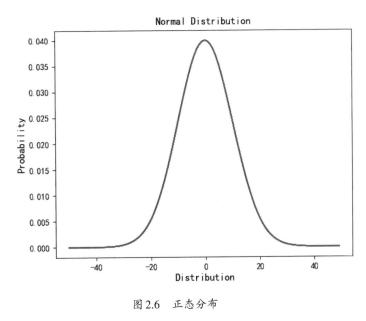

图2.6 正态分布

2.3.6 伽马分布

指数分布是两次事件发生的时间间隔的概率分布,伽马分布是 n 次事件发生的时间间隔的概率分布,其概率函数为 $P(N(t) = n) = \dfrac{(\lambda t)^n \mathrm{e}^{-\lambda t}}{n!}$。其中,$P$ 表示概率,N 表示时间的某种函数关系,t 表示时间,λ 表示事件发生的频率,其中 $\lambda = \dfrac{1}{\theta}$ 指的是指数分布。例如,在一个小时中收费站出现三台大货车的概率,可以用 $P(N(1) = 3)$ 表示。代入计算得到 $P(N(1) = 3) = \dfrac{(3 \times 1)^3 \mathrm{e}^{-3 \times 1}}{3!} \approx 0.224$。

对于连续型随机变量 X,伽马分布存在 α 和 β 两个参数,其概率密度函数为 $f(x, \beta, \alpha) = \dfrac{\beta^\alpha}{\Gamma(\alpha)} x^{\alpha-1} \mathrm{e}^{-\beta x}$,$x > 0$。伽马分布的期望为 $E(X) = \dfrac{\alpha}{\beta}$,方差为 $D(X) = \dfrac{\alpha}{\beta^2}$。其中,$\Gamma(\alpha)$ 为伽马函数,其标准形式为 $\Gamma(x) = \displaystyle\int_0^{+\infty} t^{x-1} \mathrm{e}^{-t} \mathrm{d}t$,伽马函数也叫作欧拉第二积分。在伽马函数中,对于 $x > 1$,存在 $\Gamma(x) = (x - 1) \Gamma(x - 1)$。伽马函数其实是阶乘在实数上的扩展,对于正整数 $n > 1$,具有如下性质:$\Gamma(n) = (n - 1)!$。

下面通过Python代码绘制伽马函数在区间$[1, \infty)$的分布函数图像,具体代码如下。

```python
import numpy as np
import matplotlib as mpl
import matplotlib.pyplot as plt
from scipy.special import gamma
```

```
from scipy.special import factorial

mpl.rcParams['axes.unicode_minus'] = False
mpl.rcParams['font.sans-serif'] = 'SimHei'

if __name__ == '__main__':
    print(gamma(1.5))
    N = 5
    x = np.linspace(1, N, 50)
    y = gamma(x+1)
    plt.figure(facecolor='w')
    plt.plot(x, y, 'r-', x, y, 'ro', linewidth=2, markersize=6, mec='k')
    z = np.arange(1, N+1)
    f = factorial(z, exact=True)     # 阶乘
    plt.plot(z, f, 'go', markersize=9, markeredgecolor='k')
    plt.grid(b=True, ls=':', color='#404040')
    plt.xlim(0.8, N+0.1)
    plt.ylim(0.5, np.max(y)*1.05)
    plt.xlabel('X', fontsize=15)
    plt.ylabel('Gamma(X) - 阶乘', fontsize=12)
    plt.title('阶乘和Gamma函数', fontsize=14)
    plt.show()
```

运行上述代码,结果如图2.7所示。

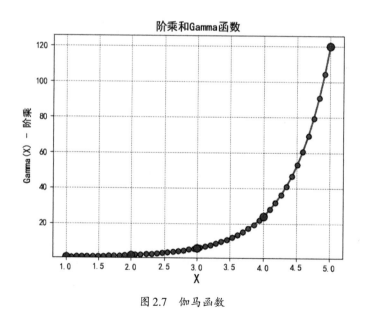

图2.7　伽马函数

2.3.7　贝塔分布

贝塔分布是一个定义在区间$(0,1)$上的连续型概率分布。贝塔分布有两个参数,分别是α和β,记

作 $X\sim B(\alpha,\beta)$，其概率密度函数为 $f(x,\alpha,\beta)=\dfrac{\Gamma(\alpha+\beta)}{\Gamma(\alpha)+\Gamma(\beta)}x^{\alpha-1}(1-x)^{\beta-1}$。贝塔分布的期望为 $E(X)=$

$\dfrac{\alpha}{\alpha+\beta}$，方差为 $D(X)=\dfrac{\alpha\beta}{(\alpha+\beta)^2(\alpha+\beta+1)}$。

下面使用Python代码模拟不同的 α 和 β 参数对应的贝塔分布图，具体代码如下。

```
from scipy.stats import beta
import numpy as np
import matplotlib.pyplot as plt
x = np.linspace(0.01, 1, 100)
plt.plot(x, beta.pdf(x, 0.5, 0.5), 'k-', label='y=Beta(x,0.5,0.5)')
plt.plot(x, beta.pdf(x, 5, 1), 'b-', label='y=Beta(x,5,1)')
plt.plot(x, beta.pdf(x, 1, 3), 'r-', label='y=Beta(x,1,3)')
plt.plot(x, beta.pdf(x, 2, 2), 'g-', label='y=Beta(x,2,2)')
plt.plot(x, beta.pdf(x, 2, 5), 'y-', label='y=Beta(x,2,5)')
plt.legend()
plt.show()
```

运行上述代码，结果如图2.8所示。

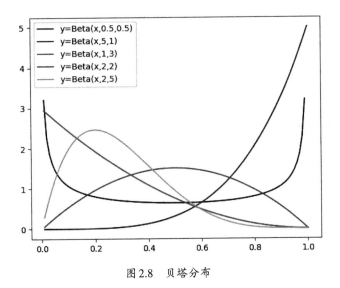

图2.8　贝塔分布

2.3.8　卡方分布

如果 n 个相互独立的随机变量 $X_1,X_2,\cdots,X_n$ 都服从标准正态分布，则这 n 个服从标准正态分布的随机变量的平方和，构成新的随机变量 $Y=X_1^2+X_2^2+\cdots+X_n^2$，其分布称为卡方分布，记作 $Y\sim\chi^2(n)$，其中参数 n 称为样本总量，$n-1$ 称为自由度。卡方分布的概率密度函数为 $f_n(x)=\dfrac{1}{2^{\frac{n}{2}}\Gamma\left(\dfrac{1}{2}\right)}x^{\frac{n}{2}-1}e^{-\frac{x}{2}}$，$x>0$。

卡方分布的期望为 $E(X)=n$，方差为 $D(X)=2n$。

下面使用Python代码模拟不同的自由度对应的卡方分布图,具体代码如下。

```python
import numpy as np
import scipy.stats as stats
import matplotlib.pyplot as plt
plt.figure(dpi=100)

# K=1
plt.plot(np.linspace(0, 15, 100), stats.chi2.pdf(np.linspace(0, 15, 100), df=1))
plt.fill_between(np.linspace(0, 15, 100), stats.chi2.pdf(np.linspace(0, 15, 100),
            df=1), alpha=0.15)

# K=3
plt.plot(np.linspace(0, 15, 100), stats.chi2.pdf(np.linspace(0, 15, 100), df=3))
plt.fill_between(np.linspace(0, 15, 100), stats.chi2.pdf(np.linspace(0, 15, 100),
            df=3), alpha=0.15)

# K=6
plt.plot(np.linspace(0, 15, 100), stats.chi2.pdf(np.linspace(0, 15, 100), df=6))
plt.fill_between(np.linspace(0, 15, 100), stats.chi2.pdf(np.linspace(0, 15, 100),
            df=6), alpha=0.15)

# 图例
plt.text(x=0.5, y=0.7, s="$ k=1$", rotation=-65, alpha=.75, weight="bold",
        color="#008fd5")
plt.text(x=1.5, y=.35, s="$ k=3$", alpha=.75, weight="bold", color="#fc4f30")
plt.text(x=5, y=.2, s="$ k=6$", alpha=.75, weight="bold", color="#e5ae38")

# 坐标轴
plt.tick_params(axis="both", which="major", labelsize=18)
plt.axhline(y=0, color="black", linewidth=1.3, alpha=.7)
plt.show()
```

运行上述代码,结果如图2.9所示。

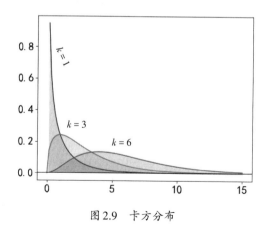

图2.9　卡方分布

在卡方分布中,有一个非常著名的检验,叫作卡方检验。卡方检验是一种假设检验方法,用于比较两个分类变量的关联性。卡方检验的原假设 H_0:两个变量是无关的,即两个变量独立。卡方检验的统计量为χ^2，基本计算公式为$\chi^2 = \dfrac{\sum (f_0 - f_e)^2}{f_e}$。其中，$f_0$为实际观察数据，$f_e$为期望数据。观察数据与期望数据越接近，$\chi^2$值越小，不能拒绝原假设；观察数据与期望数据相差越大，χ^2值越大，越没有证据支持原假设。χ^2和显著性P值存在一定的关系，可以根据χ^2和自由度确定P。如果显著性P值小于0.05，则拒绝原假设H_0。

例如，由于工作需要，需要统计一种药物在植物使用前后发病情况是否有差别。我们将数据分成两组，一个实验组，一个对照组，每组各有200株植物。在使用药物一段时间以后发现，实验组发病植物株数为28，未发病植物株数为172；对照组发病植物株数为60，未发病植物株数为140。根据以上统计数据建立表格，如表2.2所示。

表2.2　400株植物发病情况

400株植物发病情况	发病植物株数	未发病植物株数	合计
实验组	28	172	200
对照组	60	140	200
合计	88	312	400

下面使用Python代码验证卡方检验，具体代码如下。

```
from scipy.stats import chi2_contingency
table = [[28, 172], [60, 140]]
chi2, pval, dof, expected = chi2_contingency(table)
print("卡方检验chi2: ", chi2)
print("显著性值: ", pval)
print("理论数列联表如下\n", expected)
if pval < 0.05:
    print("拒绝原假设,实验组和对照组存在差异")
else:
    print("支持原假设")


####输出如下####
卡方检验chi2: 14.000582750582751
显著性值: 0.00018275398302252595
理论数列联表如下
 [[ 44. 156.]
  [ 44. 156.]]
拒绝原假设,实验组和对照组存在差异
```

从输出结果来看，实验组和对照组存在差异，因此认为该药物在植物使用前后确实对发病存在某些影响。

2.3.9　t分布

t分布用于根据小样本来估计呈正态分布且方差未知的总体的均值。在样本数量足够多的情况下,如果总体的方差已知,假设 X 服从标准正态分布 $N(0,1)$,Y 服从卡方分布 $\chi^2(n)$,那么 $Z = \dfrac{X}{\sqrt{Y/n}}$ 的分布称为自由度为 n 的 t 分布,记作 $Z \sim t(n)$。t 分布的概率密度函数为 $f(x) = \dfrac{\Gamma\left(\dfrac{n+1}{2}\right)}{\sqrt{n\pi}\,\Gamma\left(\dfrac{n}{2}\right)}\left(1+\dfrac{x^2}{n}\right)^{-\frac{n+1}{2}}$,$-\infty < x < +\infty$。

下面使用Python代码模拟不同的自由度对应的 t 分布图,具体代码如下。

```
import numpy as np
from scipy.stats import norm
from scipy.stats import t
import matplotlib.pyplot as plt
x = np.linspace(-3, 3, 100)
plt.plot(x, t.pdf(x, 1), label='t=1')
plt.plot(x, t.pdf(x, 2), label='t=2')
plt.plot(x, t.pdf(x, 5), label='t=5')
plt.plot(x, t.pdf(x, 10), label='t=10')
plt.plot(x[::5], norm.pdf(x[::5]), 'kx', label='normal')
plt.legend()
plt.show()
```

运行上述代码,结果如图2.10所示。

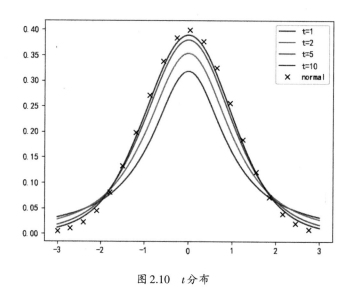

图2.10 t 分布

从图2.10中可以看出,t 分布是以0为中心、左右对称的单峰分布,其形态变化与自由度 t 的大小有关。自由度越小,t 分布曲线越低平;自由度越大,t 分布曲线越接近标准正态分布曲线。

在 t 分布中,也有一个非常著名的检验,叫作 t 检验。t 检验主要用于样本含量较小(如 $n < 30$)、总体标准差 σ 未知的正态分布,用来判断单个变量的均值与指定的检验值之间是否存在显著性差异,或

者样本均值与总体均值之间是否存在显著性差异。

例如，数据由 15 个数组成，分别是 23.68，23.98，23.72，21.98，23.79，25.48，24.28，23.75，23.74，23.92，22.86，22.03，24.26，22.45，23.99，问样本均值与总体均值之间是否存在显著性差异？或者是否存在显著性差异样本？

在 SciPy 中的 stats 模块使用 ttest_1samp 函数可以进行单样本 t 检验，如检验数据中的均值与最小值的差异是否显著，输出结果会返回 t 值和 P 值。当 P 值小于 0.05 时，认为差异显著，具体代码如下。

```
import numpy as np
from scipy import stats
data = [23.68, 23.98, 23.72, 21.98, 23.79, 25.48, 24.28, 23.75, 23.74, 23.92, 22.86,
        22.03, 24.26, 22.45, 23.99]
print(np.min(data), np.max(data))
print(stats.ttest_1samp(data, [np.min(data), np.max(data)]))


####输出如下####
21.98 25.48
Ttest_1sampResult(statistic=array([ 6.78324638, -7.92639571]),
                  pvalue=array([8.83236087e-06, 1.52477269e-06]))
```

从输出结果来看，最小值和最大值的 P 值都小于 0.05，因此认为差异显著。下面可以计算样本数据的 95% 置信区间，计算公式为 $\left[\mu - 1.96 \times \dfrac{\sigma}{\sqrt{n}}, \mu + 1.96 \times \dfrac{\sigma}{\sqrt{n}}\right]$，对应的代码如下。

```
# 区间估计,计算95%概率保证程度下的区间估计范围
se = np.std(data) / len(data) ** 0.5
# 均值下限
LB = np.mean(data) - 1.96 * se
# 均值上限
UB = np.mean(data) + 1.96 * se
print(LB, UB)


####输出如下####
23.143452693044956 24.044547306955046
```

因此，不在置信区间 [23.14, 24.04] 范围内的样本存在显著性差异。上面的 t 检验属于单样本 t 检验。

除单样本 t 检验外，比较常见的还有独立样本 t 检验。在实际生活中，我们常常对两个独立样本的总体均数是否相等感兴趣，例如，不同收入人群的消费者信心指数是否存在显著性差异？

例如，探究男生成绩和女生成绩是否存在显著性差异，具体数据如下。

10个男生成绩：84.6，87.1，93.0，89.8，90.4，80.0，86.4，91.2，84.6，87.8。

10个女生成绩：77.1，83.7，74.4，80.4，89.4，72.8，82.2，90.5，80.4，82.1。

在 SciPy 中的 stats 模块使用 ttest_ind 函数可以进行独立样本 t 检验，但需要注意的是，两个样本是否存在方差相等，具体代码如下。

```
from scipy.stats import ttest_ind
x = [84.6, 87.1, 93.0, 89.8, 90.4, 80.0, 86.4, 91.2, 84.6, 87.8]
y = [77.1, 83.7, 74.4, 80.4, 89.4, 72.8, 82.2, 90.5, 80.4, 82.1]
# 方差齐性检验:当两总体方差相等时,即具有"方差齐性",可以直接检验
# 独立样本t检验,默认方差齐性
print(ttest_ind(x, y))
# 如果方差不齐性,则equal_var=False
print(ttest_ind(x, y, equal_var=False))

####输出如下####
Ttest_indResult(statistic=2.836026885786893, pvalue=0.010956050893749542)
Ttest_indResult(statistic=2.836026885786893, pvalue=0.012094159177878818)
```

在输出结果中,只需要关注 P 值即可,如果 P 值小于 0.05,就认为有显著性差异;如果 P 值大于 0.05,就认为无显著性差异。因此,最终得到的结果是男生和女生之间的成绩是有显著性差异的。

在 t 检验中,还有一个非常重要的配对样本 t 检验。与独立样本 t 检验相比,配对样本 t 检验要求样本是配对的,也就是两个样本的样本量要相同,它适用于对同一个对象处理前后的比较。

例如,某城市测得 10 例患某种传染病患者,患病前后的血磷值(mmol/L)如下,问该种传染病患者患病前后的血磷值是否不同?

患病前:$0.67, 0.68, 0.78, 0.79, 0.84, 1.20, 1.20, 1.36, 1.45, 1.54$。

患病后:$0.89, 0.98, 1.03, 1.12, 1.35, 1.57, 1.71, 1.79, 1.92, 2.05$。

在 SciPy 中的 stats 模块使用 ttest_rel 函数可以进行配对样本 t 检验,具体代码如下。

```
from scipy.stats import ttest_rel
data1 = [0.67, 0.68, 0.78, 0.79, 0.84, 1.20, 1.20, 1.36, 1.45, 1.54]
data2 = [0.89, 0.98, 1.03, 1.12, 1.35, 1.57, 1.71, 1.79, 1.92, 2.05]
print(ttest_rel(data1, data2))

####输出如下####
Ttest_relResult(statistic=-11.065345022416443, pvalue=1.5314671012172877e-06)
```

从输出结果来看,P 值小于 0.05,因此认为患者患病前后的血磷值的差别有统计学意义,也就是患者患病后血磷值高于患病前血磷值。

2.3.10 F 分布

设有两个独立的正态总体 $N(\mu_1, \sigma^2)$ 和 $N(\mu_2, \sigma^2)$,$X_1, X_2, \cdots, X_n$ 是来自 $N(\mu_1, \sigma^2)$ 的一个样本,$Y_1, Y_2, \cdots, Y_m$ 是来自 $N(\mu_2, \sigma^2)$ 的一个样本,两个样本相互独立,而且两个样本方差之比是自由度 $n-1$ 和 $m-1$ 之比,那么这两个样本满足 F 分布,记作 $F = \dfrac{S_1^2}{S_2^2} = \dfrac{\dfrac{1}{n-1}\sum_{i=1}^{n}(X_i - \bar{X})^2}{\dfrac{1}{m-1}\sum_{i=1}^{m}(Y_i - \bar{Y})^2} \sim F(n-1, m-1)$。$n-1$

通常称为分子自由度,$m-1$ 通常称为分母自由度,不同的自由度决定了 F 分布的形状。

下面使用Python代码模拟不同的自由度对应的 *F* 分布图,具体代码如下。

```
import matplotlib.pyplot as plt
from scipy.stats import f
x = np.linspace(0, 3, 100)
plt.plot(x, f.pdf(x, 20, 20), 'k-', label='y=f(x,20,20)')
plt.plot(x, f.pdf(x, 10, 10), 'r-', label='y=f(x,10,10)')
plt.plot(x, f.pdf(x, 10, 5), 'g-', label='y=f(x,10,5)')
plt.plot(x, f.pdf(x, 10, 20), 'b-', label='y=f(x,10,20)')
plt.plot(x, f.pdf(x, 5, 5), 'r--', label='y=f(x,5,5)')
plt.plot(x, f.pdf(x, 5, 10), 'g--', label='y=f(x,5,10)')
plt.plot(x, f.pdf(x, 5, 1), 'y-', label='y=f(x,5,1)')
plt.legend()
plt.show()
```

运行上述代码,结果如图2.11所示。

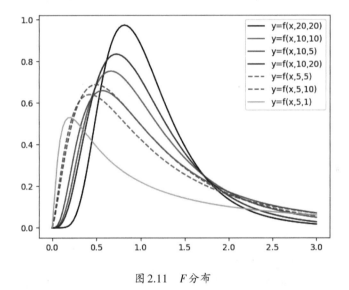

图2.11　*F* 分布

第 3 章

数据获取和预处理

　　本章将正式进入 Python 的机器学习当中来。在此之前,需要学习数据获取和预处理,使用的是 Python 比较著名的第三方模块 sklearn。本章将主要介绍数据获取、标准化和二值化、特征处理、数据清洗、特征提取和特征选择等内容。

本章主要涉及的知识点如下。

- sklearn 数据获取。
- sklearn 数据的标准化和二值化。
- sklearn 特征处理:独热编码、多项式特征和 PCA 降维。
- Pandas 和 sklearn 数据预处理。
- 文本特征提取:字典提取器、词袋模型和权重向量。
- 图像特征提取:像素矩阵、角点、轮廓和局部特征点的提取。
- 特征选择的方法:Filter 过滤法、Wrapper 包装法和 Embedded 嵌入法。

3.1 数据获取

3.1.1 自带和下载数据集

在使用sklearn获取数据前,需要安装sklearn模块。如果已经安装了Python编程语言环境,那么安装Scikit-learn最简单的方法是使用pip命令。按"Win+R"组合键,打开"运行"对话框,输入"cmd"打开命令提示符窗口。

使用下面的命令下载安装Scikit-learn。

```
pip install -U scikit-learn
```

如果已经安装了Anaconda内置的Python编程语言环境,那么也可以使用下面的命令下载安装Scikit-learn。

```
conda install scikit-learn
```

对于不同类型的数据集,sklearn提供了3种不同类型的数据集接口,分别是load、fetch和make。

(1)load:数据集接口load表示直接加载sklearn内置的数据集,无须下载安装。这类数据集有助于快速了解使用sklearn实现的各种算法。

(2)fetch:数据集接口fetch表示从其他网站中下载数据集。这类数据集比较大,一般从mldata.org网站中下载数据集。

(3)make:数据集接口make表示通过自己的计算机生成的数据集,可以建立人工数据集进行研究。

下面主要介绍自带和下载数据集,即load和fetch接口,其类型和获取方式如表3.1所示。

表3.1 自带和下载数据集的类型和获取方式

类型	获取方式
自带的小数据集	sklearn.datasets.load_...
在线下载的数据集	sklearn.datasets.fetch_...
svmlight/libsvm格式的数据集	sklearn.datasets.load_svmlight_file(...)
mldata.org在线下载数据集	sklearn.datasets.fetch_mldata(...)

下面介绍一些比较常用的sklearn自带的小数据集,其导入方法和用途如表3.2所示。

表3.2 自带的小数据集的导入方法和用途

自带的小数据集	导入方法和用途
鸢尾花数据集	load_iris(),可用于分类和聚类
乳腺癌数据集	load_breast_cancer(),可用于分类
手写数字数据集	load_digits(),可用于分类

续表

自带的小数据集	导入方法和用途
糖尿病数据集	load_diabetes(),可用于分类
波士顿房价数据集	load_boston(),可用于回归
体能训练数据集	load_linnerud(),可用于回归

对于sklearn自带的小数据集,有data、target、feature_names和target_names四个方法来查看数据集的特征和标签。

下面以Iris数据集为例。Iris数据集是常用的分类实验数据集,由Fisher在1936年收集整理。Iris数据集也称为鸢尾花数据集,是一类多重变量分析的数据集。数据集包含150个数据样本,分为3类,每类包含50个数据,每个数据包含4个属性。可通过花萼长度、花萼宽度、花瓣长度和花瓣宽度4个属性预测鸢尾花属于3个种类(setosa,versicolour,virginica)中的哪一类,具体代码如下。

```python
from sklearn import datasets
# Iris 数据集
iris = datasets.load_iris()
print(iris['data'][:3])

####输出如下####
array([[5.1, 3.5, 1.4, 0.2],
       [4.9, 3. , 1.4, 0.2],
       [4.7, 3.2, 1.3, 0.2]])

import numpy as np
print(np.unique(iris['target']))

####输出如下####
array([0, 1, 2])

print(iris['feature_names'])

####输出如下####
['sepal length (cm)',
 'sepal width (cm)',
 'petal length (cm)',
 'petal width (cm)']

print(iris['target_names'])

####输出如下####
array(['setosa', 'versicolor', 'virginica'], dtype='<U10')
```

下面使用fetch来下载fetch_lfw_people数据集,这个数据集是一个在互联网上收集的名人JPEG图片集。

```python
from sklearn.datasets import fetch_lfw_people
lfw_people = fetch_lfw_people(min_faces_per_person=70, resize=0.4)
```

```
for name in lfw_people.target_names:
    print(name)

####输出如下####
Ariel Sharon
Colin Powell
Donald Rumsfeld
George W Bush
Gerhard Schroeder
Hugo Chavez
Tony Blair
```

sklearn提供了mldata.org官方网站用来下载数据集,可以通过fetch_mldata方法进行下载。例如,下载MNIST手写数字数据集,具体代码如下。

```
from sklearn.datasets import fetch_mldata
mnist = fetch_mldata('MNIST original', data_home=custom_data_home)
```

MNIST手写数字数据集包含70000个样本,每个样本带有从0到9的标签,并且样本像素尺寸大小为28×28,具体代码如下。

```
print(mnist.data.shape)
print(mnist.target.shape)
print(np.unique(mnist.target))

####输出如下####
(70000, 784)
(70000,)
array([ 0.,  1.,  2.,  3.,  4.,  5.,  6.,  7.,  8.,  9.])
```

3.1.2 创建数据集

本小节主要介绍数据集接口make。一般通过sklearn.datasets.make_... 方法来生成以下5种可以控制大小的人工数据集。创建数据集的方法和用途如表3.3所示。

表3.3 创建数据集的方法和用途

创建数据集的方法	用途
make_blobs	可用于聚类和分类
make_classification	可用于分类
make_circles	可用于分类
make_moons	可用于分类
make_regression	可用于回归

下面依次介绍make_blobs、make_classification、make_circles、make_moons和make_regression的用法。

1. make_blobs

通过make_blobs创建可用于聚类和分类的人工数据集,需要指定n_samples(样本数)、centers(中心位置)、n_features(特征数)及cluster_std(聚类的标准差),具体代码如下。

```
import pandas as pd
import matplotlib
from matplotlib import pyplot as plt
from sklearn.datasets.samples_generator import make_blobs
center = [[1, 1], [-1, -1], [1, -1]]
X, labels = make_blobs(n_samples=200, centers=center, n_features=2, cluster_std=0.3)
# np.c_方法将X和labels变成DataFrame中的列
df = pd.DataFrame(np.c_[X, labels], columns=['feature1', 'feature2', 'labels'])
# Matplotlib常用colormap主要有'jet'、'rainbow'、'hsv'
df.plot.scatter('feature1', 'feature2', s=100, c=list(df['labels']), cmap='rainbow',
                colorbar=False, alpha=0.8, title='dataset by make_blobs')
plt.show()
```

运行上述代码,结果如图3.1所示。

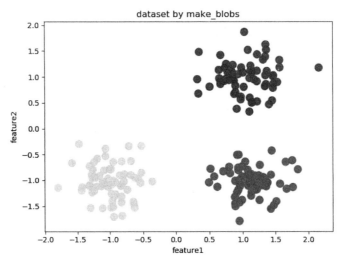

图3.1　运行结果

2. make_classification

通过make_classification创建可用于分类的人工数据集,需要指定n_samples(样本数)、n_features(特征数)、n_classes(分类的标签数)及n_redundant(多余的特征数,一般指定为0),具体代码如下。

```
from sklearn.datasets.samples_generator import make_classification
X, labels = make_classification(n_samples=300, n_features=2, n_classes=2,
                                n_redundant=0)
# 加入噪声数据
rng = np.random.RandomState(2)
X += 2 * rng.uniform(size=X.shape)
df = pd.DataFrame(np.c_[X, labels], columns=['feature1', 'feature2', 'labels'])
df.plot.scatter('feature1', 'feature2', s=100, c=list(df['labels']), cmap='rainbow',
                colorbar=False, alpha=0.8, title='dataset by make_classification')
plt.show()
```

运行上述代码,结果如图3.2所示。

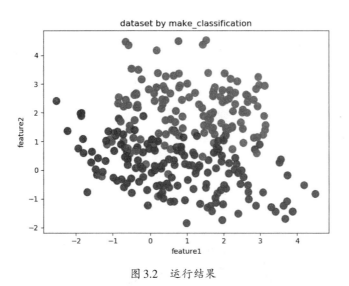

图3.2　运行结果

3. make_circles

通过make_circles创建可用于分类的人工数据集,需要指定n_samples(样本数)、noise(高斯噪声的标准差)及factor(内外圆之间的比例因子,值在0到1的范围内),具体代码如下。

```
from sklearn.datasets.samples_generator import make_circles
X, labels = make_circles(n_samples=200, noise=0.2, factor=0.2)
df = pd.DataFrame(np.c_[X, labels], columns=['feature1', 'feature2', 'labels'])
df.plot.scatter('feature1', 'feature2', s=100, c=list(df['labels']), cmap='rainbow',
                colorbar=False, alpha=0.8, title='dataset by make_circles')
```

运行上述代码,结果如图3.3所示。

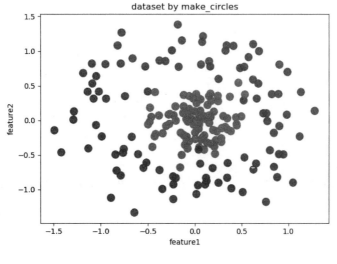

图3.3　运行结果

4. make_moons

通过make_moons创建可用于分类的人工数据集,需要指定n_samples(样本数)及noise(高斯噪声的标准差),具体代码如下。

```
from matplotlib import pyplot as plt
from sklearn.datasets.samples_generator import make_moons
x1, y1 = make_moons(n_samples=1000, noise=0.1)
plt.title('make_moons function example')
plt.scatter(x1[:, 0], x1[:, 1], marker='o', c=y1)
plt.show()
```

运行上述代码,结果如图3.4所示。

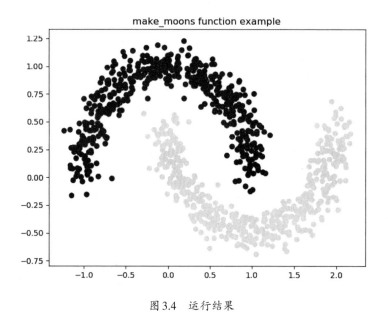

图3.4 运行结果

5. make_regression

通过make_regression创建可用于回归的人工数据集,需要指定n_samples(样本数)、n_features(特征数)、bias(偏差)及noise(高斯噪声的标准差),具体代码如下。

```
from sklearn.datasets.samples_generator import make_regression
X, Y, coef = make_regression(n_samples=100, n_features=1, bias=5, tail_strength=0,
                            noise=1, shuffle=True, coef=True, random_state=None)
print(coef) # 49.08950060982939
df = pd.DataFrame(np.c_[X, Y], columns=['x', 'y'])
df.plot('x', 'y', kind='scatter', s=50, c='m', edgecolor='k')
plt.show()
```

运行上述代码,结果如图3.5所示。

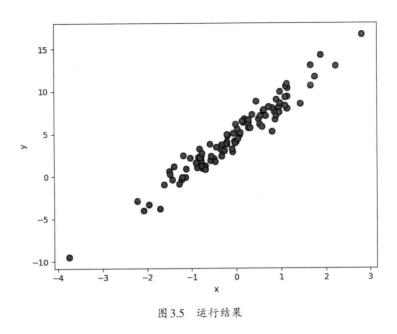

图 3.5　运行结果

3.1.3　数据集

实际做机器学习项目时,往往需要的不是自带、下载和创建数据集,而是在庞大的互联网中寻找一个特定的数据集来解决对应的机器学习问题。下面介绍几个著名的机器学习数据集的来源。

1. Kaggle 数据集

Kaggle 成立于 2010 年,是一个进行数据发掘和竞赛预测的在线平台。从公司的角度来说,可以提供一些数据,进而提出一个实际需要解决的问题;从参赛者的角度来说,他们将组队参与项目,针对其中一个问题提出解决方案,最终由公司选出的最佳方案可以获得 5000~10000 美金的奖金。该网站包含大量形状、大小、格式各异的真实数据集。

2. 亚马逊数据集

亚马逊数据集包含多个不同领域的数据集,如公共交通、生态资源、卫星图像等。它有一个搜索框用于查找数据集,另外它还有数据集描述和使用示例。

3. UCI 机器学习库

UCI 数据库是加州大学提出的用于机器学习的数据库,它根据机器学习问题的类型对数据集进行分类,可找到单变量、多变量、分类、回归或推荐系统的数据集。UCI 的某些数据集已经更新完毕并准备使用。

4. 谷歌的数据集搜索引擎

在 2018 年末,谷歌推出了一个用于寻找数据集的新搜索引擎。它使用户能够查找网上数以千计的存储区中存储的数据集,从而让这些数据集可供大众使用,让人人受益。

5. 阿里云天池

阿里云天池是一个数据科学的平台。首先,作为国内互联网梯队的老大,阿里的算法实力和业内影响力当然也是国内首屈一指的;其次,依托于阿里云创新中心,在这里进行的比赛可能是国内最多的。

3.2 标准化

数据的标准化是将数据按比例缩放,使之转化为比较小且容易处理的数据。在sklearn中提供了两种标准化,分别是Z-score标准化和Min-Max标准化。

3.2.1 Z-score标准化

Z-score标准化是指对序列 $x_1, x_2, x_3, \cdots, x_n$ 进行变换,得到 y_i。y_i 的计算公式为 $y_i = \dfrac{x_i - \bar{x}}{s}$,其中 $\bar{x} = \dfrac{1}{n}\sum_{i=1}^{n} x_i, s = \sqrt{\dfrac{1}{n-1}\sum_{i=1}^{n}(x_i - \bar{x})^2}$,得到新的序列 $y_1, y_2, y_3, \cdots, y_n$,均值为0,方差为1。在sklean中提供了数据预处理preprocessing模块,preprocessing模块中提供了一个scale方法,可以实现Z-score标准化,具体代码如下。

```python
import numpy as np
from sklearn import preprocessing

x = np.array([[ 1., -1.,  2.],
              [ 2.,  0.,  0.],
              [ 0.,  1., -1.]])

# 将每一列特征标准化为标准正态分布
x_scale = preprocessing.scale(x)
print(x_scale)

####输出如下####
array([[ 0.        , -1.22474487,  1.33630621],
       [ 1.22474487,  0.        , -0.26726124],
       [-1.22474487,  1.22474487, -1.06904497]])
```

下面可以测试一下缩放数据的均值和方差是否为0和1,具体代码如下。

```python
print(x_scale.mean(axis=0))
print(x_scale.std(axis=0))
```

```
####输出如下####
array([ 0.00000000e+00, -7.40148683e-17,  0.00000000e+00])
array([1., 1., 1.])
```

preprocessing模块中也提供了一个StandardScaler类,可以在训练数据集上做标准转换操作之后,将相同的转换应用到测试训练集中,也可以用作之后的数据加入。StandardScaler主要采用fit方法去训练数据,然后调用transform方法进行转化,具体代码如下。

```
x = np.array([[ 1., -1.,  2.],
              [ 2.,  0.,  0.],
              [ 0.,  1., -1.]])

scaler = preprocessing.StandardScaler().fit(x)
print(scaler.transform(x))

####输出如下####
array([[ 0.        , -0.70710678,  1.22474487],
       [ 1.22474487,  1.41421356, -1.22474487],
       [-1.22474487, -0.70710678,  0.        ]])

# 现在又来了一组新的样本,也想得到相同的转换
new_x = [[-1., 1., 0.]]
print(scaler.transform(new_x))

####输出如下####
array([[-2.44948974,  3.53553391, -1.22474487]])
```

需要注意的是,标准化是针对每一列进行的处理,而不是针对每一行。新加入的样本的均值和方差并不等于0和1,需要和之前的训练数据做相同的转化,具体代码如下。

```
print(scaler.transform(new_x).mean(axis=0))
print(scaler.transform(new_x).std(axis=0))

####输出如下####
[-2.44948974  1.22474487 -0.26726124]
[0. 0. 0.]
```

3.2.2　Min-Max标准化

Min-Max标准化是指对原始数据进行线性变换,将值映射到[0,1]区间。对序列$x_1, x_2, x_3, \cdots, x_n$进行变换,得到$y_i$。$y_i$的计算公式为$y_i = \dfrac{x_i}{\displaystyle\sum_{i=1}^{n} x_i}$。

在MinMaxScaler中给定了一个明确的最小值和最大值。最小值和最大值的计算公式分别为

$x_{\min} = x_{\min}(\text{axis} = 0)$ 和 $x_{\max} = x_{\max}(\text{axis} = 0)$。因此，可以得到缩放数据的标准差：$x_{\text{std}} = \dfrac{x_i - x_{\min}}{x_{\max} - x_{\min}}$。

在 sklearn 的 preprocessing 模块中提供了一个 MinMaxScaler 类，可以实现 Min-Max 标准化。MinMaxScaler 与 Z-score 标准化的 StandardScaler 类一样，同样在训练数据集上做标准转换操作之后，将相同的转换应用到测试训练集中，也可以用作之后的数据加入，具体代码如下。

```python
from sklearn.preprocessing import MinMaxScaler
x_train = np.array([[ 1, -1,  2],
                    [ 2,  0,  0],
                    [ 0,  1, -1]])

min_max_scaler = MinMaxScaler()
x_train_minmax = min_max_scaler.fit_transform(x_train)
print(x_train_minmax)

####输出如下####
array([[0.5       , 0.        , 1.        ],
       [1.        , 0.5       , 0.33333333],
       [0.        , 1.        , 0.        ]])

# 现在又来了一组新的样本,也想得到相同的转换
x_test = np.array([[-3., -1., 4.]])
x_test_minmax = min_max_scaler.transform(x_test)
print(x_test_minmax)

####输出如下####
array([[-1.5       , 0.        , 1.66666667]])
```

3.3　二值化

3.3.1　特征二值化

在 sklearn 的 preprocessing 模块中提供了一个 Binarizer 方法，可以实现特征二值化。这里通过一个简单的例子，介绍 Binarizer 如何实现特征二值化，具体代码如下。

```python
import numpy as np
from sklearn.preprocessing import Binarizer

x = [[ 1., 1.,  2.],
```

第3章
数据获取和预处理

```
      [ 2.,  0.,  0.],
      [ 0.,  1., -1.]]
binarizer = Binarizer().fit(x)
print(binarizer.transform(x))


####输出如下####
[[1. 1. 1.]
 [1. 0. 0.]
 [0. 1. 0.]]
```

在上面的代码中,通过Binarizer方法将x中大于0的变成1,将x中小于等于0的变成0。这里的阈值指的是0。那么,怎么设置特定的阈值呢? 只需要在Binarizer方法中指定threshold参数即可。threshold翻译为门槛,下面将threshold设置为1.0,具体代码如下。

```
binarizer = Binarizer(threshold=1.0).fit(x)
print(binarizer.transform(x))


####输出如下####
[[0. 0. 1.]
 [1. 0. 0.]
 [0. 0. 0.]]
```

在上面的代码中,指定了threshold=1.0,因此通过Binarizer方法将x中大于1的变成1,将x中小于等于1的变成0。这里的阈值指的是1。

3.3.2　标签二值化

在二分类任务中,常常遇到文本标签,但文本标签的数据不能进行算术运算。因此,对于文本标签的数据需要进行标签二值化操作。在sklearn的preprocessing模块中提供了一个LabelBinarizer方法,可以实现标签二值化。

例如,可以将yes和no转化为0和1,或者将normal和abnormal转化为0和1。当然,对于两类以上的标签也是适用的。这里通过一个简单的例子,介绍LabelBinarizer如何实现标签二值化及其逆过程,具体代码如下。

```
from sklearn.preprocessing import LabelBinarizer
lb = LabelBinarizer()
labelList = ['yes', 'no', 'no', 'yes', 'no']
# 将标签矩阵二值化
dummY = lb.fit_transform(labelList)
print("dummY:", dummY)
# 逆过程
yesORno = lb.inverse_transform(dummY)
print("yesOrno:", yesORno)


####输出如下####
dummY: [[1]
```

```
        [0]
        [0]
        [1]
        [0]]
yesOrno: ['yes' 'no' 'no' 'yes' 'no']
```

在上面的代码中,通过LabelBinarizer方法将yes变成1,将no变成0。当出现多个label,即多文本标签的数据时,同样可以采用LabelBinarizer方法处理。下面通过一个简单的例子,介绍LabelBinarizer如何实现多标签二值化及其逆过程,具体代码如下。

```
from sklearn.preprocessing import LabelBinarizer
lb = LabelBinarizer()
labelList = np.array(['湖南省', '广东省', '河北省', '湖北省'])
dummY = lb.fit_transform(labelList)
print("dummY:", dummY)
# 逆过程
inverse = lb.inverse_transform(dummY)
print("inverse:", inverse)

####输出如下####
dummY: [[0 0 0 1]
        [1 0 0 0]
        [0 1 0 0]
        [0 0 1 0]]
inverse: ['湖南省' '广东省' '河北省' '湖北省']
```

在上面的代码中,[0 0 0 1]代表湖南省,[1 0 0 0]代表广东省,[0 1 0 0]代表河北省,[0 0 1 0]代表湖北省。

3.4 特征处理

许多机器学习的特征不是数值类型,而是比较常见的文本形式。例如,一个应用是用分类特征如工作地点来预测工资水平,但工作地点一般都是文本数据,并不是一个机器学习可以识别的特征数据。因此,通常需要进行特征处理中的分类特征编码。特征处理通常用One-Hot编码来实现分类特征编码。

3.4.1 独热编码

One-Hot编码是将分类变量用二进制向量来表示,又称为独热编码。例如,一个人的性别可能是"male"或"female"两者之一,可以用0来表示"male",1来表示"female"。这样机器学习就可以识别了。在Python领域中,Pandas中的get_dummies方法可以实现One-Hot编码,具体代码如下。

```
import pandas as pd
sex = ["male", "female"]
print(pd.get_dummies(sex))
print(type(pd.get_dummies(sex)))

####输出如下####
    female   male
0        0      1
1        1      0
<class 'pandas.core.frame.DataFrame'>
```

在这里，认为 male 就等于[0, 1]，female 就等于[1, 0]，返回的对象是 Pandas 中的 DataFrame 数据类型。sklearn 提供了 OneHotEncoder 方法实现 One-Hot 编码，与 Pandas 中的 get_dummies 方法相比，需要传入的是嵌套列表，具体代码如下。

```
from sklearn.preprocessing import OneHotEncoder
sex = [["male"],
       ["female"]]
OneHot = OneHotEncoder()
print(One-Hot.fit_transform(sex)).toarray()

####输出如下####
array([[0., 1.],
       [1., 0.]])
```

如果需要知道 array 数组中对应的特征对象，则可以通过 categories_ 属性查看，具体代码如下。

```
print(OneHot.categories_)

####输出如下####
[array(['female', 'male'], dtype=object)]
```

如果出现了重复特征，例如，下面的 x 是一个 4×3 列表，第一列的唯一特征是 0 和 1，结果都出现了两次，则 OneHotEncoder 会将第一列的唯一特征 0 和 1，编码后成为数组的第一列和第二列，具体代码如下。

```
x = [[0, 0, 3],
     [1, 1, 0],
     [0, 2, 1],
     [1, 0, 2]]
OneHot = OneHotEncoder()
print(OneHot.fit_transform(x).toarray())
print(OneHot.categories_)

####输出如下####
[[1. 0. 1. 0. 0. 0. 0. 0. 1.]
 [0. 1. 0. 1. 0. 1. 0. 0. 0.]
 [1. 0. 0. 0. 1. 0. 1. 0. 0.]
 [0. 1. 1. 0. 0. 0. 0. 1. 0.]]
[array([0, 1]), array([0, 1, 2]), array([0, 1, 2, 3])]
```

输出说明:对于x中的列,第一列有0,1两个特征,第二列有0,1,2三个特征,第三列有0,1,2,3四个特征,一共9个特征。所以,输出的第一行[1. 0. 1. 0. 0. 0. 0. 0. 1.]中的前两个数组成的[1, 0]代表x列表中的第一行[0, 0, 3]中的第一个数0;[1, 0]中的1可以认为出现了第一列中的第一个特征0,[1, 0]中的0可以认为没有出现第一列中的第二个特征1。

因此,[1. 0.]代表了0,[1. 0. 0]代表了0,[0. 0. 0. 1.]代表了3,最终[1. 0. 1. 0. 0. 0. 0. 0. 1.]就代表了[0, 0, 3]。采用文本数据也是同样的道理,具体代码如下。

```
a = [["Runsen", "Runsen", "wangwu"],
     ["Zhangsan", "Zhangsan", "Runsen"],
     ["Runsen", "Lisi", "Zhangsan"],
     ["Zhangsan","Runsen", "Lisi"]]
One-Hot = One-HotEncoder()
print(One-Hot.fit_transform(a).toarray())
print(One-Hot.categories_)


####输出如下####
[[1. 0. 1. 0. 0. 0. 0. 0. 1.]
 [0. 1. 0. 1. 0. 1. 0. 0. 0.]
 [1. 0. 0. 0. 1. 0. 1. 0. 0.]
 [0. 1. 1. 0. 0. 0. 0. 1. 0.]]
[array(['Runsen', 'Zhangsan'], dtype=object), array(['Lisi', 'Runsen', 'Zhangsan'],
 dtype=object), array(['Lisi', 'Runsen', 'Zhangsan', 'wangwu'], dtype=object)]
```

3.4.2 多项式特征

在机器学习中,通常会给一定的特征数据进行回归预测。有时需要构建更多的特征,然后对特征再进行特征选择。一个简单通用的方法是使用多项式特征,这可以获得特征的更高维度和互相间关系的项。这在sklearn的PolynomialFeatures中实现,具体代码如下。

```
import numpy as np
from sklearn.preprocessing import PolynomialFeatures
X = np.arange(6).reshape(3, 2)
print(X)


####输出如下####
[[0, 1],
 [2, 3],
 [4, 5]]


# PolynomialFeatures生成多项式特征,设置多项式阶数为2
poly = PolynomialFeatures(2)
print(poly.fit_transform(X))


####输出如下####
[[ 1.  0.  1.  0.  0.  1.]
 [ 1.  2.  3.  4.  6.  9.]
 [ 1.  4.  5. 16. 20. 25.]]
```

从输出结果来看，X 的特征已经从 (x_1, x_2) 转换为 $(1, x_1, x_2, x_1^2, x_1*x_2, x_2^2)$。这就是使用 PolynomialFeatures 的2次多项式的形式。

在 PolynomialFeatures 中有3个参数。第1个参数是 degree，用来控制多项式的次数，一般默认为 2，也就是2次多项式。第2个参数是 include_bias，默认为 True。如果为 False，那么多项式的形式中就不会出现第一个1的一项，具体代码如下。

```
poly = PolynomialFeatures(include_bias=False)
print(poly.fit_transform(X))

####输出如下####
[[ 0.  1.  0.  0.  1.]
 [ 2.  3.  4.  6.  9.]
 [ 4.  5. 16. 20. 25.]]
```

第3个参数是 interaction_only，默认为 False。如果为 True，就是只找交互作用的多项式输出矩阵，那么就不会有特征自己和自己结合的项，具体代码如下。

```
poly = PolynomialFeatures(interaction_only=True)
print(poly.fit_transform(X))

####输出如下####
[[ 1.,   0.,   1.,   0.],
 [ 1.,   2.,   3.,   6.],
 [ 1.,   4.,   5.,  20.]]
```

从输出结果来看，X 的特征已经从 (x_1, x_2) 转换为 $(1, x_1, x_2, x_1*x_2)$。

3.4.3 PCA降维

通俗来说，降维就是将高维度数据转化为低维度数据的过程。PCA（Principal Components Analysis，主成分分析）就是最常用的降维方法。在 sklearn 库中，使用 sklearn.decomposition.PCA 加载 PCA 进行降维处理，需要指定 n_components 参数，也就是降维后的数据维度。

下面使用 Python 代码生成10000个样本，每个样本3个特征，共4个簇，并绘制分布图，具体代码如下。

```
import numpy as np
import matplotlib.pyplot as plt
from mpl_toolkits.mplot3d import Axes3D
from sklearn.datasets.samples_generator import make_blobs
# X为样本特征,y为样本簇类别,共10000个样本,每个样本3个特征,共4个簇
X, y = make_blobs(n_samples=10000, n_features=3, centers=[[3, 3, 3], [0, 0 ,0],
    [1, 1, 1], [2, 2, 2]], cluster_std=[0.2, 0.1, 0.2, 0.2], random_state=9)
fig = plt.figure()
ax = Axes3D(fig, rect=[0, 0, 1, 1], elev=30, azim=20)
plt.scatter(X[:, 0], X[:, 1], X[:, 2], marker='o')
plt.show()
```

运行上述代码，结果如图3.6所示。

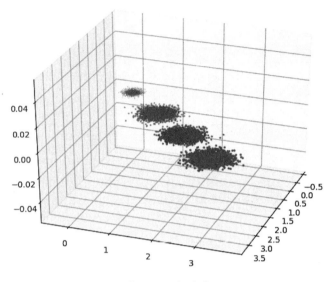

图 3.6　运行结果

下面可以使用PCA降维,将3个特征降维到2个维度,具体代码如下。

```
from sklearn.decomposition import PCA
pca = PCA(n_components=2)
pca.fit(X)
X_new = pca.transform(X)
plt.scatter(X_new[:, 0], X_new[:, 1], marker='o')
plt.show()
```

运行上述代码,结果如图3.7所示。

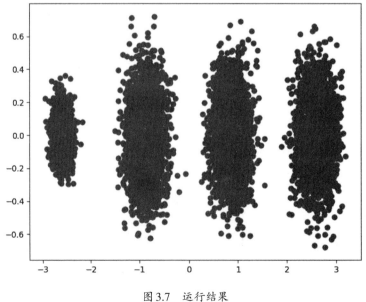

图 3.7　运行结果

3.5 **数据清洗**

无论进行机器学习,还是数据分析,数据清洗都是数据准备过程中必不可少的环节。在 Python 领域中,经常使用 Pandas 或 sklearn 进行数据预处理。

3.5.1 Pandas 数据清洗

这里简单介绍一下 Pandas 在数据清洗中的使用方法。在数据清洗过程中,一般都会遇到以下这几种情况,下面就来简单介绍一下。

1. 删除不必要的列或行

首先,通过 Pandas 创建一个常见的 DataFrame 数据类型,具体代码如下。

```
import pandas as pd
sorce = {'Chinese': [98, 95, 93, 90, 88], 'Math': [95, 94, 92, 88, 90],
        'English': [98, 98, 96, 87, 90]}
df = pd.DataFrame(sorce, index=['Runsen', 'Liusan', 'Lisi', 'Wangwu', 'Zhaoliu'])
print(df)

####输出如下####
        Chinese  Math  English
Runsen       98    95       98
Liusan       95    94       98
Lisi         93    92       96
Wangwu       90    88       87
Zhaoliu      88    90       90
```

Pandas 提供了一个便捷的方法 drop 函数来删除不想要的列或行。例如,想将 Chinese 这列删除,具体代码如下。

```
df = df.drop(columns=['Chinese'])
```

想将 Runsen 这行删除,具体代码如下。

```
df = df.drop(index=['Runsen'])
```

2. 重命名列名

如果想对 DataFrame 中的 columns 进行重命名,则可以直接使用 rename(columns=new_names, inplace=True)函数。例如,将列名 Chinese 改成 YuWen,English 改成 YingYu,具体代码如下。

```
# inplace:筛选过缺失值的新数据是存为副本还是直接在原数据上进行修改
df.rename(columns={'Chinese': 'YuWen', 'English': 'YingYu'}, inplace=True)
```

3. 去重复的值

数据采集可能存在重复的行,这时只要使用drop_duplicates()就会自动将重复的行去除,具体代码如下。

```
df = df.drop_duplicates() # 去除重复行
```

4. 格式问题

这是一个比较常用的操作,因为很多时候数据格式不规范,这时可以使用astype函数来规范数据格式,如将Chinese字段的值改成 str 类型,或者int64,具体代码如下。

```
df['Chinese'].astype('str')
df['Chinese'].astype(np.int64)
```

5. 填充缺失值

有时读取的数据中出现了空值,需要根据实际情况处理数据进行填充,具体代码如下。

```
df = pd.DataFrame([[np.nan, 2, 0], [3, np.nan, 1], [np.nan, np.nan, 5]],
                  columns=list('ABC'))

print(df)

####输出如下####
     A    B  C
0  NaN  2.0  0
1  3.0  NaN  1
2  NaN  NaN  5

# 通过isnull函数查找空值
print(df.isnull())

####输出如下####
       A      B      C
0   True  False  False
1  False   True  False
2   True   True  False

# 用0替换所有NaN元素
print(df.fillna(0))

####输出如下####
     A    B  C
0  0.0  2.0  0
1  3.0  0.0  1
2  0.0  0.0  5

# 用前面的元素填充NaN元素
print(df.fillna(method='ffill'))
```

```
####输出如下####
      A    B  C
0  NaN  2.0  0
1  3.0  2.0  1
2  3.0  2.0  5

# 用平均值填充NaN元素
print(df.fillna(df.mean()))

####输出如下####
      A    B  C
0  3.0  2.0  0
1  3.0  2.0  1
2  3.0  2.0  5

# 将A,B,C列中的所有NaN元素分别替换为0,1,2
values = {'A': 0, 'B': 1, 'C': 2}
print(df.fillna(value=values))

####输出如下####
      A    B  C
0  0.0  2.0  0
1  3.0  1.0  1
2  0.0  1.0  5
```

6. 利用 apply 函数对数据进行清洗

apply 函数是 Pandas 中自由度非常高的函数,使用频率也非常高。例如,想对 name 列的数值都进行大写转化,具体代码如下。

```
df = pd.DataFrame({'name' : ['Runsen', 'Liusan', 'Lisi', 'Wangwu', 'Zhaoliu'],
                   'Chinese': [98, 95, 93, 90, 88], 'Math': [95, 94, 92, 88, 90],
                   'English': [98, 98, 96, 87, 90]})
df['name'] = df['name'].apply(str.upper)
print(df)

####输出如下####
      name  Chinese  Math  English
0  RUNSEN        98    95       98
1  LIUSAN        95    94       98
2    LISI        93    92       96
3  WANGWU        90    88       87
4  ZHAOLIU       88    90       90
```

定义 double_df 函数是将原来的数值乘 2 进行返回,然后对 df 中的 Chinese 列的数值进行乘 2 处理,具体代码如下。

```
def double_df(x):
```

```
    return 2 * x
df['Chinese'] = df['Chinese'].apply(double_df)

print(df)

####输出如下####
      name  Chinese  Math  English
0   RUNSEN      196    95       98
1   LIUSAN      190    94       98
2   LIUSAN      186    92       96
3   LIUSAN      180    88       87
4  ZHAOLIU      176    90       90
```

也可以定义更复杂的函数,如在DataFrame中,创建sum和average列,具体代码如下。

```
def sum_ave(df):
    df['sum'] = df['Chinese'] + df['Math'] + df['English']
    df['average'] = (df['Chinese']+df['Math']+df['English']) / 3
    return df
df = df.apply(sum_ave, axis=1)
print(df)

####输出如下####
      name  Chinese  Math  English  sum    average
0   RUNSEN       98    95       98  291  97.000000
1   LIUSAN       95    94       98  287  95.666667
2   LIUSAN       93    92       96  281  93.666667
3   LIUSAN       90    88       87  265  88.333333
4  ZHAOLIU       88    90       90  268  89.333333
```

其中,axis=1代表按照列为轴进行操作,axis=0代表按照行为轴进行操作。另外,如果想传递的参数使用apply,则也可以通过元组的方式:args=(a,b,)传递参数a和b。

3.5.2 sklearn处理缺失值

许多数据集可能包含缺失数据,这类数据经常被编码成空格、NaN,或者其他的占位符。这样的数据集并不能和Scikit-learn学习算法兼容,要填充缺失值,除可以使用Pandas进行处理外,还可以使用sklearn中的Imputer进行处理,Imputer的主要参数说明如表3.4所示。

表3.4 Imputer的主要参数说明

Imputer的主要参数	参数说明
missing_values	缺失值,用字符串'NaN'表示,默认为NaN
strategy	替换策略,字符串类型,默认用均值'mean'替换
axis	指定轴数,默认axis=0代表列,axis=1代表行

下面使用Imputer进行缺失值的填充,具体代码如下。

```
import numpy as np
from sklearn.preprocessing import Imputer
X = np.array([[1, 2],
              [np.nan, 3],
              [7, 6]])
imp = Imputer(missing_values=np.nan, strategy='mean', axis=0)
imp.fit(X)
print(imp.statistics_)

####输出如下####
[ 4.        ,  3.66666667]

print(imp.transform(np.array([[np.nan, 2],
                              [6, np.nan],
                              [7, 6]])))

####输出如下####
[[ 4.        ,  2.        ],
 [ 6.        ,  3.66666667],
 [ 7.        ,  6.        ]]
```

Imputer还提供了快速填充的方法fit_transform，具体代码如下。

```
X = np.array([[np.nan, 2],
              [6, np.nan],
              [7, 6]])

print(imp.fit_transform(X))

####输出如下####
[[6.5 2. ]
 [6.  4. ]
 [7.  6. ]]
```

如果strategy为median，则用特征列的中位数替换；如果strategy为most_frequent，则用特征列的众数替换；如果指定axis=1，则用特征行进行替换，具体代码如下。

```
X = np.array([[np.nan, 2, 1, 2],
              [6, np.nan, 3, 3],
              [6, 4, 4, np.nan],
              [8, 4, 5, 2],
              [8, 4, 4, 3]])

imp = Imputer(missing_values='NaN', strategy='median', axis=0)
print(imp.fit_transform(X))

####输出如下####
[[7. 2. 1. 2. ]
 [6. 4. 3. 3. ]
```

```
 [6.   4.   4.   2.5]
 [8.   4.   5.   2. ]
 [8.   4.   4.   3. ]]

imp = Imputer(missing_values='NaN', strategy='most_frequent', axis=1)
print(imp.fit_transform(X))

####输出如下####
[[2. 2. 1. 2.]
 [6. 3. 3. 3.]
 [6. 4. 4. 4.]
 [8. 4. 5. 2.]
 [8. 4. 4. 3.]]
```

在 sklearn 的 0.20 版本中，将 Imputer 独自封装到一个模块，通过 from sklearn.impute import 方法导入，使用的方法基本相同，具体代码如下。

```
import numpy as np
from sklearn.impute import SimpleImputer
imp_mean = SimpleImputer(missing_values=np.nan, strategy='mean')
imp_mean.fit([[7, 2, 3], [4, np.nan, 6], [10, 5, 9]])
X = [[np.nan, 2, 3], [4, np.nan, 6], [10, np.nan, 9]]
print(imp_mean.transform(X))

####输出如下####
[[ 7.   2.   3. ]
 [ 4.   3.5  6. ]
 [10.   3.5  9. ]]
```

3.6 文本特征提取

3.6.1 字典提取器

对于机器学习而言，文本特征是无法计算处理的。在 Python 中，如果遇到字典列表，则可以使用字典提取器的方法进行文本特征提取。通过 from sklearn.feature_extraction import DictVectorizer 导入字典提取器，下面举一个示例，具体代码如下。

```
from sklearn.feature_extraction import DictVectorizer

# 定义一个字典列表,用来表示多个数据样本
dicts = [
```

```
    {"name": "Runsen", "age": 20},
    {"name": "Zhangsan", "age": 21},
    {"name": "Lisi", "age": 22},
]

# 初始化字典特征提取器
vec = DictVectorizer()
data = vec.fit_transform(dicts).toarray()
# 查看提取后的特征值
print(data)

####输出如下####
[[20.  0.  1.  0.]
 [21.  0.  0.  1.]
 [22.  1.  0.  0.]]

# 查看提取后特征的含义
print(vec.get_feature_names())

####输出如下####
['age', 'name=Lisi', 'name=Runsen', 'name=Zhangsan']
```

从输出结果来看，DictVectorizer将Python的字典列表转化为容易给sklearn处理的数据，所以第一条的 {"name": "Runsen", "age": 20} 变成[20. 0. 1. 0.]，通过get_feature_names可以看到提取后的特征的含义是['age', 'name=Lisi', 'name=Runsen', 'name=Zhangsan']，[20. 0. 1. 0.]中的[0. 1. 0.]，1代表出现，0代表没有出现，说明了name=Runsen；[20. 0. 1. 0.]中的20代表age=20。

3.6.2 词袋模型

在机器学习中，常常遇到文本特征提取，如将一行文本进行词频和向量的提取。最常见的做法就是使用词袋（Bag-of-words，Bow）模型。词袋模型最早出现在自然语言处理（Natural Language Processing，NLP）方面，它是一种用机器学习算法对文本进行建模时表示文本数据的方法。

所谓词袋模型，它认为每个单词都是一个特征值。通过from sklearn.feature_extraction.text import CountVectorizer导入CountVectorizer，CountVectorizer会将文档（由多个句子组成）全部转换成句子。然后将句子分割成词块（token），并统计它们出现的次数。

词块大多是单词，也有可能是短语，对于字母长度小于2的词块，如a、b、c可以被忽略，也可以通过设置stop_words选项，排除一些英语常用但没有太多意义的助词，如is、are，具体代码如下。

```
from sklearn.feature_extraction.text import CountVectorizer
corpus = ['Today is Friday. The weather is fine',
          'Because of the fine weather today, I decided to go out',
          'It rained on Friday afternoon and I had to go home']
# 设置英语的常用停用词
vectorizer = CountVectorizer(stop_words='english')
# 转化为稀疏矩阵
```

```
print(vectorizer.fit_transform(corpus).todense())
# 查看每行column特征的含义
print(vectorizer.vocabulary_)

####输出如下####
[[0 0 1 1 0 0 1 1]
 [0 1 1 0 0 0 1 1]
 [1 0 0 1 1 1 0 0]]
{'today': 6, 'friday': 3, 'weather': 7, 'fine': 2, 'decided': 1, 'rained': 5,
 'afternoon': 0, 'home': 4}
```

从输出结果来看,在列表中定义了3个字符串,输出的只有数字列表,而生成的字典的values值是每个单词index下标。例如,'today': 6,代表了第7列的数值,如果出现today单词,那么在第7列显示的就是1。

[0 0 1 1 0 0 1 1]表示第3个单词 fine 出现1次,第4个单词 friday 出现1次,第7个单词 today 出现1次,第8个单词 weather 出现1次,而缺少的 is 和 the 作为停用词被忽略了。这里需要强调的是,数组的索引是从0开始计数的。

上面讨论的是处理英语文本,而处理中文文本则需要采用中文分词器。jieba是一个专用于处理中文分词的第三方库。对中文文本进行词频特征提取,可以先用jieba进行分词处理。

在jieba中有一个cut方法可以对中文文本进行分词。例如,下面将中文文本"我叫小明,是一名大学生"分词成"我/叫/小明/,/是/一名/大学生",具体代码如下。

```
import jieba
seg_list = jieba.cut("我叫小明,是一名大学生")
print("/".join(seg_list))

####输出如下####
我/叫/小明/,/是/一名/大学生
```

下面将多个中文语句组成corpus文档,并进行分词操作,具体代码如下。

```
import jieba
corpus = ['我叫小明,是一名大学生',
          '小明是一名大学生',
          '小明的同学小红也是一名大学生']

cutcorpus = ["/".join(jieba.cut(x)) for x in corpus]
print(cutcorpus)

####输出如下####
['我/叫/小明/,/是/一名/大学生',
 '小明/是/一名/大学生',
 '小明/的/同学/小红/也/是/一名/大学生']
```

在完成jieba分词操作后,可以使用 CountVectorizer 进行向量的提取,具体代码如下。

```
from sklearn.feature_extraction.text import CountVectorizer
```

```
# 加载停用词
vectorizer = CountVectorizer("我", "是")
counts = vectorizer.fit_transform(cutcorpus).todense()
print(counts)
print(vectorizer.vocabulary_)


####输出如下####
[[1 0 1 1 0]
 [1 0 1 1 0]
 [1 1 1 1 1]]
{'小明': 3, '一名': 0, '大学生': 2, '同学': 1, '小红': 4}
```

向量的提取完成后,可以使用euclidean_distances计算语句的相似度。euclidean_distances翻译为欧氏距离,常用于衡量两个文档之间的距离。

例如,文档1的向量 $x = [x_1, x_2, x_3]$ 和文档2的向量 $y = [y_1, y_2, y_3]$,可通过欧氏距离公式 $d = \sqrt{(x_1 - y_1)^2 + (x_2 - y_2)^2 + (x_3 - y_3)^2}$ 来计算欧氏距离。

距离越小,说明两个文档的相似度越高。在sklearn的metrics模块中导入euclidean_distances,计算语句的相似度,具体代码如下。

```
# 导入欧氏距离
from sklearn.metrics.pairwise import euclidean_distances
vectorizer = CountVectorizer()
for x, y in [[0, 1], [0, 2], [1, 2]]:
    dist = euclidean_distances(counts[x], counts[y])
    print('文档{}与文档{}的距离{}'.format(x, y, dist))


####输出如下####
文档0与文档1的距离[[0.]]
文档0与文档2的距离[[1.41421356]]
文档1与文档2的距离[[1.41421356]]
```

从输出结果来看,文档0(我叫小明,是一名大学生)和文档1(小明是一名大学生)的距离等于0,因此认为这两个句子的相似度很高,这是因为提取出来的向量是完全相同的。

3.6.3 权重向量

权重向量是带了权值的向量。例如,要修一段从北京到广州的电缆,那这个向量就是从北京到广州,而电缆的造价或电缆的长度就是一个权值。很多时候并不是距离最短的造价最低,在很多机器学习的问题中,需要考虑对应的影响因素所占的权重。

最常见的权重向量就是TF-IDF权重向量。TF-IDF是一种统计方法,用以评估一字词对于一个文件集或一个语料库中的其中一份文件的重要程度。字词的重要性随着它在文件中出现的次数成正比增加,但同时会随着它在语料库中出现的频率成反比下降。例如,在一篇文章中,"你们""我们"这些词语出现频率往往比较高,但是这些词语的出现毫无价值,又占了比例,因此需要将其去除。

TF-IDF方法分为词频(Term Frequency,TF)和逆向文档频率(Inverse Document Frequency,IDF)。每个词语的词频等于这个词在文章中出现的次数除以文章的总次数。逆向文档频率等于语料库中的文档总数除以该词的文档数再加1,最后对其结果取对数。

TF-IDF的数值就是词频(TF)乘逆文档频率(IDF)。如果包含该词的文档数足够大,非常接近语料库中的文档总数,IDF也就无限逼近于$\log(1) = 0$,那么TF-IDF的数值就会变得很小。再将TF-IDF的数值正则化为对应的权重,得到TF-IDF权重向量。TF-IDF权重向量的计算公式为$\text{TF-IDF}_{norm} = \dfrac{\text{TF-IDF}}{\sqrt{\text{TF-IDF}_1^2 + \text{TF-IDF}_2^2 + \cdots + \text{TF-IDF}_n^2}}$。

在sklearn中,使用TfidfTransformer来计算TF-IDF权重向量。某个词对文章的重要性越高,它的TF-IDF值就越大,下面举一个示例,具体代码如下。

```python
from sklearn.feature_extraction.text import TfidfTransformer
from sklearn.feature_extraction.text import CountVectorizer

corpus = ['Today is Friday. The weather is fine',
          'Because of the fine weather today, I decided to go out',
          'It rained on Friday afternoon and I had to go home']

words = CountVectorizer().fit_transform(corpus)
tfidf = TfidfTransformer().fit_transform(words)

print(words.todense())
print(tfidf)

####输出如下####
[[0 0 0 0 1 1 0 0 0 2 0 0 0 0 0 1 0 1 1]
 [0 0 1 1 1 0 1 0 0 0 0 1 0 1 0 1 1 1 1]
 [1 1 0 0 0 1 1 1 1 0 1 0 1 0 1 0 1 0 0]]
  (0, 18)    0.28969525980379496
  (0, 17)    0.28969525980379496
  (0, 15)    0.28969525980379496
  (0, 9)     0.7618289061436688
  (0, 5)     0.28969525980379496
  (0, 4)     0.28969525980379496
  (1, 18)    0.2782544408877313
  (1, 17)    0.2782544408877313
  (1, 16)    0.2782544408877313
  (1, 15)    0.2782544408877313
  (1, 13)    0.3658711510755993
  (1, 11)    0.3658711510755993
  (1, 6)     0.2782544408877313
  (1, 4)     0.2782544408877313
  (1, 3)     0.3658711510755993
  (1, 2)     0.3658711510755993
  (2, 16)    0.25732237534738955
  (2, 14)    0.338834800036072993
  (2, 12)    0.338834800036072993
```

```
(2, 10)    0.33834800036072993
(2, 8)     0.33834800036072993
(2, 7)     0.33834800036072993
(2, 6)     0.25732237534738955
(2, 5)     0.25732237534738955
(2, 1)     0.33834800036072993
(2, 0)     0.33834800036072993
```

　　TF-IDF 是非常常用的文本挖掘预处理基本步骤,使用 TF-IDF 就可以将各个文本的词特征向量作为文本的特征,进行分类或聚类分析。

3.7 　图像特征提取

　　众所周知,机器学习不能识别和运算图像数据,只能识别和运算数字。对此 Scikit-learn 提供了 skimage 来处理图像和计算机视觉的开发项目。本节将介绍使用 skimage 从图像中提取特征数据。

3.7.1 　提取像素矩阵

　　在使用 skimage 提取图像数据前,需要安装 skimage 模块。如果已经安装了 Python 编程语言环境,那么可以使用下面的命令下载安装 skimage。

```
pip install scikit-image
```

　　如果已经安装了 Anaconda 内置的 Python 编程语言环境,那么也可以使用下面的命令下载安装 skimage。

```
conda install scikit-image
```

　　skimage 包由许多的子模块组成,各个子模块提供不同的功能。skimage 的主要子模块说明如表 3.5 所示。

表 3.5　skimage 的主要子模块说明

子模块	主要实现的功能
io	读取、保存和显示图像或视频
data	提供一些测试图像和样本数据
color	颜色空间变换
filters	图像增强、边缘检测、排序滤波器、自动阈值等
draw	操作在 NumPy 数组上的基本图形绘制

续表

子模块	主要实现的功能
transform	几何变换或其他变换,如旋转、拉伸和拉东变换等
morphology	形态学操作,如骨架提取等
exposure	图像强度调整,如亮度调整、直方图均衡等
feature	特征检测和提取,如纹理分析等
measure	图像属性的测量,如相似性或等高线等
segmentation	图像分割
restoration	图像恢复
util	通用函数
viewer	简单图形用户界面,用于可视化结果和探索参数

在skimage的data模块中提供了几个示例图像,下面加载其中的一个camera图像,具体代码如下。

```
# camera图像
from skimage import io, data
img = data.camera()
io.imshow(img)
io.show()
```

运行上述代码,结果如图3.8所示。

图3.8　运行结果

在计算机视觉领域中,RGB色彩模式是图像色彩的颜色标准,分别代表了红、绿、蓝三个通道的颜色。例如,白色的三维RGB向量为(255,255,255),黑色的三维RGB向量为(0,0,0)。一张RGB图像由很多个像素点组成,每个像素点都有对应的 RGB 向量。因此,一张 RGB 图像由很多个 RGB 向量组成。

在上面的代码中,img 变量其实就是 RGB 图像像素矩阵,可以输出查看,具体代码如下。

```
print(img)

####输出如下####
[[156 157 160 ... 152 152 152]
 [156 157 159 ... 152 152 152]
 [158 157 156 ... 152 152 152]
 ...
 [121 123 126 ... 121 113 111]
 [121 123 126 ... 121 113 111]
 [121 123 126 ... 121 113 111]]
```

3.7.2 提取角点

角点是函数中的极值点,也可以称为兴趣点。如图 3.9 所示圆圈内的部分,即为图像的角点,也是物体轮廓线的连接点。

下面将通过 skimage 提取哆啦 A 梦图像的角点,哆啦 A 梦 Doraemon 图像如图 3.10 所示。

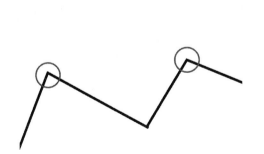

图 3.9　物体轮廓线的连接点　　　　　图 3.10　哆啦 A 梦 Doraemon 图像

下面通过 skimage 中的 io 模块读取哆啦 A 梦 Doraemon 图像,再将其转化为灰度图,并查看 RGB 通道对应的图像,具体代码如下。

```
# 用 skimage 中的 io 模块读取图像
import skimage.io as io
import matplotlib.pyplot as plt
# 提取像素
imrgb = io.imread('Doraemon.jpg')
print('before reshape:', imrgb.shape)
# 第三个维度分别对应 R,G,B 像素值
# 将 imrgb 拼接成一个行向量
imvec = imrgb.reshape(1, -1)
print('after reshape:', imvec.shape)
plt.gray() # 灰度图
```

```
fig, axes = plt.subplots(2, 2, figsize=(12, 10))
ax0, ax1, ax2, ax3 = axes.ravel()
ax0.imshow(imrgb)
ax0.set_title('original image')
# Red通道
ax1.imshow(imrgb [:, :, 0])
ax1.set_title('red channel')
# Green通道
ax2.imshow(imrgb [:, :, 1])
ax2.set_title('green channel')
# Blue通道
ax3.imshow(imrgb [:, :, 2])
ax3.set_title('blue channel')
plt.show()
```

运行上述代码,结果如图3.11所示。

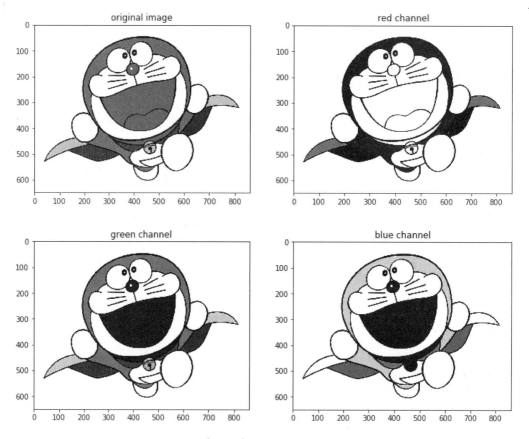

图3.11 哆啦A梦 Doraemon RGB 通道图像

在skimage的feature模块中提供了corner_harris和corner_peaks。corner_harris主要用于检测图像的哈里斯(Harris)角点检测,判断出某一点是不是图像的角点;corner_peaks返回角点的像素作为坐标,具体代码如下。

```
import numpy as np
from skimage.feature import corner_harris, corner_peaks
from skimage.color import rgb2gray
import matplotlib.pyplot as plt
import skimage.io as io
from skimage.exposure import equalize_hist
def show_corners(corners, image):
    fig = plt.figure()
    # 灰度图
    plt.gray()
    plt.imshow(image)
    # 角点的像素作为坐标
    y_corner, x_corner = zip(*corners)
    plt.plot(x_corner, y_corner, 'or')
    plt.xlim(0, image.shape[1])
    plt.ylim(image.shape[0], 0)
    fig.set_size_inches(np.array(fig.get_size_inches())*1.5)
    plt.show()
imrgb = io.imread('Doraemon.jpg')
# 直方图均衡化,增强对比
imgray = equalize_hist(rgb2gray(imrgb))
corners = corner_peaks(corner_harris(imgray))
show_corners(corners, imrgb)
```

运行上述代码,结果如图3.12所示。

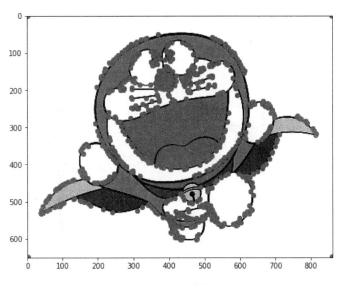

图3.12 哆啦A梦Doraemon提取角点图像

3.7.3 提取轮廓

轮廓是图像比较重要的特征数据,被广泛用于许多图形和制图应用中。在图像轮廓提取前,先对图像进行二值化处理,再使用skimage的measure模块中的find_contours方法提取轮廓,具体代码如下。

```python
import matplotlib.pyplot as plt
from skimage import measure, data, color
# 生成二值测试图像
imrgb = io.imread('Doraemon.jpg')
img = color.rgb2gray(imrgb)
# 检测所有图像的轮廓
contours = measure.find_contours(img, 0.5)
# 绘制轮廓
fig, axes = plt.subplots(1, 2, figsize=(8, 8))
ax0, ax1 = axes.ravel()
ax0.imshow(img, plt.cm.gray)
ax0.set_title('original image')
rows, cols = img.shape
ax1.axis([0, rows, cols, 0])
for n, contour in enumerate(contours):
    ax1.plot(contour[:, 1], contour[:, 0], linewidth=2)
ax1.axis('image')
ax1.set_title('outline')
plt.show()
```

运行上述代码,结果如图3.13所示。

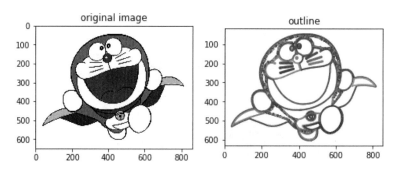

图 3.13 哆啦 A 梦 Doraemon 提取轮廓图像

3.7.4 提取局部特征点

通俗来说,局部特征点就是图像特征的局部表达,反映了图像的局部特征。提取局部特征点最著名的算法就是 SIFT(Scale Invariant Feature Transform,尺度不变特征变换)算法,它是用于图像处理领域的一种算法。

在使用SIFT算法提取局部特征点前，需要安装计算机视觉库OpenCV。如果已经安装了Python编程语言环境，那么可以使用下面的命令下载安装OpenCV。

由于SIFT、SUFT等具有知识产权的算法不能在OpenCV 4中使用，因此这里选择下载稳定的3.4.2.16版本。

```
pip install opencv-python==3.4.2.16
pip install opencv-contrib-python==3.4.2.16
```

如果已经安装了Anaconda内置的Python编程语言环境，那么也可以使用下面的命令下载安装OpenCV。

```
conda install opencv-python==3.4.2.16
conda install opencv-contrib-python==3.4.2.16
```

通过import cv2即可导入OpenCV，在cv2的xfeatures2d模块中调用SIFT_create方法可以实现SIFT算法，实现SIFT算法前需要进行灰度图的操作。下面通过SIFT算法对虹膜iris图像（图3.14）提取局部特征点。

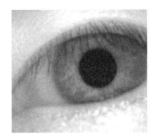

图3.14　虹膜iris图像

导入CpenCV库，调用SIFT算法，具体代码如下。

```
import cv2

def recognition(image_path, save_image):
    # 调用SIFT算法
    sift = cv2.xfeatures2d.SIFT_create()
    img = cv2.imread(image_path)
    # cv2.COLOR_BGR2GRAY灰度图
    gray = cv2.cvtColor(img, cv2.COLOR_BGR2GRAY)
    kp, des = sift.detectAndCompute(img, None)
    cv2.imshow('gray', gray)
    cv2.waitKey(0)
    # 保存图像
    img_save = cv2.drawKeypoints(img, kp, img, color=(255, 0, 255))
    cv2.imshow('point', img_save)
    cv2.imwrite('{}'.format(save_image), img)
    cv2.waitKey(0)

if __name__ == '__main__':
    recognition(image_path='iris.png', save_image='iris_save.png')
```

运行上述代码,结果如图3.15所示。

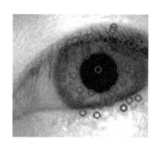

图3.15 虹膜iris提取局部特征点图像

 特征选择

在机器学习中,有一句非常著名的术语:数据和特征决定了机器学习的上限,而模型和算法只是逼近这个上限而已。对于特征数据,往往需要进行特征选择。因为与结果毫无联系的特征会影响结果的准确性。因此,特征选择在机器学习中也是一个非常重要的概念。

使用sklearn中的feature_selection模块来进行特征选择,根据特征选择的形式又可以将特征选择方法分为3种,分别是Filter过滤法、Wrapper包装法和Embedded嵌入法。下面先介绍Filter过滤法。

3.8.1 Filter过滤法

Filter过滤法是按照特征和标签的相关性,对各个特征进行评分,再设定相关阈值来选择特征。对各个特征进行评分的方法有多种,主要有方差选择法、相关系数法和卡方检验。

下面采用Iris数据集进行特征选择,Iris数据集有4个特征,分别是sepal length(花萼长度)、sepal width(花萼宽度)、petal length(花瓣长度)和petal width(花瓣宽度),具体代码如下。

```
from sklearn.datasets import load_iris
iris = load_iris()
import pandas as pd
print(pd.DataFrame(iris.data[:5], columns=iris['feature_names']))

####输出如下####
   sepal length (cm)  sepal width (cm)  petal length (cm)  petal width (cm)
0        5.1               3.5               1.4               0.2
1        4.9               3.0               1.4               0.2
2        4.7               3.2               1.3               0.2
3        4.6               3.1               1.5               0.2
4        5.0               3.6               1.4               0.2
```

1. 方差选择法

使用方差选择法,先要计算数据集中的每一个列特征数据的方差,然后根据阈值大小,选择方差大于阈值的特征。如果某一列的特征数据的方差很小,就说明样本在这个特征上基本没有差异。因为所有标签的特征大多数都是相同的,所以这个特征对于样本区分没有什么作用。

VarianceThreshold 有重要参数 threshold,表示方差的阈值,不填默认为 0,即删除所有标签都相同的特征数据。下面通过 from sklearn.feature_selection import VarianceThreshold 导入 VarianceThreshold,实现对 Iris 数据集进行特征选择,具体代码如下。

```
from sklearn import datasets
iris = datasets.load_iris()
# 方差选择法,返回值为特征选择后的数据
from sklearn.feature_selection import VarianceThreshold
# 参数threshold为方差的阈值,这里指定3
vardata = VarianceThreshold(threshold=3).fit_transform(iris.data)
print(vardata[:5])

####输出如下####
[[1.4]
 [1.4]
 [1.3]
 [1.5]
 [1.4]]
```

从输出结果来看,通过方差选择法选择的是 petal length(花瓣长度)。

2. 相关系数法

使用相关系数法,先要计算各个特征对目标值的相关系数,相关系数的计算公式为 $r = \dfrac{\sum_{i=1}^{n}(x_i - \bar{x})(y_i - \bar{y})}{\sqrt{\sum_{i=1}^{n}(x_i - \bar{x})^2}\sqrt{\sum_{i=1}^{n}(y_i - \bar{y})^2}}$。

使用 sklearn 的 feature_selection 模块中的 SelectKBest,计算每一个列特征数据的相关系数,再结合相关系数来选择特征。相关系数越大,说明两个变量之间的关系就越强。在 SelectKBest 中需要指定参数 k,也就是选择的特征个数,即从所有的特征中选择 k 个最好的特征。下面通过相关系数法实现对 Iris 数据集进行特征选择,具体代码如下。

```
import numpy as np
from sklearn.feature_selection import SelectKBest
from scipy.stats import pearsonr
# 第一个参数为计算评估特征是否好的函数,该函数输入特征矩阵和目标向量,
# 输出二元组(评分,P值)的数组,数组第i项为第i个特征的评分和P值
# 在此定义为计算相关系数
f = lambda X, Y:np.array(list(map(lambda x:pearsonr(x, Y)[0], X.T))).T
# 参数k为选择的特征个数
print(SelectKBest(f, k=2).fit_transform(iris.data, iris.target)[:5])
```

```
####输出如下####
[[1.4 0.2]
 [1.4 0.2]
 [1.3 0.2]
 [1.5 0.2]
 [1.4 0.2]]
```

从输出结果来看,通过相关系数法选择的是petal length(花瓣长度)和petal width(花瓣宽度)。

3. 卡方检验

卡方检验是一种判断样本是否符合特定分布的非参数检验方法,用于检验观察值与期望值是否吻合。统计学家皮尔逊认为,实际观察次数与理论次数之差的平方再除以理论次数所得的统计量,近似服从卡方分布,用 χ^2 表示, χ^2 的计算公式为 $\chi^2 = \sum \dfrac{(A-T)^2}{T}$。其中, A 为实际值, T 为理论值。下面通过卡方检验实现对Iris数据集进行特征选择,具体代码如下。

```
from sklearn.feature_selection import SelectKBest
from sklearn.feature_selection import chi2
# 选择k个最好的特征,返回选择特征后的数据
print(SelectKBest(chi2, k=2).fit_transform(iris.data, iris.target)[:5])

####输出如下####
[[1.4 0.2]
 [1.4 0.2]
 [1.3 0.2]
 [1.5 0.2]
 [1.4 0.2]]
```

从输出结果来看,通过卡方检验选择的是petal length(花瓣长度)和petal width(花瓣宽度)。

3.8.2　Wrapper包装法

Wrapper包装法根据预测效果评分,每次选择若干特征,或者排除若干特征。最常用的Wrapper包装法是递归特征消除法(Recursive Feature Elimination,RFE)。递归特征消除法是先使用一个基模型来进行多轮训练,每轮训练后,移除若干权值系数的特征,再基于新的特征集进行下一轮训练。

递归特征消除法的具体思路:先指定一个有 n 个特征的数据集,选择一个算法模型来做RFE的基模型,指定保留的特征数量 $k(k < n)$。第一轮对所有特征进行训练,算法会根据基模型的目标函数给出每个特征的得分或排名,将最小得分或排名的特征剔除,这时特征数量减少为 $n-1$,继续对其进行第二轮训练,持续迭代,直到特征保留为 k 个,这 k 个特征就是选择的特征。

下面通过Wrapper包装法实现对Iris数据集进行特征选择,这里的基模型选择逻辑回归,具体代码如下。

```
from sklearn.feature_selection import RFE
from sklearn.linear_model import LogisticRegression
```

```
# 递归特征消除法,返回特征选择后的数据
# 参数estimator为基模型,这里选择逻辑回归
# 参数n_features_to_select为选择的特征个数
print(RFE(estimator=LogisticRegression(), n_features_to_select=3).fit_transform(
      iris.data, iris.target)[:5])


####输出如下####
[[3.5 1.4 0.2]
 [3.  1.4 0.2]
 [3.2 1.3 0.2]
 [3.1 1.5 0.2]
 [3.6 1.4 0.2]]
```

从输出结果来看,通过Wrapper包装法选择的是sepal length(花萼长度)、petal length(花瓣长度)和petal width(花瓣宽度)。

3.8.3 Embedded 嵌入法

Embedded嵌入法利用机器学习模型进行训练,得到各个特征的权值系数,然后根据权值系数从大到小来选择特征。类似于过滤法,但它是通过机器学习训练来确定特征,而不是直接通过统计学指标来确定特征。

常用的Embedded嵌入法主要有基于惩罚项的模型的嵌入法和基于树模型的嵌入法。

1. 基于惩罚项的模型的嵌入法

对于基于惩罚项的模型的嵌入法来说,正则化惩罚项越大,特征在模型中对应的系数就会越小。正则化主要有L1正则化和L2正则化,因此也有L1惩罚项和L2惩罚项。

下面使用sklearn的feature_selection模块中的SelectFromModel,并结合带L1惩罚项和L2惩罚项的逻辑回归模型,实现对Iris数据集进行特征选择,具体代码如下。

```
from sklearn.feature_selection import SelectFromModel
from sklearn.linear_model import LogisticRegression
# 基于L1惩罚项的逻辑回归作为基模型的特征选择
print("基于L1惩罚项的逻辑回归:\n"+str(SelectFromModel(LogisticRegression(penalty=
      "l1", C=0.1)).fit_transform(iris.data, iris.target)[:5])+'\n')
# 默认是L2惩罚项,penalty="l2"
print("基于L2惩罚项的逻辑回归:\n"+str(SelectFromModel(LogisticRegression(C=0.1)).fit_
      transform(iris.data, iris.target)[:5]))


####输出如下####
基于L1惩罚项的逻辑回归:
[[5.1 3.5 1.4]
 [4.9 3.  1.4]
 [4.7 3.2 1.3]
 [4.6 3.1 1.5]
 [5.  3.6 1.4]]
```

基于L2惩罚项的逻辑回归：

```
[[3.5 1.4]
 [3.  1.4]
 [3.2 1.3]
 [3.1 1.5]
 [3.6 1.4]]
```

从输出结果来看,基于L1惩罚项的逻辑回归选择的是sepal length(花萼长度)、sepal width(花萼宽度)和petal length(花瓣长度);基于L2惩罚项的逻辑回归选择的是sepal width(花萼宽度)和petal length(花瓣长度)。

2. 基于树模型的嵌入法

基于树模型的嵌入法是通过SelectFromModel中基于树模型作为基模型来进行特征选择,下面使用sklearn的feature_selection模块中的SelectFromModel,并结合决策树和随机森林,实现对Iris数据集进行特征选择,具体代码如下。

```python
from sklearn.feature_selection import SelectFromModel
from sklearn.tree import DecisionTreeClassifier
from sklearn.ensemble import RandomForestClassifier
# 基于决策树作为基模型的特征选择
print('基于决策树作为基模型的特征选择:\n'+str(SelectFromModel(DecisionTreeClassifier()).
    fit_transform(iris.data, iris.target)[:5])+'\n')
# 基于随机森林作为基模型的特征选择
print('基于随机森林作为基模型的特征选择:\n'+str(SelectFromModel(RandomForestClassifier()).
    fit_transform(iris.data, iris.target)[:5])+'\n')


####输出如下####
基于决策树作为基模型的特征选择:
[[0.2]
 [0.2]
 [0.2]
 [0.2]
 [0.2]]

基于随机森林作为基模型的特征选择:
[[1.4 0.2]
 [1.4 0.2]
 [1.3 0.2]
 [1.5 0.2]
 [1.4 0.2]]
```

从输出结果来看,基于决策树作为基模型的特征选择的是 petal width(花瓣宽度);基于随机森林作为基模型的特征选择的是 petal length(花瓣长度)和petal length(花瓣长度)。

第 4 章

线性回归和逻辑回归

　　线性回归和逻辑回归是两种常见的机器学习算法。本章将深入介绍线性回归和逻辑回归，并介绍回归模型评估和分类模型评估。

本章主要涉及的知识点如下。

- 最小二乘法。
- 梯度下降法及其代码实现。
- Lasso回归和岭回归及其代码实现。
- 多项式回归及其代码实现。
- 逻辑回归及其代码实现。
- 回归模型评估和分类模型评估。

4.1 线性回归

线性回归是利用数理统计中的回归分析,来确定两种或两种以上变量间相互依赖的定量关系的一种统计分析方法,其运用十分广泛。

4.1.1 最小二乘法

最小二乘法是一种数学优化技术,它通过最小化误差的平方和寻找数据的最佳函数匹配。要想拟合直线达到最好的效果,就是让直线和所有点都近,即让直线与所有点的距离之和最小。

例如,计算样本点 (x_i, y_i) 到直线 $y = a + bx$ 的距离,代入方程 $y = a + bx$,进而计算出距离等于 $\left| y_i - (a + bx_i) \right|^2$,如图4.1所示。很显然,这个值越小,样本点与直线之间的距离越小。最小二乘法的距离不能用点到直线的距离来刻画样本点与直线之间的距离。

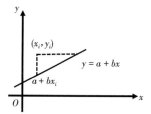

图4.1 样本点到直线的距离

如果有 n 个点:$(x_1, y_1), (x_2, y_2), \cdots, (x_n, y_n)$,则可以使用下面的表达式来刻画这些点与直线 $y = a + bx$ 的接近程度。

$$J(x) = \left| y_1 - (a + bx_1) \right|^2 + \left| y_2 - (a + bx_2) \right|^2 + \cdots + \left| y_n - (a + bx_n) \right|^2 = \sum_{i=1}^{n} (y_i - a - bx_i)^2$$

使得上式达到最小值,对 a 进行求导:

$$\frac{\partial J(x)}{\partial a} = \sum_{i=1}^{n} 2(y_i - a - bx_i)(-1) = -2\sum_{i=1}^{n} (y_i - a - bx_i) = -2\left(\sum_{i=1}^{n} y_i - na - b\sum_{i=1}^{n} x_i \right) = 0$$

对 b 进行求导:

$$\frac{\partial J(x)}{\partial b} = \sum_{i=1}^{n} 2(y_i - a - bx_i)(-x_i) = -2\sum_{i=1}^{n} (y_i - a - bx_i)x_i = -2\left(\sum_{i=1}^{n} x_i y_i - a\sum_{i=1}^{n} x_i - b\sum_{i=1}^{n} x_i^2 \right) = 0$$

上面两个等式构成方程组,求解 a 和 b。

$$a = \frac{1}{n}\sum_{i=1}^{n} y_i - \frac{b}{n}\sum_{i=1}^{n} x_i$$

$$b = \frac{\sum\limits_{i=1}^{n}(x_i y_i - \bar{x}\bar{y})}{\sum\limits_{i=1}^{n}(x_i^2 - \bar{x})^2} = \frac{n\sum\limits_{i=1}^{n} x_i y_i - \sum\limits_{i=1}^{n} x_i - \sum\limits_{i=1}^{n} y_i}{n\sum\limits_{i=1}^{n} x_i^2 - \sum\limits_{i=1}^{n} x_i^2}$$

由

$$\left| (y_1 + y_2 + \cdots + y_n) - [(a + bx_1) + (a + bx_2) + \cdots + (a + bx_n)] \right|^2$$
$$= \left| n\bar{y} - (na + bn\bar{x}) \right|^2 = \left| n[\bar{y} - (a + b\bar{x})] \right|^2$$

可知,当且仅当$\bar{y} = a + b\bar{x}$时,上式取得最小值。

因此,得到$a = \bar{y} - b\bar{x}$。这个直线方程$y = a + bx$称为线性回归方程,a和b是线性回归方程的系数(回归系数)。

在某化工生产过程中,为研究温度x(单位:℃)对收率y(单位:%)的影响,测得一组数据如表4.1所示,试根据这些数据建立x与y之间的回归方程,并预测$x = 200$时,y的值。

表4.1　温度x和收率y的测试数据

x	100	110	120	130	140	150	160	170	180	190
y	45	51	54	61	66	70	74	78	85	89

这是一道关于最小二乘法的应用题。由表4.1中的数据,可计算出$\bar{x} = 145$,$\bar{y} = 67.3$,$\sum\limits_{i=1}^{n}(x_i y_i) = 101570$,$\sum\limits_{i=1}^{n}(x_i^2 - \bar{x})^2 = 8250$,将其代入公式,可得

$$b = \frac{\sum\limits_{i=1}^{n}(x_i y_i - \bar{x}\bar{y})}{\sum\limits_{i=1}^{n}(x_i^2 - \bar{x})^2} = \frac{101570 - 10 \times 145 \times 67.3}{8250} \approx 0.483$$

$$a = \bar{y} - b\bar{x} = 67.3 - 0.483 \times 145 = -2.735$$

因此,x与y的回归方程为$y = 0.483x - 2.735$。当$x = 200$时,代入回归方程,计算出$y = 93.865$。

在机器学习中,最小二乘法常用矩阵法进行介绍和使用。假设函数$h_\theta(x_1, x_2, \cdots, x_n) = \theta_0 + \theta_1 x_1 + \theta_2 x_2 + \cdots + \theta_n x_n$的矩阵表达方式为$h_\theta(\boldsymbol{x}) = \boldsymbol{X\theta}$。其中,函数$h_\theta(\boldsymbol{x})$为$m \times 1$的向量,$\boldsymbol{X}$为$m \times n$的向量($m$代表样本的个数,$n$代表样本的特征数)。

损失函数定义为$J(\boldsymbol{\theta}) = \frac{1}{2}(\boldsymbol{X\theta} - \boldsymbol{Y})^{\mathrm{T}}(\boldsymbol{X\theta} - \boldsymbol{Y})$。其中,$\boldsymbol{Y}$为样本的输出向量,维度为$m \times 1$,这里的$\frac{1}{2}$主要是为了求导后系数为1而设置的。

根据最小二乘法的原理,对损失函数$J(\boldsymbol{\theta}) = \frac{1}{2}(\boldsymbol{X\theta} - \boldsymbol{Y})^{\mathrm{T}}(\boldsymbol{X\theta} - \boldsymbol{Y})$的向量$\boldsymbol{\theta}$进行求导,得到$\boldsymbol{X}^{\mathrm{T}}(\boldsymbol{X\theta} - \boldsymbol{Y}) = 0$,整理后得到$\boldsymbol{\theta} = (\boldsymbol{X}^{\mathrm{T}}\boldsymbol{X})^{-1}\boldsymbol{X}^{\mathrm{T}}\boldsymbol{Y}$。

最小二乘法需要计算$\boldsymbol{X}^{\mathrm{T}}\boldsymbol{X}$的逆矩阵,但是有可能它的逆矩阵不存在,这样就没有办法直接用最

小二乘法了。这时,需要使用梯度下降法,通过对样本数据进行整理,去除冗余特征,使 X^TX 的行列式不为0,然后继续使用最小二乘法。

4.1.2 梯度下降法

在求解机器学习算法的模型参数,即无约束优化问题时,梯度下降法是最常采用的方法之一,这里就对梯度下降法做一个完整的总结。

我们先从一个生活实例说起。想象一下你出去旅游爬山,爬到山顶后已经傍晚了,很快太阳就会落山,所以你必须想办法尽快下山,然后去吃海鲜大餐。问题来了,怎么下山比较快? 这时,你会马上选择从最陡的方向下山。这就是梯度下降法的现实例子,下面就来正式学习梯度下降法的基本思想。

在微积分中,对二元函数的参数求偏导数,将求得的各个参数的偏导数以向量的形式写出来,就是梯度。例如,函数 $f(x, y)$ 分别对 x, y 求偏导数,求得的梯度向量就是 $\left(\frac{\partial f}{\partial x}, \frac{\partial f}{\partial y}\right)$,简称 $\mathrm{grad} f(x, y)$。点 (x_0, y_0) 的具体梯度向量为 $\left(\frac{\partial f}{\partial x_0}, \frac{\partial f}{\partial y_0}\right)$,如果是三元函数的参数,就是 $\left(\frac{\partial f}{\partial x_0}, \frac{\partial f}{\partial y_0}, \frac{\partial f}{\partial z_0}\right)$,依此类推。

函数就代表着一座山。我们的目标就是找到这个函数的最小值,也就是山底。根据之前的场景假设,最快的下山方式就是找到当前位置最陡峭的方向,然后沿着此方向向下走。对应到函数中,就是找到给定点的梯度,然后朝着梯度相反的方向,就能使函数值下降得最快! 因为梯度的方向就是函数变化最快的方向。利用这个方法,不断地反复求取梯度,最后就能到达局部的最小值。这就类似于我们下山的过程,求取梯度就确定了最陡峭的方向。

假设我们在一座大山上的某处位置,由于我们不知道怎么下山,于是决定走一步算一步。在每走到一个位置时,求解当前位置的梯度,沿着梯度的负方向,也就是当前最陡峭的位置向下走一步。然后继续求解当前位置梯度,向这一步所在位置沿着最陡峭最易下山的位置走一步。这样一步步地走下去,一直走到我们觉得已经到了山脚。当然,这样走下去,有可能我们不能走到山脚,而是到了某一个局部的山峰低处。可见,梯度下降法不一定能够找到全局最优解,有可能是一个局部最优解。当然,如果损失函数是凸函数,梯度下降法得到的解就一定是全局最优解。

假设函数表示为 $h_\theta(x_1, x_2, \cdots, x_n) = \theta_0 + \theta_1 x_1 + \theta_2 x_2 + \cdots + \theta_n x_n$,其中 $\theta_i(i = 0, 1, 2, \cdots, n)$ 为模型参数,$x_i(i = 0, 1, 2, \cdots, n)$ 为每个样本的 n 个特征值。增加一个特征 $x_0 = 1$,这样函数就表示为 $h_\theta(x_1, x_2, \cdots, x_n) = \sum_{i=0}^{n} \theta_i x_i$,损失函数定义为 $J(\theta_0, \theta_1, \cdots, \theta_n) = \frac{1}{2n} \sum_{i=0}^{n} (h_\theta(x_i) - y_i)^2$,其中 x_i 表示第 i 个样本特征,y_i 表示第 i 个样本对应的输出,$h_\theta(x_i)$ 为假设函数。

确定当前位置的损失函数的梯度,对 θ 进行求导,得到其梯度表达式为 $\frac{\partial}{\partial \theta_i} J(\theta_0, \theta_1, \cdots, \theta_n)$。用步长乘损失函数的梯度,得到当前位置下降的距离为 $\alpha \frac{\partial}{\partial \theta_i} J(\theta_0, \theta_1, \cdots, \theta_n)$。这里的 α,在机器学习中称为 Learning Rate,也就是常说的学习率。如果 α 太小,则每次更新的步长很小,导致要很多步才能到达最优点;如果 α 太大,则每次更新的步长很大,在快接近最优点时,容易因为步长过大错过最优点,最终导致算法无法收敛,甚至发散。

随着数据点越来越靠近最低点,在该点处的斜率越来越小,即梯度值 $\frac{\partial}{\partial \theta_i} J(\theta_0, \theta_1, \cdots, \theta_n)$ 越来越小,而 $\alpha > 0$,所以两者相乘后 $\alpha \frac{\partial}{\partial \theta_i} J(\theta_0, \theta_1, \cdots, \theta_n)$ 也越来越小,进一步导致 θ_i 值减小的越来越慢。

假设有一个单变量的函数 $J(\theta) = \theta^2$,对其求导得到梯度 $J'(\theta) = 2\theta$,初始化起点 $\theta^0 = 1$,学习率 $\alpha = 0.4$。根据梯度下降法的计算公式:$\theta^1 = \theta^0 - \alpha \nabla J(\theta)$,不断地迭代计算 θ。

第 1 次迭代,$\theta^1 = \theta^0 - \alpha \nabla J(\theta) = 1 - 0.4 \times 2 \times 1 = 0.2$。

第 2 次迭代,$\theta^2 = \theta^1 - \alpha \nabla J(\theta) = 0.2 - 0.4 \times 2 \times 0.2 = 0.04$。

第 3 次迭代,$\theta^3 = \theta^2 - \alpha \nabla J(\theta) = 0.04 - 0.4 \times 2 \times 0.04 = 0.008$。

第 4 次迭代,$\theta^4 = \theta^3 - \alpha \nabla J(\theta) = 0.008 - 0.4 \times 2 \times 0.008 = 0.0016$。

经过 4 次迭代,已经基本靠近函数的最小值点 0。

下面使用 Python 代码实现一个简单的梯度下降算法,具体代码如下。

```python
# -*- coding: utf-8 -*-
# @Author: By Runsen

def func_1d(x):
    """
    目标函数
    :param x: 自变量
    :return: 因变量
    """
    return (x-1) ** 3 + 4


def grad_1d(x):
    """
    目标函数的梯度
    :param x: 自变量,标量
    :return: 因变量,标量
    """
    return 3 * (x-1)


def gradient_descent_1d(grad, cur_x, learning_rate, precision, max_iters):
    """
    一维问题的梯度下降法
    :param grad: 目标函数的梯度
    :param cur_x: 当前x值,通过参数可以提供初始值
    :param learning_rate: 学习率,也相当于设置的步长
    :param precision: 设置收敛精度
    :param max_iters: 最大迭代次数
    :return: 局部最小值x
    """
```

```
    for i in range(max_iters):
        grad_cur = grad(cur_x)
        if abs(grad_cur) < precision:
            break  # 当梯度趋近于0时,视为收敛
        cur_x = cur_x - grad_cur * learning_rate
        print("第", i, "次迭代:x 值为 ", cur_x)

    print("局部最小值 x =", cur_x)
    print("局部最小值 y =", func_1d(cur_x))
    return cur_x

if __name__ == '__main__':
    gradient_descent_1d(grad_1d, cur_x=10, learning_rate=0.2, precision=0.000001,
                        max_iters=10000)


####输出如下####
第 0 次迭代:x 值为  4.6
第 1 次迭代:x 值为  2.44
第 2 次迭代:x 值为  1.5759999999999998
第 3 次迭代:x 值为  1.2304
第 4 次迭代:x 值为  1.09216
第 5 次迭代:x 值为  1.036864
第 6 次迭代:x 值为  1.0147456
第 7 次迭代:x 值为  1.00589824
第 8 次迭代:x 值为  1.002359296
第 9 次迭代:x 值为  1.0009437184
第 10 次迭代:x 值为  1.00037748736
第 11 次迭代:x 值为  1.000150994944
第 12 次迭代:x 值为  1.0000603979776
第 13 次迭代:x 值为  1.00002415919104
第 14 次迭代:x 值为  1.000009663676416
第 15 次迭代:x 值为  1.0000038654705663
第 16 次迭代:x 值为  1.0000015461882266
第 17 次迭代:x 值为  1.0000006184752905
第 18 次迭代:x 值为  1.0000002473901162
局部最小值 x = 1.0000002473901162
局部最小值 y = 4.0
```

代码中选用了 $y = (x-1)^3 + 4$ 作为梯度下降的函数,经过 18 次迭代得到局部最小值 $x = 1.0000002473901162$,局部最小值 $y = 4.0$。

4.1.3 线性回归实现

线性回归是处理一个或多个自变量和因变量之间的关系,然后进行建模的一种回归分析方法。如果只有一个自变量,则称为一元线性回归;如果有两个或两个以上的自变量,则称为多元线性回归。在 sklearn 的 linear_model 模块中几乎集成了所有线性模型,使用 linear_model 模块中的 LinearRegression 可

以实现线性回归。

　　下面通过NumPy随机生成散点,然后使用LinearRegression进行线性回归,具体代码如下。

```
import numpy as np
import matplotlib.pyplot as plt
%matplotlib inline
x = np.linspace(0, 30, 50)
y = x + 2 * np.random.rand(50)
plt.figure(figsize=(10, 8))
plt.scatter(x, y)
```

　　运行上述代码,结果如图4.2所示。

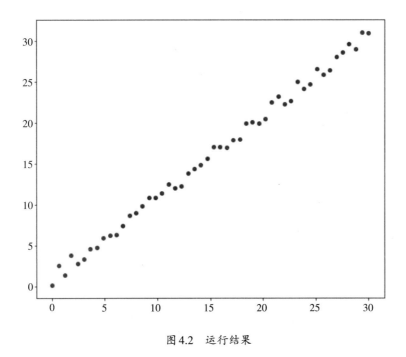

图4.2　运行结果

　　下面导入线性回归,训练数据,具体代码如下。

```
# 导入线性回归
from sklearn.linear_model import LinearRegression
# 初始化模型
model = LinearRegression()
# 将行变列,得到x坐标
x1 = x.reshape(-1, 1)
# 将行变列,得到y坐标
y1 = y.reshape(-1, 1)
# 训练数据
model.fit(x1, y1)
# 预测下x=40时,y的值
print(model.predict(np.array(40).reshape(-1, 1)))
```

```
####输出如下####
array([[40.90816511]]) # x=40的预测值

plt.figure(figsize=(12, 8))
plt.scatter(x, y)
x_test = np.linspace(0, 40).reshape(-1, 1)
plt.plot(x_test, model.predict(x_test))
```

运行上述代码,结果如图4.3所示。

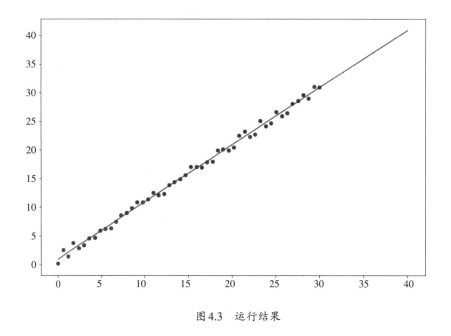

图4.3 运行结果

可以通过输出model.coef_和model.intercept_分别查斜率和截距,具体代码如下。

```
# 斜率
print(model.coef_)
# 截距
print(model.intercept_)

####输出如下####
array([[1.00116024]])
array([0.86175551])
```

由输出结果得到线性回归方程:$y = 1.00116024x + 0.86175551$。在评价线性回归模型的性能时,通常计算点到直线的距离的平方和,也就是常说的均方误差(Mean Squared Error,MSE)。下面通过NumPy计算MSE,具体代码如下。

```
print(np.sum(np.square(model.predict(x1)-y1)))
```

```
####输出如下####
16.63930773735106
```

除sklearn可以实现线性回归外,在Python中还有大量的第三方库可以实现线性回归,如最常见的科学计算库NumPy和SciPy,具体代码如下。

```
import numpy as np
x = np.linspace(0, 30, 50)
y = x + 1 + np.random.normal(0, 0.1, 50)
# 一次多项式拟合,相当于线性拟合
z1 = np.polyfit(x, y, 1)
print(z1)
p1 = np.poly1d(z1)
print(p1)


####输出如下####
[0.99912291 0.99942041]
0.9991 x + 0.9994


from scipy import stats
x = np.random.random(20)
y = 5 * x + 10 + np.random.random(20)
slope, intercept, r_value, p_value, std_err = stats.linregress(x, y)
print("slope: %f    intercept: %f"%(slope, intercept))
print("R-squared: %f"%r_value**2)


####输出如下####
slope: 5.304534    intercept: 10.338254
R-squared: 0.977617
```

此外,统计模块比较著名的Statsmodels中的OLS也可以实现线性回归,虽然Statsmodels在简便性上是远远不及SPSS和Stata等数据分析软件的,但它的优点在于可以与Python的NumPy、Pandas有效结合,具体代码如下。

```
import statsmodels.api as sm
import numpy as np
x = np.linspace(0, 10, 100)
y = 3 * x + np.random.randn() + 10
X = sm.add_constant(x)
mod = sm.OLS(y, X)
result = mod.fit()
print(result.params)
print(result.summary())


####输出如下####
[9.65615842 3.        ]
  OLS Regression Results
```

```
==============================================================================
Dep. Variable:                        y   R-squared:                     1.000
Model:                              OLS   Adj. R-squared:                1.000
Method:                   Least Squares   F-statistic:                7.546e+31
Date:                 Tue, 14 Apr 2020   Prob (F-statistic):             0.00
Time:                         21:10:18   Log-Likelihood:               3082.0
No. Observations:                  100   AIC:                          -6160.
Df Residuals:                       98   BIC:                          -6155.
Df Model:                            1
Covariance Type:             nonrobust
==============================================================================
                 coef    std err          t      P>|t|      [0.025      0.975]
------------------------------------------------------------------------------
const          9.6562       2e-15   4.83e+15      0.000       9.656       9.656
x1             3.0000    3.45e-16   8.69e+15      0.000       3.000       3.000
==============================================================================
Omnibus:                         4.067   Durbin-Watson:                 0.161
Prob(Omnibus):                   0.131   Jarque-Bera (JB):              4.001
Skew:                            0.446   Prob(JB):                      0.135
Kurtosis:                        2.593   Cond. No.                       11.7
==============================================================================
```

4.1.4 Lasso回归和岭回归

在线性回归中,有可能出现特征的数量很多的情况,那么模型容易陷入过拟合。为了降低过拟合,这时就可以引入正则项,这种方法叫作正则化。在此之前需要了解一下范数的概念。

范数是衡量某个向量空间(或矩阵)中的每个向量的长度或大小。范数的一般化定义:对实数 $p \geqslant 1$,范数定义为 $\|\boldsymbol{x}\|_p = \left(\sum_{i=1}^{n} |x_i|^p \right)^{\frac{1}{p}}$。这也就引入了常见的L1范数和L2范数。

当 $p = 1$ 时,是L1范数,其表示某个向量中所有元素绝对值的和,即 $\|\boldsymbol{x}\|_1 = \sum_{i=1}^{n} |x_i|$。当 $p = 2$ 时,是 L2范数,其表示某个向量中所有元素平方和再开根,即 $\|\boldsymbol{x}\|_2 = \sqrt{\sum_{i=1}^{n} x_i^2}$,也就是欧几里得距离公式, $d(\boldsymbol{x}, \boldsymbol{y}) = \sqrt{\sum_{i=1}^{n} (x_i - y_i)^2}$。

从结果来看,L1范数是向量中各个元素绝对值之和,L2范数是向量各元素的平方和然后求平方根。如果损失函数增加L1范数就是Lasso回归;如果损失函数增加L2范数就是岭回归。其实L1范数和L2范数也叫作正则化项。

Lasso回归和岭回归均通过在损失函数中引入正则化项来降低过拟合,二者与线性回归的损失函数对比如表4.2所示。

表4.2　回归算法的损失函数

回归算法	损失函数（其中，λ 称为正则化系数）
线性回归	$J(\boldsymbol{\theta}) = \dfrac{1}{2n} \sum\limits_{i=0}^{n} (h_{\boldsymbol{\theta}}(x_i) - y_i)^2$
Lasso 回归	$J(\boldsymbol{\theta}) = \dfrac{1}{2n} \sum\limits_{i=0}^{n} (h_{\boldsymbol{\theta}}(x_i) - y_i)^2 + \lambda \sum\limits_{i=1}^{n} \left| \theta_i \right|$
岭回归	$J(\boldsymbol{\theta}) = \dfrac{1}{2n} \sum\limits_{i=0}^{n} (h_{\boldsymbol{\theta}}(x_i) - y_i)^2 + \lambda \sum\limits_{i=1}^{n} \theta_i^2$

既然 L1 和 L2 正则化都能够达到降低过拟合的目的，那么可以将两者结合起来使用，这就是 ElasticNet 回归算法的思想。

ElasticNet 回归的损失函数为 $J(\boldsymbol{\theta}) = \dfrac{1}{2n} \sum\limits_{i=0}^{n} (h_{\boldsymbol{\theta}}(x_i) - y_i)^2 + \lambda \sum\limits_{i=1}^{n} \left| \theta_i \right| + \lambda \sum\limits_{i=1}^{n} \theta_i^2$。

下面使用 Python 代码实现 Lasso 回归、岭回归、ElasticNet 回归和线性回归。使用的是 sklearn 内置的 Boston House Price 数据集，共有 506 个数据，表4.3 所示是 Boston House Price 数据集的 13 个输入变量和 1 个输出变量（CHAS 房价）。

表4.3　Boston House Price 数据集

特征	特征解释
CRIM	城镇人均犯罪率
ZN	住宅用地所占比例
INDUS	城镇中非住宅用地所占比例
CHAS	虚拟变量，用于回归分析
NOX	环保指数
RM	每栋住宅的房间数
AGE	1940年以前建成的自住单位的比例
DIS	距离5个波士顿的就业中心的加权距离
RAD	距离高速公路的便利指数
TAX	每一万元的不动产税率
PTRATIO	城镇中教师和学生的比例
B	城镇中黑人的比例
LSTAT	地区中有多少房东属于低收入人群
MEDV	自住房屋房价中位数

Boston House Price 数据集房价预测属于多变量线性回归，具体代码如下。

```
from sklearn import datasets, linear_model, model_selection
boston = datasets.load_boston()
X_train, X_test, y_train, y_test = model_selection.train_test_split(boston.data,
                                        boston.target, test_size=0.2)

def model(model, X_train, X_test, y_train, y_test):
    # 进行训练
    model.fit(X_train, y_train)
    # 通过LinearRegression的coef_属性获得权重向量,intercept_获得b的值
    print("权重向量(斜率):%s，截距的值为:%.2f"%(model.coef_, model.intercept_))
    # 计算出损失函数的值
    print("回归模型的损失函数的值: %.2f"%np.mean((model.predict(X_test)-y_test)**2))
    # 计算预测性能得分
    print("预测性能得分: %.2f\n"%model.score(X_test, y_test))


if __name__ == '__main__':
    print(boston.feature_names)
    print("Lasso回归开始训练: ")
    model(linear_model.Lasso(), X_train, X_test, y_train, y_test)
    print("岭回归开始训练: ")
    model(linear_model.Ridge(), X_train, X_test, y_train, y_test)
    print("ElasticNet回归开始训练: ")
    model(linear_model.ElasticNet(), X_train, X_test, y_train, y_test)
    print("线性回归开始训练: ")
    model(linear_model.LinearRegression(), X_train, X_test, y_train, y_test)

####输出如下####
['CRIM' 'ZN' 'INDUS' 'CHAS' 'NOX' 'RM' 'AGE' 'DIS' 'RAD' 'TAX' 'PTRATIO' 'B' 'LSTAT']
Lasso回归开始训练:
权重向量(斜率):[-0.09864036  0.0603673 -0.          0.         -0.          0.6873437
             0.02190931 -0.75417946  0.28974957 -0.01510544 -0.67198466  0.00691904
            -0.777562  ], 截距的值为:42.42
回归模型的损失函数的值: 22.84
预测性能得分: 0.72

岭回归开始训练:
权重向量(斜率):[-1.39464324e-01  5.71355155e-02 -6.07057346e-03  2.08884292e+00
             -1.05014171e+01  3.56971544e+00 -5.60264608e-03 -1.50767173e+00
              2.97048802e-01 -1.22397478e-02 -8.22580516e-01  7.36868229e-03
             -5.56814294e-01], 截距的值为:33.56
回归模型的损失函数的值: 16.54
预测性能得分: 0.80

ElasticNet回归开始训练:
权重向量(斜率):[-0.11245074  0.06249212 -0.          0.         -0.          0.84657541
             0.02085673 -0.8073735   0.32057332 -0.01616905 -0.70029995 0.00709068
            -0.76506068], 截距的值为:42.17
回归模型的损失函数的值: 22.42
预测性能得分: 0.72
```

```
线性回归开始训练:
权重向量(斜率):[-1.44187085e-01  5.59860002e-02  2.50465582e-02  2.34282590e+00
                -1.91345074e+01  3.53055150e+00  1.85388413e-03 -1.63915731e+00
                 3.17155136e-01 -1.14178760e-02 -9.16285674e-01  6.89942485e-03
                -5.41989771e-01]，截距的值为:39.42
回归模型的损失函数的值: 16.61
预测性能得分: 0.79
```

4.1.5　回归模型评估

当训练出线性回归模型后,需要对回归模型进行评估,最常用的评估回归模型的指标有平均绝对误差、均方误差、决定系数和解释方差。下面依次介绍回归模型评估的这四大指标。

1. 平均绝对误差

平均绝对误差(Mean Absolute Error,MAE)是观测值与真实值的偏差的绝对值的平均值,其计算公式为 $\text{MAE} = \dfrac{1}{n}\sum_{i=0}^{n}\left|y_i - \hat{y}_i\right|$,这里的 $\hat{y}_i$ 是回归模型的预测值。

2. 均方误差

这里先要了解一下误差平方和(Sum of Squares for Error,SSE)。SSE是观测值与真实值的偏差的平方和,其计算公式为 $\text{SSE} = \sum_{i=0}^{n}(y_i - \hat{y}_i)^2$,这里的 n 是数据的总数。

均方误差(Mean Squared Error,MSE)是观测值与真实值的偏差的平方和的平均值,其计算公式为 $\text{MSE} = \dfrac{1}{n}\sum_{i=0}^{n}(y_i - \hat{y}_i)^2 = \dfrac{1}{n}\text{SSE}$。

3. 决定系数

决定系数(R^2)也称为判定系数,在机器学习中常用r2_score表示。决定系数反映自变量通过回归关系解释因变量的比例或能力,其计算公式为 $R^2 = 1 - \dfrac{\sum\limits_{i=1}^{n}(y_i - \hat{y}_i)^2}{\sum\limits_{i=1}^{n}(y_i - \bar{y})^2} \in [\,0,1\,]$,这里的 $\bar{y}$ 指的是真实值的平均值。R^2 越接近1,表明模型的变量 x 对 y 的解释能力越强,这个模型对数据拟合的效果也越好;越接近0,表明模型拟合的越差。

4. 解释方差

解释方差反映自变量通过方差解释因变量的比例或能力,其计算公式为

$$\text{explained\_variance} = 1 - \frac{\text{Var}(y_i - \hat{y}_i)}{\text{Var}(y_i)} \in [\,0,1\,]$$

$$\text{Var} = \frac{\sum_{i=1}^{n}(y_i - \bar{y})^2}{n}$$

下面使用Python代码实现简单使用回归模型四大指标，具体代码如下。

```
from sklearn.metrics import mean_absolute_error, mean_squared_error, r2_score,
explained_variance_score
y_true = [3, -0.5, 2, 7]
y_pred = [2.5, 0.0, 2, 8]
print(mean_absolute_error(y_true, y_pred))
print(mean_squared_error(y_true, y_pred))
print(r2_score(y_true, y_pred))
print(explained_variance_score(y_true, y_pred))

####输如下####
0.5
0.375
0.9486081370449679
0.9571734475374732
```

4.1.6　多项式回归

在很多回归分析中，并不都是线性关系，其中也有可能是非线性关系，如果还使用线性模型去拟合，那么模型的效果就会大打折扣。

例如，常见的二项分布，采用的方法就是多项式回归。多项式回归是研究一个因变量与一个或多个自变量间多项式的回归分析方法。如果自变量只有一个，则称为一元多项式回归；如果自变量有多个，则称为多元多项式回归。

例如，一元 n 次多项式回归方程为 $y = a_0 + a_1 x + a_2 x^2 + \cdots + a_n x^n$。二元二次多项式回归方程为 $y = a_0 + a_1 x_1 + a_2 x_2 + a_3 x_1^2 + a_4 x_2^2 + a_5 x_1 x_2$。

在sklearn中使用多项式回归，需要使用PolynomialFeatures生成多项式特征。下面分别使用线性回归和多项式回归(二次回归)进行线性拟合，具体代码如下。

```
import numpy as np
from sklearn.linear_model import LinearRegression
from sklearn.preprocessing import PolynomialFeatures
import matplotlib.pyplot as plt

X_train = [[6], [8], [10], [14], [18]]
y_train = [[7], [9], [13], [17.5], [18]]
X_test = [[6], [8], [11], [16]]
y_test = [[8], [12], [15], [18]]

# 线性回归
model1 = LinearRegression()
model1.fit(X_train, y_train)
xx = np.linspace(0, 26, 100)
yy = model1.predict(xx.reshape(xx.shape[0], 1))
plt.scatter(x=X_train, y=y_train, color='k')
```

```
plt.plot(xx, yy, '-g')

# 多项式回归,degree=2,二元二次多项式
quadratic_featurizer = PolynomialFeatures(degree=2)
X_train_quadratic = quadratic_featurizer.fit_transform(X_train)
X_test_quadratic = quadratic_featurizer.fit_transform(X_test)
model2 = LinearRegression()
model2.fit(X_train_quadratic, y_train)
xx2 = quadratic_featurizer.transform(xx[:, np.newaxis])
yy2 = model2.predict(xx2)
plt.plot(xx, yy2, '-r')
plt.show()
```

运行上述代码,结果如图4.4所示。

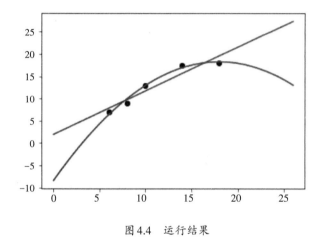

图4.4　运行结果

下面输出线性回归和二次回归的R^2指标,具体代码如下。

```
print('X_train:\n', X_train)
print('X_train_quadratic:\n', X_train_quadratic)
print('X_test:\n', X_test)
print('X_test_quadratic:\n', X_test_quadratic)
print('线性回归R2: ', model1.score(X_test, y_test))
print('二次回归R2: ', model2.score(X_test_quadratic, y_test))

####输出如下####
X_train:
 [[6], [8], [10], [14], [18]]
X_train_quadratic:
 [[  1.   6.  36.]
 [  1.   8.  64.]
 [  1.  10. 100.]
 [  1.  14. 196.]
 [  1.  18. 324.]]
X_test:
```

```
[[6], [8], [11], [16]]
X_test_quadratic:
[[  1.    6.   36.]
 [  1.    8.   64.]
 [  1.   11.  121.]
 [  1.   16.  256.]]
线性回归R2: 0.809726797707665
二次回归R2: 0.8675443656345054
```

从输出结果来看，二次回归的 R^2 指标比线性回归的 R^2 指标更接近1，因此二次回归比线性回归的拟合效果更好。

 4.2 逻辑回归

4.2.1 逻辑回归算法

逻辑（Logistic）回归虽然名称中带"回归"，但是它实际上是一种分类方法，主要用于二分类问题（输出只有两种，分别代表两个类别）。Logistic回归利用了Logistic函数（或称为Sigmoid函数），因此也称为Logistic回归分析，其Sigmoid函数形式为 $h(x) = \dfrac{1}{1 + e^{-x}}$。

下面使用Matplotlib绘制Sigmoid函数，具体代码如下。

```python
import matplotlib.pyplot as plt
import numpy as np

def sigmoid(x):
    # 直接返回Sigmoid函数
    return 1 / (1+np.exp(-x))

def plot_sigmoid():
    # param:起点,终点,间距
    x = np.arange(-8, 8, 0.1)
    y = sigmoid(x)
    plt.plot(x, y)
    plt.show()

if __name__ == '__main__':
    plot_sigmoid()
```

运行上述代码,结果如图4.5所示。

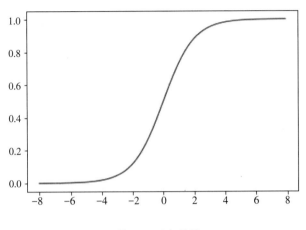

图4.5 运行结果

Sigmoid 函数具有如下特性:当 x 趋近于负无穷时,y 趋近于 0;当 x 趋近于正无穷时,y 趋近于 1;当 $x = 0.5$ 时,$y = 0.5$。如果 $h(x) \geqslant 0.5$,则预测 $y = 1$,属于正例;如果 $h(x) \leqslant 0.5$,则预测 $y = 0$,属于反例。Sigmoid 函数的导函数为 $h'(x) = h(x)(1 - h(x))$。

线性回归的表达式为 $z = \theta_0 + \theta_1 x_1 + \theta_2 x_2 + \cdots + \theta_n x_n = \boldsymbol{\theta}^T \boldsymbol{x}$。逻辑回归可以看成将线性回归的结果映射到 Sigmoid 函数中,得到 $h_{\boldsymbol{\theta}}(\boldsymbol{x}) = \dfrac{1}{1 + \mathrm{e}^{-z}} = \dfrac{1}{1 + \mathrm{e}^{-\boldsymbol{\theta}^T \boldsymbol{x}}}$,对于二分类结果为类别 1 和类别 0 的概率分别为 $\begin{cases} P(y = 1 \mid \boldsymbol{x} ; \boldsymbol{\theta}) = h_{\boldsymbol{\theta}}(\boldsymbol{x}) \\ P(y = 0 \mid \boldsymbol{x} ; \boldsymbol{\theta}) = 1 - h_{\boldsymbol{\theta}}(\boldsymbol{x}) \end{cases}$ 将两个结合在一起,得到 $P(y \mid \boldsymbol{x} ; \boldsymbol{\theta}) = (h_{\boldsymbol{\theta}}(\boldsymbol{x}))^y (1 - h_{\boldsymbol{\theta}}(\boldsymbol{x}))^{1-y}$。

求出逻辑回归的最大似然函数:$L(\boldsymbol{\theta}) = \prod\limits_{i=1}^{n} P(y_i \mid x_i ; \boldsymbol{\theta}) = \prod\limits_{i=1}^{n} (h_{\boldsymbol{\theta}}(x_i))^{y_i} (1 - h_{\boldsymbol{\theta}}(x_i))^{1-y_i}$。逻辑回归选择的是对数似然函数作为逻辑回归的损失函数,将最大似然函数取对数,其对数形式为

$$
\begin{aligned}
\log L(\boldsymbol{\theta}) &= \sum_{i=1}^{n} y_i \log(h_{\boldsymbol{\theta}}(x_i)) + \sum_{i=1}^{n} (1 - y_i) \log(1 - h_{\boldsymbol{\theta}}(x_i)) \\
&= \sum_{i=1}^{n} (y_i (\log h_{\boldsymbol{\theta}}(x_i) - \log(1 - h_{\boldsymbol{\theta}}(x_i))) + \log(1 - h_{\boldsymbol{\theta}}(x_i)) \\
&= \sum_{i=1}^{n} \left(y_i \log \frac{h_{\boldsymbol{\theta}}(x_i)}{1 - h_{\boldsymbol{\theta}}(x_i)} + \log(1 - h_{\boldsymbol{\theta}}(x_i)) \right) \\
&= \sum_{i=1}^{n} \left(y_i \boldsymbol{\theta}^T x_i + \log \left(1 - \frac{1}{1 + \mathrm{e}^{-\boldsymbol{\theta}^T x_i}} \right) \right) \\
&= \sum_{i=1}^{n} \left(y_i \boldsymbol{\theta}^T x_i - \log \left(1 + \mathrm{e}^{\boldsymbol{\theta}^T x_i} \right) \right)
\end{aligned}
$$

对最大似然函数的对数形式 $\log L(\boldsymbol{\theta}) = \sum\limits_{i=1}^{n} \left(y_i \boldsymbol{\theta}^T x_i - \log \left(1 + \mathrm{e}^{\boldsymbol{\theta}^T x_i} \right) \right)$ 进行求导,得到 $\dfrac{\partial}{\partial \boldsymbol{\theta}} \log L(\boldsymbol{\theta}) =$

$$yx - \frac{1}{1 + e^{\theta^{\mathrm{T}}x}} \cdot e^{\theta^{\mathrm{T}}x} \cdot x = x(y - h_{\theta}(x)) = -x(h_{\theta}(x) - y).$$

逻辑回归的损失函数为 $J(\theta) = -\dfrac{1}{n} \sum\limits_{i=1}^{n} (y_i \log h_{\theta}(x_i) + (1 - y_i) \log (1 - h_{\theta}(x_i)))$。

4.2.2 逻辑回归实现

Pima Indians 数据集为糖尿病患者医疗记录数据,是一个典型二分类问题。该数据集最初来自国家糖尿病、消化和肾脏疾病研究所。Pima Indians 数据集的目标是基于数据集中包含的某些诊断测量来诊断性的预测患者是否患有糖尿病。

Pima Indians 数据集中的特征解释如表4.4所示。

表4.4 Pima Indians 数据集

特征	特征解释
Pregnancies	怀孕次数
Glucose	2小时口服葡萄糖耐量试验中血浆葡萄糖浓度
BloodPressure	舒张压(mm Hg)
SkinThickness	三头肌皮褶皱厚度(mm)
Insulin	2小时血清胰岛素(mu U/ml)
BMI	身体质量指数
DiabetesPedigreeFunction	糖尿病谱系功能
Age	年龄(岁)
Outcome	是否患有糖尿病(0或1)

下面使用 Python 代码实现逻辑回归,主要使用的是 sklearn 的 linear_model 模块中的 LogisticRegression,具体代码如下。

```
import pandas as pd
import matplotlib.pyplot as plt
from sklearn.preprocessing import StandardScaler
from sklearn.model_selection import train_test_split
from sklearn.linear_model import LogisticRegression
from sklearn.metrics import confusion_matrix, roc_curve

# 读取数据
data = pd.read_csv('diabetes.csv')
# Z-score标准化
sc_X = StandardScaler()
```

```
X = pd.DataFrame(sc_X.fit_transform(data.drop(["Outcome"], axis=1),),
                 columns=['Pregnancies', 'Glucose', 'BloodPressure',
                          'SkinThickness', 'Insulin', 'BMI',
                          'DiabetesPedigreeFunction', 'Age'])
y = data.Outcome

# 划分训练集和测试集
X_train, X_test, y_train, y_test = train_test_split(X, y, test_size=0.2,
                                                    random_state=34)

# 逻辑回归
logreg = LogisticRegression()
logreg.fit(X_train, y_train)
y_pred = logreg.predict(X_test)

print('逻辑回归在测试集中分类的精确率:{}\n'.format(logreg.score(X_test, y_test)))
# 混淆矩阵
confusion_matrix(y_test, y_pred)
print(pd.crosstab(y_test, y_pred, rownames=['True'], colnames=['Predicted'],
      margins=True))

####输出如下####
逻辑回归在测试集中分类的精确率:0.8116883116883117

Predicted    0    1   All
True
0           96    9   105
1           20   29    49
All        116   38   154
```

从输出结果来看,逻辑回归在测试集中分类的精确率为0.8116883116883117。在真实数据集标签为0的数据中,也就是没有患糖尿病的105个数据中,有96个数据分类正确,但是还有9个数据分到了患有糖尿病中。

下面绘制ROC曲线。受试者工作特征曲线(Receiver Operating Characteristic Curve,ROC曲线)是比较两个分类模型好坏的可视化工具,具体代码如下。

```
y_pred_proba = logreg.predict_proba(X_test)[:, 1]
fpr, tpr, thresholds = roc_curve(y_test, y_pred_proba)
plt.plot([0, 1], [0, 1], 'k--')
plt.plot(fpr, tpr, label='Logistic Regression')
plt.xlabel('fpr')
plt.ylabel('tpr')
plt.title('ROC curve')
plt.show()
```

运行上述代码,结果如图4.6所示。

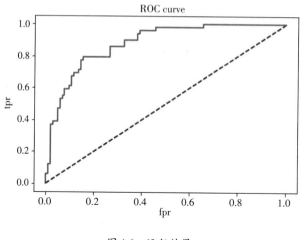

图 4.6　运行结果

下面使用sklearn的metrics模块中的roc_auc_score,计算ROC曲线下的面积,具体代码如下。

```
from sklearn.metrics import roc_auc_score
print("ROC Accuracy: {}".format(roc_auc_score(y_test, y_pred_proba)))

####输出如下####
ROC Accuracy: 0.8812439261418853
```

4.2.3　分类模型评估

1. 混淆矩阵

混淆矩阵主要反映了分类结果占正确结果的比值,是监督学习分类中的一种可视化工具。矩阵中的每一行代表实例的预测类别,每一列代表实例的真实类别。

下面使用二分类模型将预测情况和实际情况的所有结果两两混合,结果就会出现以下4种情况,就组成了混淆矩阵。二分类模型如表4.5所示。

表4.5　二分类模型

预测值	真实值	
	1	0
1	TP	FP
0	FN	TN

其中,字母P、N、T、F的含义分别是:P(Postitive),代表1;N(Negative),代表0;T(True),代表预测正确;F(False),代表预测错误。因此,TP、FP、FN和TN对应的含义如表4.6所示。

表4.6 TP、FP、FN和TN对应的含义

TP	预测值为1,预测正确,即真实值为1
FP	预测值为1,预测错误,即真实值为0
FN	预测值为0,预测错误,即真实值为1
TN	预测值为0,预测正确,即真实值为0

使用sklearn的metrics模块中的confusion_matrix求得混淆矩阵,具体代码如下。

```
from sklearn.metrics import confusion_matrix
y_true = [1, 1, 0, 0]
y_pred = [1, 0, 1, 0]
print(confusion_matrix(y_true, y_pred))

####输出如下####
[[1 1]
 [1 1]]
```

矩阵 $\begin{bmatrix} 1 & 1 \\ 1 & 1 \end{bmatrix}$ 的列和行索引都是 $[0, 1]$。y_true和y_pred的数组分别为 $[1, 1], [1, 0], [0, 1], [0, 0]$,因此得到混淆矩阵 $\begin{bmatrix} 1 & 1 \\ 1 & 1 \end{bmatrix}$。

如果需要绘制混淆矩阵,则通常结合Seaborn中的heatmap绘制混淆矩阵的热力图。Seaborn是基于Matplotlib的图形可视化Python包,它提供了一个高级界面,用于绘制有吸引力的统计图形。

下面使用Python代码绘制混淆矩阵的热力图,具体代码如下。

```
import seaborn as sns
import matplotlib.pyplot as plt
from sklearn.metrics import confusion_matrix
f, ax = plt.subplots()
y_true = [0, 0, 1, 2, 1, 2, 0, 2, 2, 0, 1, 1]
y_pred = [1, 0, 1, 2, 1, 0, 0, 2, 2, 0, 1, 1]
C = confusion_matrix(y_true, y_pred, labels=[0, 1, 2])
print(C)
# 画热力图
sns.heatmap(C, annot=True, ax=ax)
# 标题
ax.set_title('confusion matrix')
# x轴
ax.set_xlabel('predict')
# y轴
ax.set_ylabel('true')
plt.show()

####输出如下####
[[3 1 0]
 [0 4 0]
 [1 0 3]]
```

运行上述代码,结果如图4.7所示。

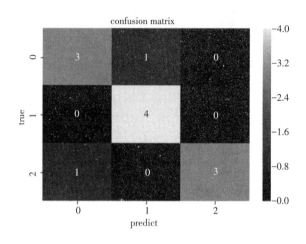

图4.7　运行结果

每一行之和表示该类别的真实样本数量,每一列之和表示被预测为该类别的样本数量。第一列说明有4个属于第0类的样本,其中有3个被正确预测,有1个属于第2类的样本被错误预测为第0类。第二列说明有5个属于第1类的样本,其中有4个被正确预测,有1个属于第0类的样本被错误预测为第1类。第三列说明有3个属于第2类的样本全部被正确预测。

2. 准确率

准确率就是分类正确的样本数除以样本总数,其计算公式为 $Accuracy = \dfrac{TP + FP}{TP + TN + FP + FN} = \dfrac{分类正确的样本数}{样本总数}$。

但准确率对于样本数据不均衡的问题不具有说服力,当样本不均衡时,准确率即使很高,也不代表分类效果好。使用sklearn的metrics模块中的accuracy_score计算准确率,具体代码如下。

```
from sklearn.metrics import accuracy_score
y_true = [1, 1, 1, 1, 1, 0]
y_pred = [1, 0, 0, 1, 1, 1]
print(accuracy_score(y_true, y_pred))

####输出如下####
0.5
```

y_pred共有3次预测次数等于y_true。因此,准确率等于分类正确的样本数3除以样本总数6,得到准确率为0.5。

3. 精确率

精确率代表的是在所有被分类为正例的样本中,真正是正例的比例。简单来说,就是1有多大概率,其计算公式为 $Precision = \dfrac{TP}{TP + FP}$。使用sklearn的metrics模块中的precision_score计算精确率,具体代码如下。

```
from sklearn.metrics import precision_score
y_true = [1, 1, 1, 1, 1, 0]
y_pred = [1, 0, 0, 1, 1, 1]
print(precision_score(y_true, y_pred))

####输出如下####
0.75
```

y_pred共有3次预测结果等于1,而y_true真实的正例的总数为4。因此,精确率等于分类为正例的样本数3除以正例样本总数4,得到精确率为0.75。

4. 召回率

简单来说,召回率就是样本中的正例有多少被预测正确,其计算公式为 $Recall = \dfrac{TP}{TP + TN}$。使用sklearn的metrics模块中的recall_score计算召回率,具体代码如下。

```
from sklearn.metrics import recall_score
y_true = [1, 1, 1, 1, 1, 0]
y_pred = [1, 0, 0, 1, 1, 1]
print(recall_score(y_true, y_pred))

####输出如下####
0.6
```

y_ture共有5次真实结果等于1,也就是正例数等于5,而y_pred中的5个正例共有3次被预测正确。因此,召回率等于预测正例正确的次数3除以总正例数5,得到召回率为0.6。

5. 调和平均值

调和平均值,其实就是精确率和召回率的扩展,其计算公式为 $F1\_Score = \dfrac{2 \times Precision \times Recall}{Precision + Recall}$。使用sklearn的metrics模块中的f1_score计算调和平均值,具体代码如下。

```
from sklearn.metrics import f1_score
y_true = [1, 1, 1, 1, 1, 0]
y_pred = [1, 0, 0, 1, 1, 1]
print(f1_score(y_true, y_pred))

####输出如下####
0.6666666666666667
```

根据计算公式,$F1\_Score = \dfrac{2 \times Precision \times Recall}{Precision + Recall} = \dfrac{2 \times 0.75 \times 0.6}{0.75 + 0.6} = \dfrac{2}{3}$,得到调和平均值为0.6666666666666667。

6. 宏平均

调和平均值取算术平均值即为宏平均,其计算公式为 $Macro\_average = \sqrt{F1\_Score}$。

7. 微平均

微平均与准确率一样,即分类正确的样本数占样本总数的比例,其计算公式为 $Micro\_average =$

Accuracy。

8. 分类总指标

使用 sklearn 的 metrics 模块中的 classification_report 显示主要分类指标的文本报告，通过classification_report 分类文本报告便可知道分类结果中各个类别的精确率、召回率和调和平均值，具体代码如下。

```
from sklearn.metrics import classification_report
y_true = [1, 1, 1, 1, 1, 0]
y_pred = [1, 0, 0, 1, 1, 1]
print(classification_report(y_true, y_pred))

####输出如下####
              precision    recall  f1-score   support

           0       0.00      0.00      0.00         1
           1       0.75      0.60      0.67         5

   micro avg       0.50      0.50      0.50         6
   macro avg       0.38      0.30      0.33         6
weighted avg       0.62      0.50      0.56         6
```

9. ROC 和 AUC

ROC 和 AUC(ROC 曲线下的面积)，如图 4.8 所示。

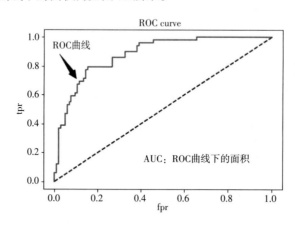

图 4.8　ROC 和 AUC

在混淆矩阵中除 TP、FP、FN 和 TN 外，还有 TPR 和 FPR。TPR(True Positive Rate)是真正类率，其计算公式为 $TPR = \dfrac{TP}{TP + FN}$。FPR(False Positive Rate)是假正类率，其计算公式为 $FPR = \dfrac{FP}{FP + TN}$。

ROC 曲线是以 FPR 为横坐标，以 TPR 为纵坐标，以概率为阈值来评价模型。而且 TPR 的增加一定以 FPR 的增加为代价，ROC 曲线下的面积就是模型准确率的判断。

使用 sklearn 的 metrics 模块中的 roc_curve 绘制 ROC 曲线，返回的是 fpr、tpr 和 thresholds。

threshold 是求解(fpr[i], tpr[i])时使用的阈值。对概率 scores 进行排序(倒序),不断改变阈值,可以得到
ROC 曲线上不同的点,具体代码如下。

```
import numpy as np
from sklearn import metrics
y = np.array([0, 0, 1, 1])
scores = np.array([0.1, 0.4, 0.35, 0.8])
fpr, tpr, thresholds = metrics.roc_curve(y, scores, pos_label=1)
print(fpr)
print(tpr)
print(thresholds)
print(auc(fpr, tpr))

####输出如下####
[0.  0.  0.5 0.5 1. ]
[0.  0.5 0.5 1.  1. ]
[1.8 0.8 0.4 0.35 0.1 ]
0.75
```

在上面的代码中,y 是真实值,scores 是每个预测值对应的正例概率。例如,0.1 就是指第一个数 0
预测为正例的概率为 0.1。pos_label=1 是指在 y 中标签为 1 的是正例标签,其余值是反例标签。

所以,在 y 中,正例样本有 2 个,即后两个 1;反例样本有 2 个,即前两个 0。接下来选取一个阈值,
计算 $\frac{TPR}{FPR}$,阈值的选取规则是在 scores 值中从大到小依次选取。

在 $[0,0]$ 点,第 1 个选取的阈值是 1.8,即 0.8 加上 1,而不是 0.8 或 0.1。第 2 个选取的阈值是 0.8,
scores 中大于等于阈值的就预测为正例,小于阈值的就预测为反例,即预测值为 $[0,0,0,1]$。FPR =
$\frac{FP}{FP + TN} = \frac{0}{0 + 2} = 0$, TPR $= \frac{TP}{TP + FN} = \frac{1}{1 + 1} = 0.5$。

```
# [0,0]点的阈值,指的是最大的score加上1
# [0,0.5]点的阈值,指的是最大的score 0.8
print(fpr[1], tpr[1], thresholds[1])

####输出如下####
0.0 0.5 0.8
```

第 3 个选取的阈值是 0.4,scores 中大于等于阈值的就预测为正例,小于阈值的就预测为反例,即
预测值为 $[0,1,0,1]$。FPR $= \frac{FP}{FP + TN} = \frac{1}{1 + 1} = 0.5$, TPR $= \frac{TP}{TP + FN} = \frac{1}{1 + 1} = 0.5$。

```
# [0.5,0.5]点的阈值,指的是score 0.4
print(fpr[2], tpr[2], thresholds[2])

####输出如下####
0.5 0.5 0.4
```

第 4 个选取的阈值是 0.35,scores 中大于等于阈值的就预测为正例,小于阈值的就预测为反例,即

预测值为$[0,1,1,1]$。$\mathrm{FPR} = \dfrac{\mathrm{FP}}{\mathrm{FP}+\mathrm{TN}} = \dfrac{1}{1+1} = 0.5, \mathrm{TPR} = \dfrac{\mathrm{TP}}{\mathrm{TP}+\mathrm{FN}} = \dfrac{2}{2+0} = 1$。

```
# [0.5,1]点的阈值,指的是score 0.35
print(fpr[3], tpr[3], thresholds[3])


####输出如下####
0.5 1.0 0.35
```

最后选取的阈值是0.1,scores中大于等于阈值的就预测为正例,小于阈值的就预测为反例,即预测值为$[1,1,1,1]$。$\mathrm{FPR} = \dfrac{\mathrm{FP}}{\mathrm{FP}+\mathrm{TN}} = \dfrac{2}{2+0} = 1, \mathrm{TPR} = \dfrac{\mathrm{TP}}{\mathrm{TP}+\mathrm{FN}} = \dfrac{2}{2+0} = 1$。

```
# [1,1]点的阈值,指的是score 0.1
print(fpr[4], tpr[4], thresholds[4])


####输出如下####
1.0 1.0 0.1
```

使用sklearn的metrics模块中的auc计算ROC曲线下的面积AUC,具体代码如下。

```
print(auc(fpr, tpr))


####输出如下####
0.75
```

下面使用Matplotlib绘制ROC曲线,具体代码如下。

```
from matplotlib import pyplot as plt
plt.figure()
plt.plot(fpr, tpr)
plt.title("ROC Graph")
plt.show()
```

运行上述代码,结果如图4.9所示。

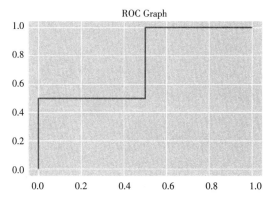

图4.9　运行结果

第 5 章

KNN 和贝叶斯分类算法

在机器学习中,比较常用的是 KNN 和贝叶斯分类算法。KNN(K-Nearest Neighbor)也叫作 K 近邻算法,其分类的基本思想是给定一个训练数据集,对于新的输入特征数据,在数据集中找到与它最邻近的 K 个样本。如果某个标签类别在这 K 个样本中出现次数最多,那么就将它分到这个标签类别中。这就类似于所说的"物以类聚""近朱者赤"的道理。贝叶斯分类算法是基于贝叶斯定理和特征条件独立假设的分类方法,是目前应用比较广泛的分类算法之一。本章将主要介绍 KNN 算法的距离度量、贝叶斯分类算法及防止过拟合的交叉验证法。

本章主要涉及的知识点如下。

- KNN 算法的距离度量和代码实现。
- KNN 中的 K 值选取。
- KD 树。
- 高斯朴素贝叶斯。
- 多项式朴素贝叶斯。
- 伯努利朴素贝叶斯。

5.1 KNN算法

5.1.1 KNN算法的距离度量

KNN的工作原理是:存在一个样本数据集,而且样本数据集中每个数据都存在标签数据;输入没有标签的测试数据后,将测试数据的每个特征与样本集中数据对应的特征进行比较;利用算法提取样本集中特征最相似的数据,也就是寻找距离最相近的分类标签。

在KNN算法中,一个重要的计算就是关于距离的度量。两个样本点之间的距离代表了这两个样本之间的相似度。距离越大,差异性越大;距离越小,相似度越大。关于距离的计算方法主要有以下4种。

1. 欧氏距离

欧氏距离也称为欧几里得距离,是最常用的距离公式。在二维空间中,两点之间的欧氏距离为 $d = \sqrt{(x_1 - y_1)^2 + (x_2 - y_2)^2}$。如果是 n 维空间,则将这里的两个点定义为 $(x_1, x_2, x_3, \cdots, x_n)$ 和 $(y_1, y_2, y_3, \cdots, y_n)$,两点之间的欧氏距离为 $d = \sqrt{\sum_{i=1}^{n} (x_i - y_i)^2}$。

下面使用Python代码计算 $[1, 2, 3]$ 和 $[4, 5, 6]$ 之间的欧氏距离,具体代码如下。

```python
Import numpy as np
from matplotlib import pyplot as plt
from mpl_toolkits.mplot3d import Axes3D
coords1 = [1, 2, 3]
coords2 = [4, 5, 6]
np_c1 = np.array(coords1)
np_c2 = np.array(coords2)
d = np.sqrt(np.sum((np.array(coords1)-np.array((coords2)))**2))
print(d)
fig = plt.figure(figsize=(8, 8))
ax = fig.add_subplot(111, projection='3d')
ax.scatter((coords1[0], coords2[0]),
           (coords1[1], coords2[1]),
           (coords1[2], coords2[2]),
           color="k", s=150)
ax.plot((coords1[0], coords2[0]),
        (coords1[1], coords2[1]),
        (coords1[2], coords2[2]),
        color="r")
ax.set_xlabel('X')
ax.set_ylabel('Y')
ax.set_zlabel('Z')
ax.text(x=2.5, y=3.5, z=4.0, s='d={:.2f}'.format(float(d)))
```

```
plt.title('Euclidean distance between 3D-coordinates')
plt.show()

####输出如下####
5.196152422706632
```

运行上述代码,结果如图5.1所示。

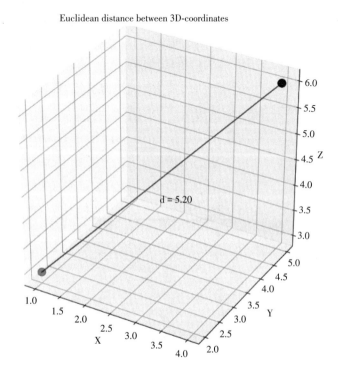

图5.1 运行结果

2. 曼哈顿距离

曼哈顿距离表示两个点在标准坐标系上的绝对轴距总和,用公式表示就是:$d = \left| x_1 - y_1 \right| + \left| x_2 - y_2 \right|$。下面使用Python代码计算两点之间的曼哈顿距离,具体代码如下。

```
x = [1, 2, 3]
y = [4, 5, 6]
print(sum(map(lambdai, j:abs(i-j), x, y)))

####输出如下####
9
```

3. 闵可夫斯基距离和切比雪夫距离

需要注意的是,闵可夫斯基距离并不是一个距离,而是一组距离。对于n维空间中的两个点

$(x_1, x_2, x_3, \cdots, x_n)$ 和 $(y_1, y_2, y_3, \cdots, y_n)$，两点之间的闵可夫斯基距离为 $d = \sqrt[p]{\sum_{i=1}^{n} \left| x_i - y_i \right|^p}$。其中，$p$ 代表

空间的维数，当 $p = 1$ 时，就是曼哈顿距离；当 $p = 2$ 时，就是欧氏距离；当 $p \to \infty$ 时，就是切比雪夫距离，在这里只作了解和认识即可。

4. 余弦距离

在分析两个特征向量之间的相关性时，常常用到余弦距离，余弦距离实际上是用1减去两个向量的夹角，也就是余弦相似度，其公式表示为 $\mathrm{dist}(\boldsymbol{A}, \boldsymbol{B}) = 1 - \cos(\boldsymbol{A}, \boldsymbol{B}) \in [0, 2]$。

简单来说，余弦相似度就是计算两个向量之间的夹角的余弦值，其取值范围为 $[-1, 1]$。两个向量之间的夹角的余弦值越接近1，就说明两个向量越相似。

下面给定两个向量 $\boldsymbol{a}$ 和 $\boldsymbol{b}$，求出余弦值，也就是两个向量的余弦相似度或夹角 θ 的取值，如图5.2所示。

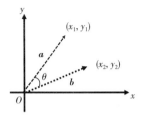

图5.2 计算余弦值

根据点积求出 $\boldsymbol{a} \cdot \boldsymbol{b} = |\boldsymbol{a}||\boldsymbol{b}|\cos\theta$，得到 $\cos\theta = \dfrac{\boldsymbol{a} \cdot \boldsymbol{b}}{|\boldsymbol{a}||\boldsymbol{b}|} = \dfrac{(x_1, y_1) \cdot (x_1, y_1)}{\sqrt{x_1^2 + y_1^2} \cdot \sqrt{x_2^2 + y_2^2}} = \dfrac{x_1 x_2 + y_1 y_2}{\sqrt{x_1^2 + y_1^2} \cdot \sqrt{x_2^2 + y_2^2}}$。

下面举一个简单的例子来帮助读者理解余弦相似度，构造A、B、C、D四位顾客对one到seven总共7件商品的评分数据，具体代码如下。

```
Import pandas as pd
Import numpy as np
data = pd.DataFrame({'one':[4, np.nan, 2, np.nan],
                     'two':[np.nan, 4, np.nan, 5],
                     'three':[5, np.nan, 2, np.nan],
                     'four':[3, 4, np.nan, 3],
                     'five':[5, np.nan, 1, np.nan],
                     'six':[np.nan, 5, np.nan, 5],
                     'seven':[np.nan, np.nan, np.nan, 4]},
index = list('ABCD')
print(data)

####输出如下####
    one   two   three   four   five   six   seven
A   4.0   NaN   5.0     3.0    5.0    NaN   NaN
B   NaN   4.0   NaN     4.0    NaN    5.0   NaN
C   2.0   NaN   2.0     NaN    1.0    NaN   NaN
D   NaN   5.0   NaN     3.0    NaN    5.0   4.0
```

需要实现的目标是,寻找与 A 顾客最相似的其他顾客并预测 A 顾客对 two 商品的评分,从而做出是否推荐的判断。使用 sklearn 的 metrics.pairwise 模块中的 cosine_similarity 计算余弦距离,具体代码如下。

```
from sklearn.metrics.pairwise import cosine_similarity
sim_AB = cosine_similarity(data.loc['A', :].fillna(0).values.reshape(1, -1),
                           data.loc['B', :].fillna(0).values.reshape(1, -1))
sim_AC = cosine_similarity(data.loc['A', :].fillna(0).values.reshape(1, -1),
                           data.loc['C', :].fillna(0).values.reshape(1, -1))
print(sim_AB)
print(sim_AC)

####输出如下####
[[0.18353259]]
[[0.88527041]]
```

从输出结果来看,A 顾客与 C 顾客的相似度比较高,这是直接选择用 0 进行 fillna 的原因,而在实际生活中是不可以将不知道的值用 0 去填充的,因此上面的结论没有实际研究的意义。最常见的做法就是对数据进行简单的处理:去中心化,使均值为 0,再选择用 0 进行 fillna,具体代码如下。

```
data_center = data.apply(lambdax:x-x.mean(), axis=1)
print(data_center)

####输出如下####
        One        two      three       four       five       six    seven
A -0.250000        NaN   0.750000  -1.250000   0.750000       NaN      NaN
B      NaN  -0.333333        NaN  -0.333333        NaN  0.666667      NaN
C  0.333333        NaN   0.333333        NaN  -0.666667       NaN      NaN
D      NaN   0.750000        NaN  -1.250000        NaN  0.750000    -0.25
```

现在再进行与上面相同的操作,选择用 0 进行 fillna,具体代码如下。

```
sim_AB = cosine_similarity(data_center.loc['A', :].fillna(0).values.reshape(1,- 1),
                           data_center.loc['B', :].fillna(0).values.reshape(1, -1))
sim_AC = cosine_similarity(data_center.loc['A', :].fillna(0).values.reshape(1, -1),
                           data_center.loc['C', :].fillna(0).values.reshape(1, -1))
print(sim_AB)
print(sim_AC)

####输出如下####
[[0.30772873]]
[[-0.24618298]]
```

去中心化后,发现 A 顾客与 C 顾客的相似度是负的,与之前的结果完全不同。下面接着计算 A 顾客与 D 顾客的相似度,具体代码如下。

```
sim_AD = cosine_similarity(data_center.loc['A', :].fillna(0).values.reshape(1, -1),
                           data_center.loc['D', :].fillna(0).values.reshape(1, -1))
```

```
print(sim_AD)

####输出如下####
[[0.56818182]]
```

从输出结果来看,在B、C和D中,D顾客与A顾客的相似度最高。下面预测A顾客对two商品的评分,需要用B顾客和D顾客对two商品的评分来进行预测计算,具体代码如下。

```
print((sim_AD*data.loc['D', 'two']+sim_AB*data.loc['B', 'two'])/(sim_AD+sim_AB))

####输出如下####
[[4.64867562]]
```

B顾客对two商品的评分是4,D顾客对two商品的评分是5,预测A顾客对two商品的评分应该是4.64867562。

5.1.2 KNN算法代码实现

古人云:"近朱者赤,近墨者黑。"其实这可以说是KNN的工作原理。KNN算法的整个计算过程分为3步:(1)计算待分类样本与其他样本之间的距离;(2)统计距离最近的K个邻居;(3)对于K个最近的邻居,它们属于哪个分类最多,待分类样本就属于哪一类。

下面通过Iris数据集实现KNN算法,在下面的代码中也手动实现了KNN算法,定义了euc_dis函数计算两个样本之间的欧氏距离和knn_classify函数通过选票的方法预测样本标签。当然,也可以通过from sklearn.neighbors import KNeighborsClassifier导入KNeighborsClassifier,进行模型建立和训练,具体代码如下。

```python
import numpy as np
from sklearn import datasets
from collections import Counter
from sklearn.model_selection import train_test_split
from sklearn.neighbors import KNeighborsClassifier
from sklearn.metrics import accuracy_score

# 导入Iris数据集
iris = datasets.load_iris()
X = iris.data
y = iris.target
X_train, X_test, y_train, y_test = train_test_split(X, y, random_state=0)

def euc_dis(instance1, instance2):
    """
    计算两个样本instance1和instance2之间的欧氏距离
    instance1:第一个样本,array型
    instance2:第二个样本,array型
    """
    dist = np.sqrt(sum((instance1-instance2)**2))
```

```
        return dist
def knn_classify(X, y, testInstance, k):
    """
    给定一个测试数据testInstance,通过KNN算法来预测它的标签
    X:训练数据的特征
    y:训练数据的标签
    testInstance:测试数据,这里假定一个测试数据为array型
    k:划分的类别数目
    """
    # 返回testInstance的预测标签={0,1,2}
    distances = [euc_dis(x, testInstance) for x in X]
    # 排序
    kneighbors = np.argsort(distances)[:k]
    # count是一个字典
    count = Counter(y[kneighbors])
    # count.most_common()[0][0]是票数最多的
    return count.most_common()[0][0]

# 预测结果Iris是典型的三分类数据集,这里的K指定为3
predictions = [knn_classify(X_train, y_train, data, 3) for data in X_test]
print(predictions[:5])
correct = np.count_nonzero((predictions==y_test)==True)
print(correct)
clf = KNeighborsClassifier(n_neighbors=3)
clf.fit(X_train, y_train)
print("sklearn KNN-model's Accuracy is:%.3f"%(accuracy_score(y_test,
        clf.predict(X_test))))
print("My KNN-model's Accuracy is:%.3f"%(correct/len(X_test)))


####输出如下####
[1, 0, 1, 2, 1]
35
sklearn KNN-model's Accuracy is:0.921
My KNN-model's Accuracy is:0.921
```

5.1.3 交叉验证

在KNN算法中有一个需要注意的地方,就是如何确定KNN中的K值,因为K的选取对结果会产生重大影响。如果K值比较小,那么就相当于未分类样本与它的邻居非常接近才行。但如果邻居点是一个噪声点,那么样本的分类将会产生误差,这样KNN分类就会产生过拟合的问题。如果K值比较大,那么KNN分类就会产生欠拟合的问题,原因是没有将未分类样本真正分类出来。

在实际工程实践中,一般采用交叉验证的方式选取K值。交叉验证的核心思想其实就是将一些可能的K逐个去尝试一遍,然后选出效果最好的K值,所以交叉验证选择出来的K值是一个实践出来的结果。

交叉验证,顾名思义,就是重复地使用数据,将得到的样本数据分为不同的训练集和测试集,用训练集来训练模型,用测试集来评估模型预测的好坏,这就是所谓"验证";在此基础上再进行划分,得到多组不同的训练集和测试集,某次训练集中的样本在下次划分时也可能成为测试集中的样本,这就是所谓"交叉"。

使用sklearn的model_selection模块中的cross_val_score可以实现交叉验证,下面依然使用Iris数据集,选取K从1到20的数值,绘制每一个K值对应的准确率,具体代码如下。

```python
Import numpy as np
Import matplotlib.pyplot as plt
from sklearn.datasets import load_iris
from sklearn.model_selection import cross_val_score
from sklearn.neighbors import KNeighborsClassifier
# 读取Iris数据集
iris = load_iris()
x = iris.data
y = iris.target
k_range = range(1, 20)
k_score = []
# 循环,取k=1到k=20,查看准确率
for k in k_range:
    knn = KNeighborsClassifier(n_neighbors=k)
    # cv参数决定数据集划分比例,这里是按照4:1划分训练集和测试集
    scores = cross_val_score(knn, x, y, cv=5, scoring='accuracy')
    k_score.append(np.around(scores.mean(), 3))

# 画图,x轴为K值,y轴为准确率
plt.plot(k_range, k_score)
plt.xticks(np.linspace(1, 20, 20))
plt.xlabel('Value of K for KNN')
plt.ylabel('score')
plt.show()
print(k_score)
print("最终的最佳K值:{}".format(int(k_score.index(max(k_score)))+1))
print("最终最佳准确率:{}".format(max(k_score)))

####输出如下####
[0.96, 0.947, 0.967, 0.973, 0.973, 0.98, 0.98, 0.967, 0.973, 0.98, 0.98, 0.98, 0.973,
 0.967, 0.967, 0.967, 0.967, 0.967, 0.967]
最终的最佳K值:6
最终最佳准确率:0.98
```

运行上述代码,结果如图5.3所示。

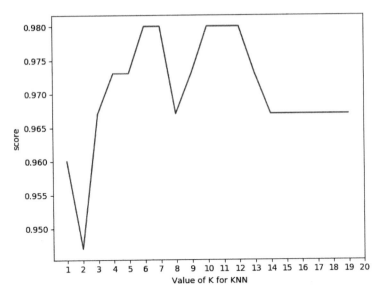

图 5.3　运行结果

5.1.4　KD 树

在二维空间中,两个特征的相似度一般采用欧氏距离来表示,也就是说,每个新的输入实例都需要与所有的训练实例计算一次距离并排序。当训练集非常大时,计算就非常耗时、耗内存,导致算法的效率降低。为了提高KNN的搜索效率,这里介绍一种可以减少计算距离次数的方法——KD树方法。

在了解KD树之前,需要知道树和二叉树的数据结构。树是一种数据结构,它是由 $n(n>1)$ 个有限节点组成的一个具有层次关系的集合。

树具有以下特点:每个节点有零个或多个子节点;没有前驱的节点称为根节点;每一个非根节点有且只有一个父节点;除根节点外,每个子节点可以分为多个不相交的子树。

二叉树是 $n(n>1)$ 个节点的有限集合,由一个根节点和两棵互不相交的、分别称为根节点的左子树和右子树组成。树和二叉树的区别在于,二叉树每个节点最多只有两棵子树,如图5.4所示。

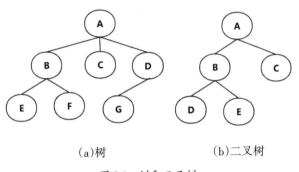

（a）树　　　　　　　（b）二叉树

图 5.4　树和二叉树

KD树采用了分治的思想，它是利用已有数据对k维空间进行切分，然后进行存储以便对其进行快速搜索的二叉树结构，从而达到减少搜索的计算量的目的。

KD树算法可以分为两大部分，一部分是对数据点建立KD树数据结构，另一部分是在建立的KD树上进行最邻近查找的算法。

下面将6个二维数据点$(2,3),(5,4),(9,6),(4,7),(8,1),(7,2)$构建KD树，具体代码如下。

```python
Import numpy as np
from sklearn.neighbors import KDTree
from collections import namedtuple
from operator importi temgetter
from pprint import pformat

# 节点类,(namedtuple)Node中包含样本点和左右叶子节点
class Node(namedtuple('Node', 'location left_child right_child')):
    def __repr__(self):
        return pformat(tuple(self))

# 构造KD树
def kdtree(point_list, depth=0):
    try:
        # 假设所有点都具有相同的维度
        k = len(point_list[0])
    # 如果不是point_list,则返回None
    except IndexError as e:
        return None
    # 根据深度选择轴,以便轴循环所有有效值
    axis = depth % k

    # 排序点列表并选择中位数作为主元素
    point_list.sort(key=itemgetter(axis))
    # 向下取整
    Median = len(point_list) // 2

    # 创建节点并构建子树
    return Node(
        location=point_list[median],
        left_child=kdtree(point_list[:median], depth+1),
        right_child=kdtree(point_list[median+1:], depth+1))

if __name__ == '__main__':
    point_list = [(2, 3), (5, 4), (9, 6), (4, 7), (8, 1), (7, 2)]
    tree = kdtree(point_list)
    print(tree)
    # sklearn实现KD树
    tree = KDTree(np.array(point_list), leaf_size=2)
    # ind:最近的1个邻居的索引
    # dist:距离最近的1个邻居
```

```
# np.array([2.1, 3.1]):搜索点
dist, ind = tree.query([np.array([2.1, 3.1])], k=1)
print('ind:', ind)
print('dist:', dist)

####输出如下####
((7, 2),
((5, 4), ((2, 3), None, None), ((4, 7), None, None)),
((9, 6), ((8, 1), None, None), None))
ind:[[0]]
dist:[[0.14142136]]
```

构建KD树的步骤如下。

首先需要确定split域,分别计算x,y维度上的方差,6个数据点在x,y维度上的方差分别为39和28.63。选择方差更大的维度,因为在x轴上的方差更大,所以split域值为x。

然后确定Node-data域,也就是二叉树的根节点,将x维度上的值排序,取6个数据的中值,这里选择7,所以Node-data域为数据点$(7,2)$。这样,该节点的分割超平面就是通过$(7,2)$并垂直于split=x轴的直线$x=7$。

之后用分割超平面$x=7$将整个空间分为两部分,$x \leqslant 7$的部分为左子空间,包含3个节点$\{(2,3),(5,4),(4,7)\}$;另一部分为右子空间,包含2个节点$\{(9,6),(8,1)\}$。

最后对左子空间和右子空间内的数据重复上面的操作,分别计算x,y维度上的方差,选择方差更大的维度,选出中值,就可以得到一级子节点$(5,4)$和$(9,6)$,同时将空间和数据集进一步细分。如此往复,直到空间中只包含一个数据点,最终将6个二维数据点$(2,3),(5,4),(9,6),(4,7),(8,1),(7,2)$构建KD树,如图5.5所示。

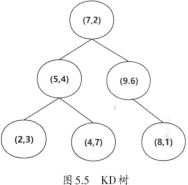

图5.5　KD树

在上面的代码中,查询的点是$(2.1,3.1)$,返回的结果是最近的3个邻居的索引,分别是0,2,1,也就是$(2,3),(9,6),(5,4)$。通过二叉搜索,先从点$(7,2)$开始进行二叉查找,然后到达$(5,4)$,最后到达$(2,3)$,以$(2,3)$作为当前最近邻点,计算其到查询点$(2.1,3.1)$的距离为0.1414,在得到$(2,3)$为查询点的最近点之后,回溯到其父节点$(5,4)$,并判断在该父节点的其他子节点空间中是否有距离查询点更近的数据点。

以$(2.1,3.1)$为圆心,以0.1414为半径画圆,这时$x=3.1+0.1414<5,y=3.1+0.1414<4$,因此不用进入节点$(5,4)$右子空间$(4,7)$中去搜索。再回溯到$(7,2)$,以$(2.1,3.1)$为圆心,以0.1414为半径画圆,这时$x=3.1+0.1414<7,y=3.1-0.1414>2$,因此不用进入节点$(7,2)$右子空间进行查找。

至此,搜索路径中的节点已经全部回溯完,结束整个搜索,返回最近邻点$(2,3)$,最近距离为0.1414。

5.2 贝叶斯分类算法

5.2.1 贝叶斯定理

贝叶斯定理由英国数学家贝叶斯提出,用来描述关于随机事件 A 和 B 的两个条件概率之间的关系,如 $P(A|B)$ 和 $P(B|A)$。按照乘法法则,可以得到 $P(A \bigcap B) = P(A)P(B|A) = P(B)P(A|B)$,将公式进行变形,得到 $P(A|B) = \dfrac{P(A)P(B|A)}{P(B)}$,这就是贝叶斯定理。

在贝叶斯定理中,每个名词都有约定俗成的名称。例如,$P(A)$ 是 A 的先验概率,之所以称为"先验"是因为它不考虑任何 B 方面的因素,$P(B)$ 也是 B 的先验概率。$P(B|A)$ 是已知随机事件 A 发生后随机事件 B 的条件概率,$P(A|B)$ 是后验概率,一般是求解的目标。下面依次介绍先验概率、后验概率和条件概率。

(1)先验概率:通过经验来判断事件发生的概率,例如,北方下雪时是冬天,就是通过往年的气候总结出来的经验,冬天下雪的概率比其他时间高出很多就是先验概率。

(2)后验概率:在已知结果的前提下,推测其造成原因的概率。例如,某次考试查出来了有人作弊,而且作弊的人可能是 A、B 或 C,那么 A 作弊的概率就是后验概率。

(3)条件概率:在随机事件 A 已经发生的情况下,随机事件 B 发生的概率,用公式表示为 $P(B|A)$,读作"在 A 发生的条件下 B 发生的概率"。例如,在已知原因 A 的条件下,患有癌症的概率就是条件概率。

下面有一个关于概率的思考题:过年了,爷爷奶奶发红包。爷爷准备的红包是 4 个 50 元的,6 个 100 元的。奶奶准备的红包是 8 个 50 元的,4 个 100 元的。全家人随机抽取,你拿到一个 100 元的红包。请问这个红包来自爷爷的概率有多少?来自奶奶的概率有多少?

由统计数据可知:

$$P(Y = 100) = \frac{6+4}{4+6+8+4} = \frac{5}{11}$$

$$P(X = 爷爷, Y = 100) = \frac{6}{4+6+8+4} = \frac{3}{11}$$

$$P(X = 奶奶, Y = 100) = \frac{4}{4+6+8+4} = \frac{2}{11}$$

则

$$P(X = 爷爷 | Y = 100) = \frac{P(X = 爷爷, Y = 100)}{P(Y = 100)} = \frac{3}{5}$$

$$P(X = 奶奶 | Y = 100) = \frac{P(X = 奶奶, Y = 100)}{P(Y = 100)} = \frac{2}{5}$$

介绍完贝叶斯定理中的这几个概念，我们会发现其实贝叶斯定理实际上都是求解后验概率。

假设 A 表示事件测出为阳性，B_1 表示患有癌症，B_2 表示没有患癌症。在患有癌症的情况下，测出为阳性的概率为 $P(A|B_1) = 99.9\%$，而没有患癌症，但测出为阳性的概率为 $P(A|B_2) = 0.1\%$。

如果在某个城市患有癌症的概率为 $P(B_1) = 0.01\%$，没有患癌症的概率为 $P(B_2) = 99.99\%$，那么测出为阳性，而且是患有癌症的概率为 $P(B_1, A) = P(B_1)P(A|B_1) = 0.01\% \times 99.9\% = 0.00999\%$。也可以计算在测出为阳性的情况下，患有癌症的概率，即为 $P(B_1|A)$。

根据贝叶斯公式，可得

$$P(B_1|A) = \frac{P(A|B_1)P(B_1)}{P(A)}$$

$$= \frac{P(A|B_1)P(B_1)}{P(A|B_1)P(B_1) + P(A|B_2)P(B_2)}$$

$$= \frac{99.9\% \times 0.01\%}{99.9\% \times 0.01\% + 0.1\% \times 99.9\%}$$

$$\approx 9.1\%$$

5.2.2 高斯朴素贝叶斯

设每个数据样本用一个 n 维特征向量来描述 n 个特征的值，即 $\boldsymbol{x} = \{x_1, x_2, \cdots, x_n\}$，假定有 m 个分类标号，分别用 $C_1, C_2, \cdots, C_m$ 表示。

给定一个未知的数据样本 $\boldsymbol{x}$（没有分类标号），如果朴素贝叶斯分类法将未知的样本 $\boldsymbol{x}$ 分配给类 C_i，则一定需要满足 $P(C_i|\boldsymbol{x}) > P(C_j|\boldsymbol{x}), 1 \leqslant j \leqslant m, j \neq i$。

在sklearn中提供了3种朴素贝叶斯算法，分别是高斯朴素贝叶斯、多项式朴素贝叶斯和伯努利朴素贝叶斯，它们的区别在于特征变量 $\boldsymbol{x} = \{x_1, x_2, \cdots, x_n\}$ 的分布情况，如表5.1所示。

表5.1 三种朴素贝叶斯

朴素贝叶斯	特征变量的区别和用途
高斯朴素贝叶斯	特征变量是连续型变量，符合高斯分布，如人的身高、物体的长度
多项式朴素贝叶斯	特征变量是离散型变量，符合多项分布，如在文档分类中特征变量是一个单词出现的次数
伯努利朴素贝叶斯	特征变量是布尔型变量，符合 0-1 分布，如在文档分类中特征变量是单词是否出现

下面使用Python代码实现高斯朴素贝叶斯，使用make_blobs生成数据集并可视化，具体代码如下。

```
import matplotlib.pyplot as plt
from sklearn.datasets import make_blobs
X, y = make_blobs(100, 2, centers=2, random_state=2, cluster_std=1.5)
plt.scatter(X[:, 0], X[:, 1], c=y, s=50, cmap='RdBu')
plt.show()
```

运行上述代码,结果如图5.6所示。

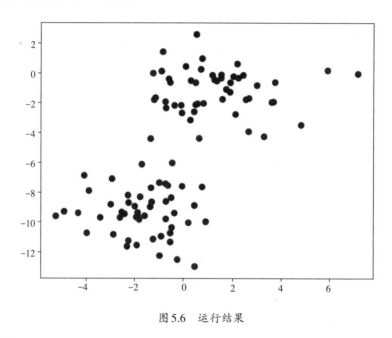

图5.6　运行结果

通过make_blobs方法生成的随机变量X是连续型变量,符合高斯分布。因此,可以使用高斯朴素贝叶斯。使用sklearn的naive_bayes模块中的GaussianNB可以实现高斯朴素贝叶斯,具体代码如下。

```python
from sklearn.naive_bayes import GaussianNB
model = GaussianNB()
model.fit(X, y)
rng = np.random.RandomState(0)
# 预测数据
Xnew = [-6, -14] + [14, 18] * rng.rand(20000, 2)
print(Xnew[:5])
ynew = model.predict(Xnew)
print(ynew[:5])


####输出如下####
[[ 1.68338905 -1.12659141]
 [ 2.43868727 -4.19210271]
 [-0.06883281 -2.37390596]
 [ 0.12622096  2.05191401]
 [ 7.49127865 -7.09805266]]
[1 1 1 1 1]
```

在上面的代码中,生成20000个随机变量用来预测,下面通过20000个随机变量绘制两类不同类型的分类的边界,具体代码如下。

```python
plt.scatter(X[:, 0], X[:, 1], c=y, s=50, cmap='RdBu')
lim = plt.axis()
```

```
plt.scatter(Xnew[:, 0], Xnew[:, 1], c=ynew, s=20, cmap='RdBu', alpha=0.1)
plt.axis(lim)
plt.show()
```

运行上述代码,结果如图5.7所示。

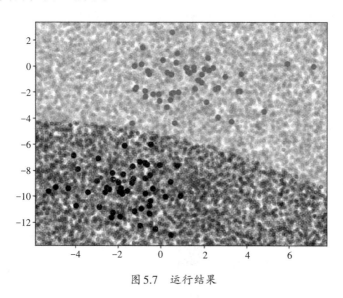

图5.7　运行结果

从图5.7中可以看出,高斯朴素贝叶斯的边界并不是直线,而更像是二次函数。相反,如果是多项式朴素贝叶斯分类,那么极有可能是一条直线。

5.2.3　多项式朴素贝叶斯

除高斯朴素贝叶斯外,另一个非常重要的朴素贝叶斯是多项式朴素贝叶斯。多项分布描述了在样本标签中的概率分布。

下面使用多项式朴素贝叶斯将20个新闻组语料库进行短文档分类。数据集使用 sklearn.datasets 中的 fetch_20newsgroups,需要进行下载。20newsgroups 数据集是用于文本分类、文本挖掘和信息检索研究的国际标准数据集之一。数据集收集了大约20000个新闻组文档,均匀分为20个不同主题的新闻组集合,所以称为20newsgroups。下面导入 fetch_20newsgroups,并查看 target_names,具体代码如下。

```
from sklearn.datasets import fetch_20newsgroups
from sklearn.feature_extraction.text import CountVectorizer
from sklearn.metrics import classification_report
from sklearn.model_selection import train_test_split
from sklearn.naive_bayes import MultinomialNB
news = fetch_20newsgroups()
print(news.target_names)
```

```
####输出如下####
['alt.atheism', 'comp.graphics', 'comp.os.ms-windows.misc',
 'comp.sys.ibm.pc.hardware', 'comp.sys.mac.hardware',
 'comp.windows.x', 'misc.forsale', 'rec.autos', 'rec.motorcycles',
 'rec.sport.baseball', 'rec.sport.hockey', 'sci.crypt', 'sci.electronics',
 'sci.med', 'sci.space', 'soc.religion.christian', 'talk.politics.guns',
 'talk.politics.mideast', 'talk.politics.misc', 'talk.religion.misc']

# 查看数据
print(len(news.data))
print(news.data[0])

####输出如下####
11314
From: lerxst@wam.umd.edu (where's my thing)
Subject: WHAT car is this!?
Nntp-Posting-Host: rac3.wam.umd.edu
Organization: University of Maryland, College Park
Lines: 15


 I was wondering if anyone out there could enlighten me on this car I saw the other
day. It was a 2-door sports car, looked to be from the late 60s/early 70s. It was
called a Bricklin. The doors were really small. In addition, the front bumper was
separate from the rest of the body. This is all I know. If anyone can tellme a model
name, engine specs, years of production, where this car is made, history, or whatever
info you have on this funky looking car, please e-mail.

Thanks,
- IL
   ---- brought to you by your neighborhood Lerxst ----

# 对数据训练集和测试集进行划分
X_train, X_test, y_train, y_test = train_test_split(news.data, news.target,
                                        test_size=0.25, random_state=33)
vec = CountVectorizer()
X_train = vec.fit_transform(X_train)
X_test = vec.transform(X_test)
# 利用贝叶斯分类器对数据进行分类
mnb = MultinomialNB()
mnb.fit(X_train, y_train)
y_predict = mnb.predict(X_test)
print('The accuracy of Naive Bays Classifier is', mnb.score(X_test, y_test))
print(classification_report(y_test, y_predict, target_names=news.target_names))

####输出如下####
The accuracy of Naive Bays Classifier is 0.8317426652527394
                    precision    recall  f1-score    support
```

alt.atheism	0.89	0.88	0.88	108
comp.graphics	0.62	0.86	0.72	130
comp.os.ms-windows.misc	0.95	0.13	0.23	163
comp.sys.ibm.pc.hardware	0.56	0.77	0.64	141
comp.sys.mac.hardware	0.91	0.83	0.87	145
comp.windows.x	0.71	0.91	0.80	141
misc.forsale	0.95	0.67	0.78	159
rec.autos	0.87	0.90	0.89	139
rec.motorcycles	0.96	0.94	0.95	153
rec.sport.baseball	0.97	0.89	0.93	141
rec.sport.hockey	0.96	0.97	0.96	148
sci.crypt	0.75	0.99	0.85	143
sci.electronics	0.90	0.79	0.84	160
sci.med	0.95	0.89	0.92	158
sci.space	0.91	0.91	0.91	149
soc.religion.christian	0.79	0.97	0.87	157
talk.politics.guns	0.83	0.95	0.89	134
talk.politics.mideast	0.89	0.99	0.94	133
talk.politics.misc	0.78	0.91	0.84	130
talk.religion.misc	0.98	0.53	0.68	97
micro avg	0.83	0.83	0.83	2829
macro avg	0.86	0.83	0.82	2829
weighted avg	0.86	0.83	0.82	2829

5.2.4 伯努利朴素贝叶斯

伯努利朴素贝叶斯的标签是布尔类型的,符合0-1分布,通常来说就是二分类标签。使用sklearn的naive_bayes模块中的BernoulliNB可以实现伯努利朴素贝叶斯,需要指定binarize参数,也就是二值化的阈值,具体代码如下。

```
import numpy as np
from sklearn.naive_bayes import BernoulliNB
X = np.array([[1, 2, 3, 4], [1, 3, 4, 4], [2, 4, 5, 5]])
y = np.array([1, 1, 2])
# binarize阈值为3
# 二值化后X如下
# [[0, 0, 0, 1],    类别1
#  [0, 0, 1, 1],    类别1
#  [0, 1, 1, 1]]    类别2
clf = BernoulliNB(binarize=3.0)
clf.fit(X, y)
# 按类别顺序输出其对应的个数
print(clf.class_count_)
# 各类别各特征值之和
```

```
print(clf.feature_count_)
# 伯努利分布的各类别各特征P值
print(clf.feature_log_prob_)

####输出如下####
[2. 1.]
[[0. 0. 1. 2.]
 [0. 1. 1. 1.]]
[[-1.38629436 -1.38629436 -0.69314718 -0.28768207]
 [-1.09861229 -0.40546511 -0.40546511 -0.40546511]]
```

第 6 章

决策树和随机森林

决策树是解决分类和回归问题的一种常见的算法。决策树算法采用树形结构,每一次都选择最优特征来实现最终的分类,因此决策树是一种递归算法。但是,决策树很容易产生过拟合问题,最常见的处理方法是进行剪枝和限制决策树的深度。随机森林(Random Forest,RF)由多棵决策树集成,因此随机森林是一种基于树模型的集成学习方法。本章将详细介绍决策树和随机森林算法。

本章主要涉及的知识点如下。

- ♦ 决策树算法和剪枝算法。
- ♦ 决策树的可视化。
- ♦ 决策树的分类和回归实现。
- ♦ 随机森林的分类和回归实现。

6.1 决策树

决策树最重要的是选择特征,这个选择特征的标准就是依靠熵。因此,在学习决策树之前,需要先了解决策树中的熵,包括信息熵、条件熵、联合熵和互信息。

6.1.1 熵

1. 信息熵

在了解信息熵之前,需要知道信息量。信息量是通过概率来定义的:如果某个事件发生的概率很低,那么它的信息量就很大;反之,如果某个事件发生的概率很高,那么它的信息量就很小。简而言之,概率低的事件信息量大,因此信息量可以由公式计算,公式如下:信息量 $= \log_2 \dfrac{1}{p(x)} \in [0, +\infty]$。其中,$p(x)$ 表示随机事件 X 发生的概率,然后将概率取倒数 $\dfrac{1}{p(x)}$,表示信息量和概率成反比关系,再取对数将信息量的值从区间 $[1, +\infty]$ 映射到 $[0, +\infty]$。

信息熵的公式定义如下:$H(X) = -\underbrace{p(x)\log_2(x)}_{\text{发生的概率}} - \underbrace{p(1-x)\log_2(1-x)}_{\text{没有发生的概率}}$,记作 $H(X) = \sum_x p(x)\log\dfrac{1}{p(x)}$。其中,$X$ 表示随机事件,$p(x)$ 表示随机事件发生的概率。信息熵在决策树中简称熵,用来衡量信息量的不确定程度。

但需要注意的是,并不是概率越高的事件,信息熵越高,因为信息量与概率成反比,发生概率越高的事件,其携带的信息量越低。

下面使用Python代码计算概率从0到1的信息熵,具体代码如下。

```python
import numpy as np
import matplotlib.pyplot as plt
eps = 1e-4
p = np.linspace(eps, 1-eps, 100)
h = -(1-p) * np.log2(1-p) - p * np.log2(p)
plt.plot(p, h)
plt.show()
print(max(h))
print(list(h).index(max(h)))
print(p[list(h).index(max(h))])

####输出如下####
0.9999999999999711
50
0.5050494949494949
```

运行上述代码,结果如图6.1所示。

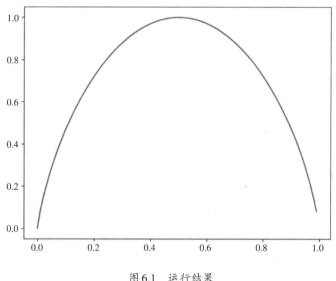

图6.1　运行结果

从输出结果来看，当某个事件发生的概率为 0.5050494949494949 时，信息熵有最大值 0.9999999999999711。例如，如果 NBA 季后赛两只球队的获胜概率都是 0.5，那么会有更多的人去观看，这次球赛的激烈程度是最大的，带来的信息量也是非常庞大的。

2. 条件熵

条件熵 $H(X|Y)$ 表示在已知随机事件 Y 的条件下，随机事件 X 的不确定性。条件熵可以变形成如下形式。

$$H(X|Y) = \sum_y p(y)H(X|Y=y) = -\sum_y p(y)\sum_x p(x|y)\log_2(p(x|y))$$
$$= -\sum_y \sum_x p(x,y)\log_2(p(x|y)) = -\sum_x \sum_y p(x,y)\log_2(p(x|y))$$

3. 联合熵

两个随机事件 X 和 Y 的联合熵定义为 $H(X,Y) = -\sum_x \sum_y p(x,y)\log_2 p(x,y)$。其中，$x$ 和 y 分别是随机事件 X 和 Y 的特定值。$p(x,y)$ 表示随机事件 X 和 Y 一起发生的概率。如果随机事件 X 和 Y 发生的概率为0，即 $p(x,y)=0$，那么两个随机事件 X 和 Y 的联合熵也为0。

4. 互信息

互信息用于判断两个变量之间是否存在关系，是信息论中一种有用的信息度量，它可以看成是一个随机变量中包含的关于另一个随机变量的信息量，因此互信息也被称为信息增益。

由 $H(X,Y) = H(X) + H(Y|X) = H(Y) + H(X|Y)$，得到信息熵与条件熵之差 $H(X) - H(X|Y) = H(Y) - H(Y|X)$，这个差叫作 X 和 Y 的互信息，记作 $I(X;Y)$。互信息可以变形成如下形式。

$$I(X;Y) = H(X) - H(X|Y) = H(X) + H(Y) - H(X,Y)$$

$$= \sum_x p(x)\log_2\frac{1}{p(x)} + \sum_y p(y)\log_2\frac{1}{p(y)} - \sum_x\sum_y p(x,y)\log_2\frac{1}{p(x,y)}$$

$$= \sum_x\sum_y p(x,y)\log_2\frac{p(x,y)}{p(x)p(y)}$$

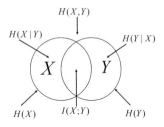

图 6.2　信息熵、条件熵、联合
熵和互信息的关系

图6.2说明了信息熵、条件熵、联合熵和互信息之间的关系。左边的椭圆代表 $H(X)$，右边的椭圆代表 $H(Y)$。互信息（信息增益）是信息熵的交集，即中间重合的部分是 $I(X;Y)$。联合熵是信息熵的并集，两个椭圆的并集是 $H(X,Y)$。条件熵是两个信息熵的差集，左边的椭圆去除重合部分是 $H(X|Y)$，右边的椭圆去除重合部分是 $H(Y|X)$。

表6.1所示是根据天气状态决定是否打球（play）的数据，四大特征依次为天气（weather）、温度（temperature）、湿度（humdity）和风度（windy）。

表6.1　根据天气状态决定是否打球的数据

weather	temperature	humdity	windy	play
sunny	hot	high	false	yes
sunny	hot	high	true	no
rainy	hot	high	false	yes
rainy	warm	high	false	no
rainy	cool	normal	false	no
overcast	cool	normal	true	no
overcast	cool	normal	true	yes
sunny	warm	high	true	yes
sunny	cool	normal	true	yes
rainy	warm	normal	false	yes

在没有给定任何天气信息时，根据历史数据，知道打球的概率为0.6，不打球的概率为0.4，此时的信息熵为 $-0.6\log_2 0.6 - 0.4\log_2 0.4 \approx 0.97$。

如果天气是晴天，也就是sunny，打球的概率为0.75，不打球的概率为0.25，则信息熵为 $-0.75\log_2 0.75 - 0.25\log_2 0.25 \approx 0.81$。如果天气是阴天，也就是overcast，打球的概率为0.5，不打球的概率为0.5，则信息熵为 $-0.5\log_2 0.5 - 0.5\log_2 0.5 = 1$。如果天气是雨天，也就是rainy，打球的概率为0.5，不打球的概率为0.5，则信息熵为1。

由表6.1可知，weather取值为sunny、overcast、rainy的概率分别为0.4,0.2,0.4，由上面可知对应的信息熵分别为0.81,1,1，因此条件熵为 $0.4 \times 0.81 + 0.2 \times 1 + 0.4 \times 1 = 0.924$。由上面可知信息熵为0.97，可以计算出互信息，也就是信息增益，Gain(weather) = 0.97 - 0.924 = 0.046。

如果温度是炎热，也就是hot，打球的概率约为0.667，不打球的概率约为0.333，则信息熵为 $-0.667\log_2 0.667 - 0.333\log_2 0.333 \approx 0.918$。如果温度是温暖，也就是warm，打球的概率为0.667，不打球的概率为0.333,则信息熵约为0.918。如果温度是凉爽,也就cool,打球的概率为0.5,不打球的概率为0.5,则信息熵为1。由表6.1可知,temperature取值为hot、warm、cool的概率分别为0.3,0.3,0.4,因此条件熵为 $0.3 \times 0.918 + 0.3 \times 0.918 + 0.4 \times 1 \approx 0.951$,Gain(temperature) = 0.97 − 0.951 = 0.019。

如果湿度是很高,也就是high,打球的概率为0.6,不打球的概率为0.4,则信息熵约为0.97。如果湿度是正常,也就是normal,打球的概率为0.6,不打球的概率为0.4,则信息熵为0.97。由表6.1可知,humdity取值为high、normal的概率分别为0.5,0.5,因此条件熵为 $0.5 \times 0.97 + 0.5 \times 0.97 = 0.97$,Gain(humdity) = 0.97 − 0.97 = 0。

如果今天有风,也就是true,打球的概率为0.6,不打球的概率为0.4,则信息熵约为0.97。如果今天没风,也就是false,打球的概率为0.6,不打球的概率为0.4,则信息熵约为0.97。由表6.1可知,windy取值为true、false的概率分别为0.5,0.5,因此条件熵为 $0.5 \times 0.97 + 0.5 \times 0.97 = 0.97$,Gain(windy) = 0.97 − 0.97 = 0。

在4个特征中,发现最大的信息增益是weather特征,在决策树中选择最大信息增益作为根节点,所以如果选择上面的数据做决策树分类,那么决策树的根节点就是weather。其余子节点的求法与根节点类似,所以决策树算法实际上是一个递归算法。

6.1.2 决策树算法

决策树提供了3种算法来选择特征作为节点,分别是ID3算法、C4.5算法和CART算法,对于决策树的这3种算法仅做了解即可。

1. ID3算法

ID3算法最早是由J.R.Quinlan提出的一种决策树算法,利用信息增益来选择特征。当计算出各个特征属性的量化纯度值后,使用信息增益来选择当前数据集的分割特征属性;如果信息增益的值越大,表示在该特征属性上会损失的纯度越大,那么该属性就越应该在决策树的上层,计算公式为 $Gain = H(X) - H(X|Y)$。

如果一个信息熵已知,则ID3算法要做的就是使叶子节点的信息熵尽可能的小。这样问题就来了,ID3算法会选择类别多的特征作为根节点。

例如,表6.1中,weather和temperature特征的类别因为比humdity和windy特征多,所以计算出来的条件熵小于humdity和windy特征,这样得到的结果是weather和temperature特征的信息增益Gain会大于humdity和windy特征。

但是,在有些情况下并不是类别多的特征所能提供有价值的信息越多。例如,表6.1中的特征都是离散型变量,由于ID3算法只考虑分类型的特征,没有考虑连续型的特征,因此它无法处理回归问题,这就是ID3算法的局限性。

2. C4.5算法

在ID3算法的基础上,J.R.Quinlan进行了算法优化,提出了C4.5算法,现在C4.5算法已经是数据挖掘十大算法之一。C4.5算法使用信息增益率来取代ID3算法中的信息增益,如在表6.1中,可以计算weather特征的信息增益率，$\text{Gain-ratio(weather)} = \dfrac{0.97 - 0.924}{0.924} \approx 0.05$。

3. CART算法

CART(Classification And Regression Tree)算法可以处理分类和回归问题。分类算法在于生成决策树，将当前样本分为两个子样本集，使得生成的每个非叶子节点都有两个分支，最终得到二叉树形式的决策树。

CART分类树不是使用信息熵作为指标，而是使用另外一个指标——基尼(Gini)系数。Gini系数是一种与信息熵类似的做特征选择的方式，可以用来衡量数据的不纯度。

Gini系数的计算公式为 $\text{Gini}(D) = \sum_{i=1}^{n} p_i (1 - p_i) = 1 - \sum_{i=1}^{n} p_i^2$，其中$D$表示数据集全体样本，$p_i$表示每种类别出现的概率。如果数据集中所有的样本都为同一类，那么就有$p_1 = 1$，$\text{Gini}(D) = 0$，显然此时的数据不纯度最低。

下面使用Python代码比较Gini系数和信息熵，需要信息熵除以2，缩放到[0, 0.5]，具体代码如下。

```python
import numpy as np
import matplotlib.pyplot as plt

eps = 1e-4
p = np.linspace(eps, 1-eps, 100)
h = -(1-p) * np.log2(1-p) - p * np.log2(p)
gini = 2 * (1-p) * p
plt.plot(p, gini, 'r-', lw=3, label="Gini")
plt.plot(p, h/2, 'g-', lw=3, label="entropy")
plt.title('Gini/Entropy', fontsize=16)
plt.legend()
plt.show()
```

运行上述代码，结果如图6.3所示。

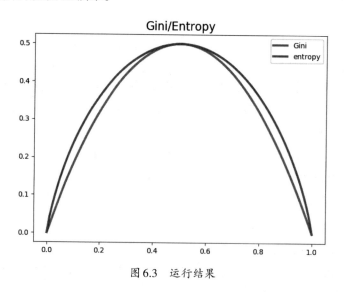

图6.3　运行结果

CART 算法在构建决策树时与信息增益类似, 可以计算如下表达式: $\Delta\text{Gini}(X) = \text{Gini}(D) - \text{Gini}_X(D)$, 表达式的含义是, 当加入特征 X 进行分类后, 数据不纯度减小的程度。很明显, 在做特征选择时, 该算法选择最大的 $\Delta\text{Gini}(X)$ 作为根节点, 并不断地寻找下一个子节点, 因此 CART 算法也是一种递归算法。

6.1.3 剪枝算法

为了解决决策树的过拟合问题, 经常需要对决策树进行剪枝处理, 将分得过细的叶子节点删除, 回退到其父节点或更高的节点, 使其父节点或更高的节点变为叶子节点。决策树的剪枝策略最基本的有两种: 预剪枝和后剪枝。

预剪枝是在决策树生成过程中进行剪枝, 在每次生成决策树叶子节点时, 通过一些常见的方法考虑是否能够带来决策树性能的提升。预剪枝方法主要有如下几种: 当树的深度达到一定的规模时, 决策树停止生长; 当到达叶子节点的数量大于某个阈值时, 决策树停止生长; 当信息增益、信息增益率和基尼指数增益小于某个阈值时, 决策树不再生长。预剪枝在实际中的效果并不好。

后剪枝是目前剪枝算法中最常见、用得最多的做法, 它是在决策树生成完成后, 再进行剪枝。剪枝的过程是对拥有父节点和叶子节点的子树节点进行检查, 判断的条件是: 将子树叶子节点删除, 判断删除前后的错分率, 如果错分率在删除后变小, 则将子树节点中的叶子节点删除。

常见的后剪枝方法有错误率降低剪枝、悲观错误剪枝和代价复杂度剪枝, 下面分别进行介绍。

1. 错误率降低剪枝

错误率降低剪枝(Reduced-Error Pruning, REP)是通过一个新的验证集来纠正树的过拟合问题, 是最简单的剪枝方法。

首先用训练样本生成决策树后, 自下而上对于每个节点决定是否修剪该节点。先假设要删除该节点下的子树节点使其成为叶子节点, 再用验证样本比较修剪前后的错分率, 当修剪后的错分率比修剪前的小时, 便删除该节点下的叶子节点。

2. 悲观错误剪枝

悲观错误剪枝(Pessimistic-Error Pruning, PEP)是在 C4.5 决策树算法中由 J.R.Quinlan 提出的。

悲观错误剪枝不需要像错误率降低剪枝用部分样本作为测试数据, 而是完全使用训练集数据来生成决策树, 然后再用这些训练集数据来完成剪枝操作。

如果一个叶子节点, 它覆盖了 N 个样本, 其中有 E 个错误, 那么该叶子节点的错误率为 $e = \dfrac{E + 0.5}{N}$。这里的 0.5 称为惩罚因子。

如果一棵子树, 它有 L 个叶子节点, 那么该子树的误判率估计为 $e = \dfrac{\sum\limits_{i=1}^{L} E_i + 0.5L}{\sum\limits_{i=1}^{L} N_i}$。其中, E_i 为该节点错误的个数, N_i 为该节点样本的个数, L 为叶子节点个数。

剪枝后,内部节点变成了叶子节点,叶子节点的误判均值为 $E_t = N \cdot e_t = N \cdot \frac{E + 0.5}{N} = E + 0.5$。

剪枝前,误判均值为 $E_T = N \cdot e_T = N \cdot \frac{\sum_{i=1}^{L} E_i + 0.5L}{\sum_{i=1}^{L} N_i} = N \cdot \frac{\sum_{i=1}^{L} E_i + 0.5L}{N} = \sum_{i=1}^{L} E_i + 0.5L$,子树的标准差为 $\delta = \sqrt{N \cdot e_T \cdot (1 - e_T)} = \sqrt{E_T \cdot (N - E_T)}$。

如果剪枝前的误判均值加上标准差大于剪枝后的误判均值,也就是 $E_T + \delta = N \cdot e_T + \sqrt{N \cdot e_T \cdot (1 - e_T)} > E_t = E + 0.5$,则进行剪枝;如果小于剪枝后的误判均值,则不进行剪枝。

图6.4所示是一棵决策树的子树,其中左边是分为类1的数目,右边是分为类2的数目,共有3个叶子节点,在 T_4 叶子节点中有2个分类错误,在 T_3 叶子节点中有3个分类错误。

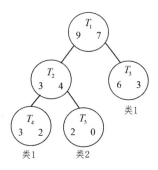

图6.4 悲观错误剪枝

根据图6.4,可以计算出 T_1 子树的误判率 $e_T = \frac{(3 + 2) + 0.5 \times 3}{16} = 0.40625$。$T_1$ 子树的标准差 $\delta = \sqrt{N \cdot e_T \cdot (1 - e_T)} = \sqrt{16 \times 0.40625 \times (1 - 0.40625)} \approx 1.96$。

当 T_1 子树开始剪枝,也就是剪去叶子节点 T_4 和 T_5,剪枝后的误判率 $e_t = \frac{7 + 0.5}{16} = 0.46875$。因为 $6.5 + 1.96 > 7.5$,所以决定剪去叶子节点 T_4 和 T_5。

3. 代价复杂度剪枝

代价复杂度剪枝(Cost-Complexity Pruning,CCP)主要用于CART算法。代价复杂度剪枝为子树 T_t 定义了代价和复杂度,以及一个可由用户设置的衡量代价与复杂度之间关系的参数 α。

其中,代价是指在剪枝过程中因子树 T_t 被叶子节点替代而增加的错分样本,复杂度表示剪枝后子树 T_t 减少的叶子节点数,α 则表示剪枝后树的复杂度降低程度与代价间的关系。代价复杂度剪枝定义为 $\alpha = \frac{R(t) - R(T_t)}{|N| - 1}$,其中 $R(t)$ 表示节点 t 的错误代价,$R(t) = r(t) \cdot p(t)$(其中,$r(t)$ 表示节点 t 的错分样本率,$p(t)$ 表示节点 t 中的样本占全部样本的比例);$R(T_t)$ 表示子树 T_t 的错误代价;$|N|$ 表示子树 T_t 中的叶子节点数。

代价复杂度剪枝算法分为两个步骤:(1)对于完全决策树 T_t 的每个非叶子节点计算 α 值,循环剪去具有最小 α 值的子树,直到剩下根节点。在该步可得到一系列的剪枝树 $\{T_0, T_1, T_2, \cdots, T_m\}$,其中 T_0 为原有的完全决策树,T_m 为根节点,T_{i+1} 为对 T_i 进行剪枝的结果。(2)从子树序列中,根据真实的误差估计选择最佳决策树。

如图6.5所示,树中每个节点有两个数字,这里与图6.4不同,其中左边的数字代表正确,右边的数字代表错误。例如,T_1 这个非叶子节点,说明覆盖了训练集的16条数据,其中9条分类正确,7条分类错误。

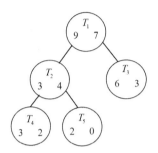

图6.5 代价复杂度剪枝

假设已有的数据有32条,其中有3个叶子节点,也就是 $N = 3$,那么 $R(t) = r(t) \cdot p(t) = \frac{7}{16} \times \frac{16}{32} = \frac{7}{32}$,$R(T_t) = \frac{2}{5} \times \frac{5}{32} + \frac{0}{2} \times \frac{2}{32} + \frac{3}{9} \times \frac{9}{32} = \frac{5}{32}$,$\alpha = \frac{R(t) - R(T_t)}{|N| - 1} = \frac{\frac{7}{32} - \frac{5}{32}}{3 - 1} = \frac{1}{32}$。

按照相同的方法,计算出剪枝后非叶子节点 T_1 中的 $R(t) = r(t) \cdot p(t) = \frac{7}{16} \times \frac{16}{32} = \frac{7}{32}$,$R(T_t) = \frac{4}{7} \times \frac{7}{32} + \frac{3}{9} \times \frac{9}{32} = \frac{7}{32}$,$\alpha = 0$。

代价复杂度参数 α 可以理解为代价与复杂度之间的关系,剪枝后的叶子节点的个数减少,代价复杂度参数 α 同样减小,因此选择剪枝。代价复杂度剪枝是在一系列子树中选择最优树,因此结果也较为准确。

6.2 决策树代码实现

6.2.1 可视化决策树

实现决策树前需要先处理一个问题,那就是如何将决策树可视化?

在 Python 中提供了第三方库 pydotplus,配合 sklearn 的 tree 模块中的 export_graphviz 可以实现决策树可视化。使用 pydotplus 前,需要下载 Graphviz。Graphviz 是 AT&T Labs Research 开发的结构化图形绘制工具,其输入是一个用 DOT 语言编写的绘图脚本。因此,利用 Graphviz 可以将 sklearn 生成 DOT

格式的决策树可视化。

对安装目录中的 bin 文件夹添加环境变量,如安装 Graphviz 的目录为 F:\Graphviz,需要对 F:\Graphviz\bin 添加环境变量,可能需要重启计算机才能生效。如果设置 Graphviz 环境变量成功,则可以按"Win+R"组合键,打开"运行"对话框,输入"cmd"打开命令提示符窗口。输入"dot –version"查看 Graphviz 版本。在 Graphviz 中有一个非常常用的命令,可以将 DOT 数据转化为图片 PNG 格式,命令如下。

```
dot -Tpng my.dot -o my.png
```

最后使用下面的命令下载安装 pydotplus。

```
pip install pydotplus
```

下面使用 Python 代码生成决策树,测试 pydotplus 是否成功可视化决策树,通过 NumPy 随机生成样本点,绘制对应的样本点分布,具体代码如下。

```
import numpy as np
import pydotplus
from matplotlib import pyplot as plt
from sklearn.tree import DecisionTreeClassifier, export_graphviz
X = np.array([[2, 2],
              [2, 1],
              [2, 3],
              [1, 2],
              [1, 1],
              [3, 3]])

y = np.array([0, 1, 1, 1, 0, 1])
plt.style.use('fivethirtyeight')
plt.rcParams['font.size'] = 18
plt.figure(figsize=(8, 8))
# 绘制标签
for x1, x2, label in zip(X[:, 0], X[:, 1], y):
    plt.text(x1, x2, str(label), fontsize=40, color='g',
             ha='center', va='center')
plt.grid(None)
plt.xlim((0, 3.5))
plt.ylim((0, 3.5))
plt.xlabel('x1', size=20)
plt.ylabel('x2', size=20)
plt.title('Data', size=24)
plt.show()
dot_tree = DecisionTreeClassifier()
print(dot_tree)
dot_tree.fit(X, y)
print(dot_tree.score(X, y))
dot_data = export_graphviz(dot_tree, out_file=None,
                           feature_names=['x1', 'x2'],
                           class_names=['0', '1'],
                           filled=True, rounded=True,
```

```
                          special_characters=True)
graph = pydotplus.graph_from_dot_data(dot_data)
with open('dot.png', 'wb') as f:
    f.write(graph.create_png())
graph.write_pdf('dot.pdf')
```

运行上述代码,结果如图6.6所示。

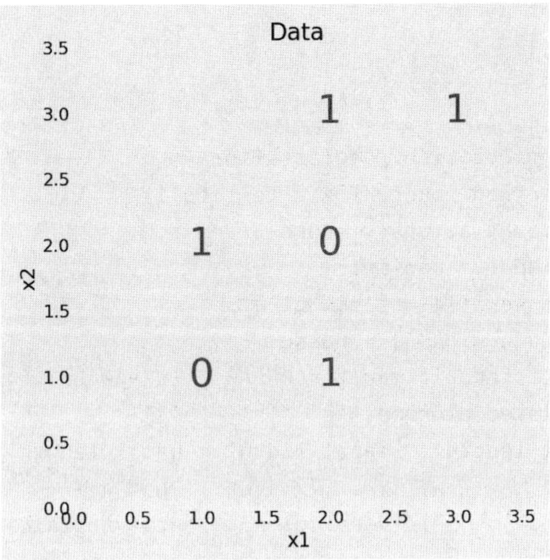

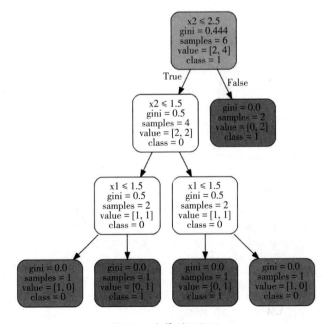

图6.6　运行结果

其中,绘制的决策树分类模型中的dot.png和dot.pdf,如图6.7所示。

图6.7　决策树可视化

6.2.2　分类树

下面采用Iris数据集进行决策树分类,由于绘制的图片是一个平面图形,因此只能选择Iris数据集4个特征中的2个,这里选用的是前两个,也就是花萼长度和花萼宽度,具体代码如下。

```python
import numpy as np
import pandas as pd
import matplotlib.pyplot as plt
import matplotlib as mpl
import pydotplus
from sklearn import tree
from sklearn.tree import DecisionTreeClassifier
from sklearn.model_selection import train_test_split
from sklearn.metrics import accuracy_score
from sklearn.datasets import load_iris
mpl.rcParams['font.sans-serif'] = ['simHei']
mpl.rcParams['axes.unicode_minus'] = False
cm_light = mpl.colors.ListedColormap(['#A0FFA0', '#FFA0A0', '#A0A0FF'])
cm_dark = mpl.colors.ListedColormap(['g', 'r', 'b'])
iris_feature_E = 'sepal length', 'sepal width', 'petal length', 'petal width'
iris_feature = '花萼长度', '花萼宽度', '花瓣长度', '花瓣宽度'
iris_class = 'Iris-setosa', 'Iris-versicolor', 'Iris-virginica'
iris = load_iris()
x = pd.DataFrame(iris.data)
y = iris.target
# 为了可视化,仅使用前两列特征
x = x[[0, 1]]
x_train, x_test, y_train, y_test = train_test_split(x, y, test_size=0.3,
                                                    random_state=1)
# 决策树参数估计
# min_samples_split = 10:如果该节点包含的样本数目大于10,则(有可能)对其进行分支
# min_samples_leaf = 10:如果将某节点分支后,得到的每个子节点样本数目都大于10,
# 则对其进行分支;否则,不进行分支
# DecisionTreeClassifier默认使用criterion="gini",也就是CART算法,
# 这里使用的entropy信息熵
model = DecisionTreeClassifier(criterion='entropy')
model.fit(x_train, y_train)
y_train_pred = model.predict(x_train)
print('训练集准确率:', accuracy_score(y_train, y_train_pred))
y_test_hat = model.predict(x_test)
print('测试集准确率:', accuracy_score(y_test, y_test_hat))
with open('iris.dot', 'w') as f:
    tree.export_graphviz(model, out_file=f, feature_names=iris_feature_E[0:2],
                         class_names=iris_class, filled=True, rounded=True,
                         special_characters=True)
tree.export_graphviz(model, out_file='iris.dot', feature_names=iris_feature_E[0:2],
```

```
                    class_names=iris_class, filled=True, rounded=True,
                    special_characters=True)
tree.export_graphviz(model, out_file='iris.dot')
# 输出为PDF格式
dot_data = tree.export_graphviz(model, out_file=None,
                                feature_names=iris_feature_E[0:2],
                                class_names=iris_class,
                                filled=True, rounded=True,
                                special_characters=True)


graph = pydotplus.graph_from_dot_data(dot_data)
graph.write_pdf('iris.pdf')
f = open('iris.png', 'wb')
f.write(graph.create_png())
f.close()
# 画图
N, M = 50, 50
# 横纵各采样多少个值
x1_min, x2_min = x.min()
x1_max, x2_max = x.max()
t1 = np.linspace(x1_min, x1_max, N)
t2 = np.linspace(x2_min, x2_max, M)
x1, x2 = np.meshgrid(t1, t2)
# 生成网格采样点
x_show = np.stack((x1.flat, x2.flat), axis=1)
# 测试点
y_show_hat = model.predict(x_show).reshape(x1.shape)
plt.figure(facecolor='w')
plt.pcolormesh(x1, x2, y_show_hat, cmap=cm_light)   # 预测值的显示
plt.scatter(x_test[0], x_test[1], c=y_test.ravel(), edgecolors='k', s=100,
            zorder=10, cmap=cm_dark, marker='*')   # 测试数据
plt.scatter(x[0], x[1], c=y.ravel(), edgecolors='k', s=20, cmap=cm_dark)   # 全部数据
plt.xlabel(iris_feature[0], fontsize=13)
plt.ylabel(iris_feature[1], fontsize=13)
plt.xlim(x1_min, x1_max)
plt.ylim(x2_min, x2_max)
plt.grid(b=True, ls=':', color='#606060')
plt.title('鸢尾花数据的决策树分类', fontsize=15)
plt.show()


####输出如下####
训练集准确率: 0.9523809523809523
测试集准确率: 0.6
```

运行上述代码,结果如图6.8所示。

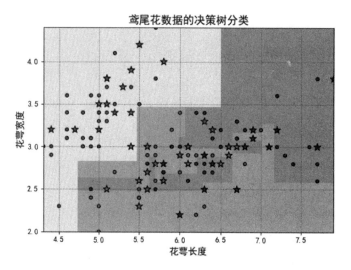

图6.8　运行结果

从输出结果来看,训练集和测试集存在一定的偏差,因此过拟合非常严重。生成的决策树模型图像,如图6.9所示,这里只截取了顶部的一部分。

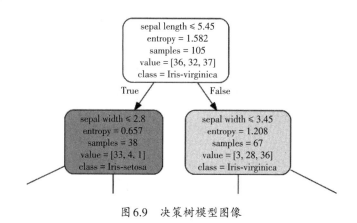

图6.9　决策树模型图像

从图6.9中可以看出,最上面的根节点的信息熵为1.582,下面使用Python代码计算根节点的信息熵,具体代码如下。

```python
import numpy as np
p1 = 36 / 105
p2 = 32 / 105
p3 = 38 / 105
h = 0
for p in p1, p2, p3:
    h += p * (-np.log2(p))
print(h)
```

```
####输出如下####
1.5825855172364713
```

采用上面的方法,计算出下面两棵子树的节点的信息熵分别为0.657和1.208,最后计算出平均信息熵:$\frac{38}{105} \times 0.657 + \frac{67}{105} \times 1.208 \approx 1.00859$。1.582是在没有满足任何条件下判断是什么花的信息熵,而1.00859是在花萼长度≤5.45的条件下判断是什么花的信息熵,其中$1.582 - 1.00859 \approx 0.573$作为信息增益。

因此,构造整个决策树的过程是一个熵减的过程,但是最后的叶子节点的信息熵并不完全都是0,也有可能存在1,可视化的决策树模型的叶子节点的信息熵如图6.10所示。如果叶子节点的信息熵为1,则说明有100%把握不划分到某一类标签。

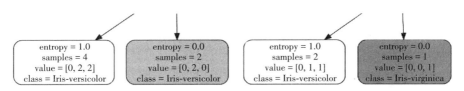

图6.10 叶子节点的信息熵

处理决策树的过拟合问题,最常见的方法就是限制决策树的深度。一般地,决策树的深度如果很深,虽然分得很详细,但是会产生严重的过拟合问题。

下面使用Python代码探究决策树的深度、训练集和测试集错误率的关系,具体代码如下。

```python
depth = np.arange(1, 15)
err_train_list = []
err_test_list = []
clf = DecisionTreeClassifier(criterion='entropy')
for d in depth:
    clf.set_params(max_depth=d)
    clf.fit(x_train, y_train)
    y_train_pred = clf.predict(x_train)
    err_train = 1 - accuracy_score(y_train, y_train_pred)
    err_train_list.append(err_train)
    y_test_pred = clf.predict(x_test)
    err_test = 1 - accuracy_score(y_test, y_test_pred)
    err_test_list.append(err_test)
    print(d, ' 测试集错误率: %.2f%%'%(100*err_test))
plt.figure(facecolor='w')
plt.plot(depth, err_test_list, 'ro-', markeredgecolor='k', lw=2, label='测试集错误率')
plt.plot(depth, err_train_list, 'go-', markeredgecolor='k', lw=2, label='训练集错误率')
plt.xlabel('决策树深度', fontsize=13)
plt.ylabel('错误率', fontsize=13)
plt.legend(loc='lower left', fontsize=13)
plt.title('决策树深度与过拟合', fontsize=15)
```

```
plt.grid(b=True, ls=':', color='#606060')
plt.show()


####输出如下####
1    测试集错误率：44.44%
2    测试集错误率：40.00%
3    测试集错误率：20.00%
4    测试集错误率：24.44%
5    测试集错误率：24.44%
6    测试集错误率：28.89%
7    测试集错误率：37.78%
8    测试集错误率：37.78%
9    测试集错误率：37.78%
10   测试集错误率：37.78%
11   测试集错误率：35.56%
12   测试集错误率：37.78%
13   测试集错误率：35.56%
14   测试集错误率：37.78%
```

运行上述代码，结果如图6.11所示。

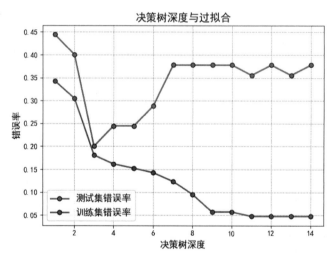

图6.11　运行结果

从输出结果来看，随着决策树深度加大，测试集错误率不断加大，当深度为7时，达到了饱和状态，过拟合非常严重，如果限制深度到4，就可以解决过拟合问题，因此限制决策树的深度是比较常见的解决过拟合问题的方法之一。如果需要限制决策树的深度，则只需要在构建决策树的模型时，设置max_depth参数即可。

在上面的代码中，使用花萼长度、花萼宽度这两个特征构建决策树，也就是在4个特征中选择2个特征作为特征选择，因此一共有6种选择方法。

下面使用Python代码从Iris数据集的4个特征中任意选择2个特征作为特征选择,输出训练集和测试集的准确率,并绘制出来,具体代码如下。

```python
import numpy as np
import pandas as pd
import matplotlib as mpl
import matplotlib.pyplot as plt
from sklearn.tree import DecisionTreeClassifier
from sklearn.metrics import accuracy_score
from sklearn.model_selection import train_test_split
from sklearn.datasets import load_iris
mpl.rcParams['font.sans-serif'] = ['SimHei']
mpl.rcParams['axes.unicode_minus'] = False
cm_light = mpl.colors.ListedColormap(['#A0FFA0', '#FFA0A0', '#A0A0FF'])
cm_dark = mpl.colors.ListedColormap(['g', 'r', 'b'])
iris_feature = u'花萼长度', u'花萼宽度', u'花瓣长度', u'花瓣宽度'
iris = load_iris()
feature_pairs = [[0, 1], [0, 2], [0, 3], [1, 2], [1, 3], [2, 3]]
X = pd.DataFrame(iris.data)
y = iris.target
plt.figure(figsize=(8, 6), facecolor='#FFFFFF')
for i, pair in enumerate(feature_pairs):
    # 准备数据
    x = X[pair]
    x_train, x_test, y_train, y_test = train_test_split(x, y, test_size=0.3,
                                                        random_state=1)

    # 决策树学习,设定max_depth=3
    model = DecisionTreeClassifier(criterion='entropy', max_depth=3)
    model.fit(x_train, y_train)
    N, M = 500, 500  # 横纵各采样多少个值
    x1_min, x2_min = x_train.min()
    x1_max, x2_max = x_train.max()
    t1 = np.linspace(x1_min, x1_max, N)
    t2 = np.linspace(x2_min, x2_max, M)
    x1, x2 = np.meshgrid(t1, t2)  # 生成网格采样点
    x_show = np.stack((x1.flat, x2.flat), axis=1)  # 测试点
    # 训练集上的预测结果
    y_train_pred = model.predict(x_train)
    acc_train = accuracy_score(y_train, y_train_pred)
    y_test_pred = model.predict(x_test)
    acc_test = accuracy_score(y_test, y_test_pred)
    print('特征:', iris_feature[pair[0]], ' + ', iris_feature[pair[1]])
    print('\t训练集准确率: %.4f%%'%(100*acc_train))
    print('\t测试集准确率: %.4f%%\n'%(100*acc_test))
    y_hat = model.predict(x_show)
```

```
    y_hat = y_hat.reshape(x1.shape)
    plt.subplot(2, 3, i+1)
    plt.contour(x1, x2, y_hat, colors='k', levels=[0, 1], antialiased=True,
            linewidths=1)
    plt.pcolormesh(x1, x2, y_hat, cmap=cm_light)   # 预测值
    plt.scatter(x_train[pair[0]], x_train[pair[1]], c=y_train, s=20, edgecolors='k',
            cmap=cm_dark, label=u'训练集')
    plt.scatter(x_test[pair[0]], x_test[pair[1]], c=y_test, s=80, marker='*',
            edgecolors='k', cmap=cm_dark, label=u'测试集')
    plt.xlabel(iris_feature[pair[0]], fontsize=12)
    plt.ylabel(iris_feature[pair[1]], fontsize=12)
    plt.legend(loc='upper right', fancybox=True, framealpha=0.3)
    plt.xlim(x1_min, x1_max)
    plt.ylim(x2_min, x2_max)
    plt.grid(b=True, ls=':', color='#606060')
plt.show()

####输出如下####
特征: 花萼长度  +  花萼宽度
    训练集准确率: 81.9048%
    测试集准确率: 80.0000%

特征: 花萼长度  +  花瓣长度
    训练集准确率: 94.2857%
    测试集准确率: 97.7778%

特征: 花萼长度  +  花瓣宽度
    训练集准确率: 96.1905%
    测试集准确率: 95.5556%

特征: 花萼宽度  +  花瓣长度
    训练集准确率: 94.2857%
    测试集准确率: 97.7778%

特征: 花萼宽度  +  花瓣宽度
    训练集准确率: 96.1905%
    测试集准确率: 95.5556%

特征: 花瓣长度  +  花瓣宽度
    训练集准确率: 98.0952%
    测试集准确率: 95.5556%
```

运行上述代码,结果如图6.12所示。

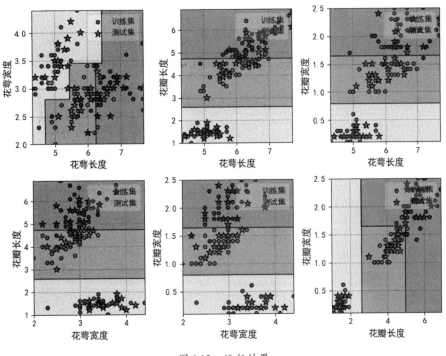

图 6.12　运行结果

6.2.3　回归树

回归决策树主要使用的是 CART 算法,使用 sklearn 的 tree 模块中的 DecisionTreeRegressor 可以实现回归树,下面使用决策树拟合多标签回归,具体代码如下。

```
import numpy as np
import matplotlib as mpl
import matplotlib.pyplot as plt
from sklearn.tree import DecisionTreeRegressor
N = 400
x = np.random.rand(N) * 4 * np.pi     # [-4,4)
x.sort()
y1 = 16 * np.sin(x) ** 3 + np.random.randn(N) * 0.5
y2 = 13 * np.cos(x) - 5 * np.cos(2*x) - 2 * np.cos(3*x) - np.cos(4*x) +
    np.random.randn(N) * 0.5
np.set_printoptions(suppress=True)
y = np.vstack((y1, y2)).T
# 转置后,得到N个样本,每个样本都是一维的
x = x.reshape(-1, 1)
deep = 8
# 回归树一般指定MSE作为评估指标
dt = DecisionTreeRegressor(criterion='mse', max_depth=deep)
# dt = RandomForestRegressor(n_estimators=100, criterion='mse', max_depth=2)
dt.fit(x, y)
```

```
x_test = np.linspace(x.min(), x.max(), num=1000).reshape(-1, 1)
print(x_test)
y_hat = dt.predict(x_test)
print(y_hat)
mpl.rcParams['font.sans-serif'] = ['SimHei']
mpl.rcParams['axes.unicode_minus'] = False
plt.figure(facecolor='w')
plt.scatter(y[:, 0], y[:, 1], c='r', marker='s', edgecolor='k', s=60,
            label='真实值', alpha=0.8)
plt.scatter(y_hat[:, 0], y_hat[:, 1], c='g', marker='o', edgecolor='k',
            edgecolors='g', s=30, label='预测值', alpha=0.8)
plt.legend(loc='lower left', fancybox=True, fontsize=12)
plt.xlabel('$Y_1$', fontsize=12)
plt.ylabel('$Y_2$', fontsize=12)
plt.grid(b=True, ls=':', color='#606060')
plt.title('决策树多标签回归', fontsize=15)
plt.show()
```

运行上述代码,结果如图6.13所示。

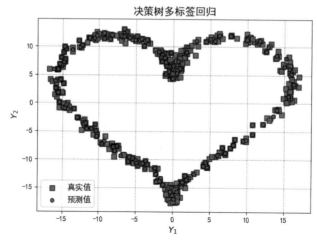

图6.13　运行结果

6.3　随机森林

6.3.1　集成学习算法

在了解随机森林算法之前,需要知道集成学习算法。集成学习算法是构建多个学习器,然后通过一定策略将它们结合来完成学习任务,常常可以获得比单一学习器显著优越的泛化能力。最常见的两种集成学习算法模型分别是Bagging和Boosting。

1. Bagging

在了解Bagging算法之前,需要知道Bootstrapping算法。Bootstrapping算法指的是利用有限的样本经过多次抽样,重新建立起可以代表母体样本分布的新样本。

Bootstrapping算法的实现很简单,假设抽取的样本大小为n,在原样本中进行有放回的抽样,一共抽取n次。每抽取一次形成一个新的样本,不断地重复操作,最后形成很多新样本,通过这些样本近似计算出母体样本的分布情况。

Bagging算法的思想如下:从原始样本集中抽取训练集,每次从原始样本集中使用Bootstraping算法抽取n个训练集。在训练集中,有些样本可能被多次抽取到,而有些样本可能一次都没有被抽中。一共进行k次抽取,最后得到k个训练集。k个训练集之间是相互独立的,而且所有的训练集都是同时进行训练。

每次训练一个训练集,就得到一个模型,k个训练集共得到k个模型。如果处理分类问题,则将所有的k个模型采用投票的方式得到分类结果。如果处理回归问题,则计算所有模型的均值作为最后的结果。对于Bagging算法需要注意的是,每次训练集可以取全部的特征进行训练,也可以随机选取部分特征进行训练,如随机森林就是每次随机选取部分特征。

2. Boosting

Boosting翻译成中文有提升的意思,因此Boosting算法主要适应一系列弱学习器模型。Boosting算法是指能够将弱学习器转化为强学习器的一类算法族,通过改变训练数据的分布来训练不同的弱学习器,再将它们组合成强学习器。

如果弱学习器采用决策树模型,那么Boosting算法生成的决策树是按照顺序生成的,每一棵树都依赖于前一棵树的训练集准确率。如果前一棵树效果欠优,则将降低选取特征的权重。但是,按照顺序生成的决策树会导致运行速度慢。Boosting算法有比Bagging算法更高的准确率,但Boosting算法有时也会过度拟合训练数据,出现严重的过拟合现象。

集成方法可分为两类:一类是并行集成方法,其中参与训练的基础学习器并行生成。并行集成方法的原理是利用基础学习器之间的独立性,通过平均可以显著降低错误,代表算法有随机森林。

另一类是序列集成方法,其中参与训练的基础学习器按照顺序生成。序列集成方法的原理是利用基础学习器之间的依赖关系,通过对之前训练中错误标记的样本赋值较高的权重,可以提高整体的预测效果,代表算法有AdaBoost、提升树和GBDT。

6.3.2 随机森林分类

使用sklearn的ensemble模块中的RandomForestClassifier可以实现分类。下面使用Python代码实现随机森林分类算法,采用的是sklearn内置的digits手写数字数据集,具体代码如下。

```
from matplotlib import pyplot as plt
from sklearn.datasets import load_digits
```

```
digits = load_digits()
fig = plt.figure(figsize=(6, 6))
fig.subplots_adjust(left=0, right=1, bottom=0, top=1, hspace=0.05, wspace=0.05)
for i in range(64):
    ax = fig.add_subplot(8, 8, i+1, xticks=[], yticks=[])
    ax.imshow(digits.images[i], cmap=plt.cm.binary, interpolation='nearest')
    ax.text(0, 7, str(digits.target[i]))
plt.show()
```

运行上述代码,结果如图6.14所示。

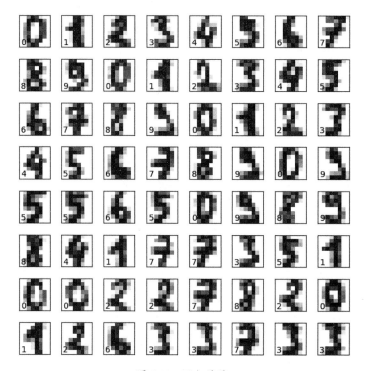

图6.14　运行结果

下面使用RandomForestClassifier进行分类,并设置参数n_estimators=1000,表示1000个决策树分类器,具体代码如下。

```
from sklearn.model_selection import train_test_split
from sklearn import metrics
from sklearn.ensemble import RandomForestClassifier
X_train, X_test, y_train, y_test = train_test_split(digits.data, digits.target,
                                                    random_state=0)
model = RandomForestClassifier(n_estimators=1000)
model.fit(X_train, y_train)
y_pred = model.predict(X_test)
print(metrics.classification_report(y_pred, y_test))

####输出如下####
```

	precision	recall	f1-score	support
0	1.00	0.97	0.99	38
1	0.98	0.95	0.97	44
2	0.95	1.00	0.98	42
3	0.98	0.98	0.98	45
4	0.97	1.00	0.99	37
5	0.98	0.96	0.97	49
6	1.00	1.00	1.00	52
7	1.00	0.98	0.99	49
8	0.96	0.98	0.97	47
9	0.98	0.98	0.98	47
accuracy			0.98	450
macro avg	0.98	0.98	0.98	450
weighted avg	0.98	0.98	0.98	450

最后使用Seaborn绘制混淆矩阵,具体代码如下。

```
import seaborn as sns
from sklearn.metrics import confusion_matrix
mat = confusion_matrix(y_test, y_pred)
sns.heatmap(mat.T, square=True, annot=True, fmt='d', cbar=False)
plt.xlabel('true label')
plt.ylabel('predicted label')
plt.show()
```

运行上述代码,结果如图6.15所示。

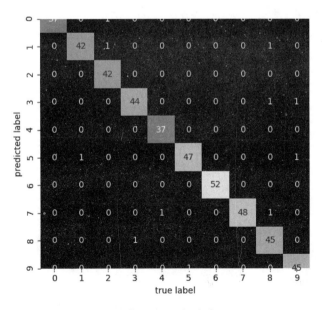

图6.15　运行结果

6.3.3 随机森林回归

使用sklearn的ensemble模块中的RandomForestRegressor可以实现回归。下面使用Python代码实现随机森林回归算法,通过NumPy随机生成样本数据集,具体代码如下。

```python
import numpy as np
import matplotlib as mpl
from matplotlib import pyplot as plt
mpl.rcParams['font.sans-serif'] = ['SimHei']
mpl.rcParams['axes.unicode_minus'] = False
rng = np.random.RandomState(0)
x = 10 * rng.rand(200)
def ture_model(x, sigma=0.3):
    y1 = np.sin(0.5*x )
    y2 = np.cos(0.5*x )
    noise = sigma * rng.randn(len(x))
    return y1 + y2 + noise
y = ture_model(x)
plt.figure(figsize=(10, 8))
plt.scatter(x, y, c='r')
plt.show()
```

运行上述代码,结果如图6.16所示。

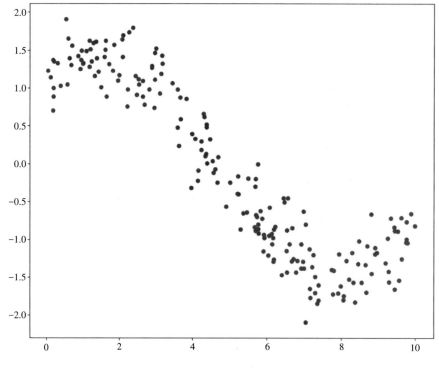

图6.16　运行结果

下面使用RandomForestRegressor进行回归，并输出均方误差，具体代码如下。

```
from sklearn.ensemble import RandomForestRegressor
from sklearn.metrics import mean_squared_error
forest = RandomForestRegressor(200)
forest.fit(x[:, None], y)
xfit = np.linspace(0, 10, 1000)
yfit = forest.predict(xfit[:, None])
ytrue = ture_model(xfit, sigma=0)
plt.figure(figsize=(10, 8))
plt.scatter(x, y)
plt.plot(xfit, yfit, '-r', label="预测值")
plt.plot(xfit, ytrue, '-k', alpha=0.5, label="真实值")
plt.legend()
plt.show()
print(mean_squared_error(ytrue, yfit))

####输出如下####
0.04080069899867173
```

运行上述代码，结果如图6.17所示。

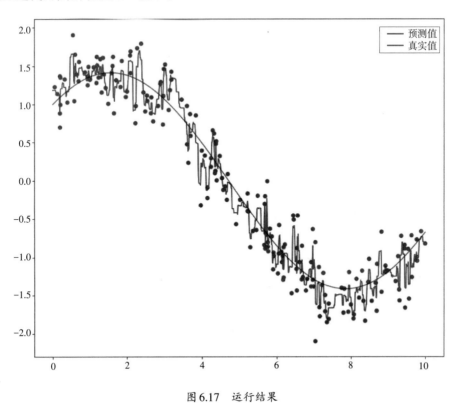

图6.17　运行结果

第 7 章

支持向量机

支持向量机(Support Vector Machine,SVM)是一种非常强大的分类算法。SVM是一种监督的机器学习算法,可以处理分类和回归问题。本章将介绍支持向量机算法,并讨论SVM中的拉格朗日对偶问题。

本章主要涉及的知识点如下。

- ♦ SVM核心概念:线性可分和核函数。
- ♦ SVM的分类和回归的代码实现。

7.1 SVM核心概念

7.1.1 线性可分

　　线性可分是支持向量机的基础,通俗来说,指的是用一条直线将分类样本分开。如果在二维平面上,线性可分指的是可以用一条线将分类样本分开;如果在三维空间中,线性可分意味着可以用一个平面将分类样本分开。下面使用Python代码展示线性可分的效果,采用make_blobs方法生成样本点,并随机绘制3条直线,具体代码如下。

```python
import numpy as np
import matplotlib.pyplot as plt
import seaborn as sns
from sklearn.datasets.samples_generator import make_blobs
sns.set()
X, y = make_blobs(n_samples=50, centers=2,
                  random_state=0, cluster_std=0.60)
plt.scatter(X[:, 0], X[:, 1], c=y, s=50, cmap='autumn')
xfit = np.linspace(-1, 3.5)
plt.scatter(X[:, 0], X[:, 1], c=y, s=50, cmap='autumn')
for m, b in [(1, 0.65), (0.5, 1.6), (-0.2, 2.9)]:
    plt.plot(xfit, m*xfit+b, '-k')
plt.xlim(-1, 3.5)
plt.show()
```

　　运行上述代码,结果如图7.1所示。

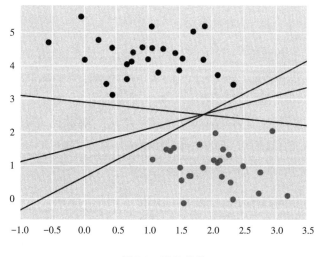

图7.1　运行结果

在支持向量机中,认为每一条分割线是有宽度的,可以分隔分类样本,这样的分割线称为超平面。下面使用Python代码展示超平面线性可分的效果,具体代码如下。

```
xfit = np.linspace(-1, 3.5)
plt.scatter(X[:, 0], X[:, 1], c=y, s=50, cmap='autumn')

for m, b, d in [(1, 0.65, 0.33), (0.5, 1.6, 0.55), (-0.2, 2.9, 0.2)]:
    yfit = m * xfit + b
    plt.plot(xfit, yfit, '-k')
    plt.fill_between(xfit, yfit-d, yfit+d, edgecolor='none',
                     color='#AAAAAA', alpha=0.4)

plt.xlim(-1, 3.5)
plt.show()
```

运行上述代码,结果如图7.2所示。

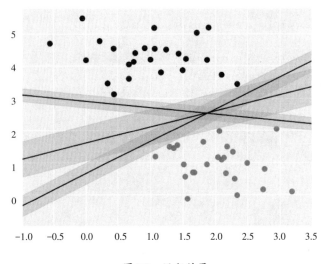

图7.2　运行结果

SVM模型是让所有样本点到超平面的距离尽可能的远,也就是让所有的样本点在各自分类类别的支持向量的两边。假设超平面的方程为 $wx + b = 0$,样本点和超平面保持一定的函数距离,假设这个函数距离为1,因此可以得到两条边界函数 $wx + b = 1$ 和 $wx + b = -1$。

将超平面函数和边界函数写成向量的形式,得到超平面函数 $\boldsymbol{w}^{\mathrm{T}}\boldsymbol{x} + b = 0$,两条边界函数 $\boldsymbol{w}^{\mathrm{T}}\boldsymbol{x} + b = 1$ 和 $\boldsymbol{w}^{\mathrm{T}}\boldsymbol{x} + b = -1$。这样可以进一步得到 $(\boldsymbol{w}^{\mathrm{T}}x_1 + b) - (\boldsymbol{w}^{\mathrm{T}}x_2 + b) = 2$,再进行化简得到 $\boldsymbol{w}^{\mathrm{T}}(x_1 - x_2) = 2$,其中 x_1 和 x_2 分别位于两条边界中。

最后计算出 x_1 和 x_2 分别到超平面的距离: $d_1 = d_2 = \dfrac{\boldsymbol{w}^{\mathrm{T}}(x_1 - x_2)}{2\|\boldsymbol{w}\|_2} = \dfrac{2}{2\|\boldsymbol{w}\|_2} = \dfrac{1}{\|\boldsymbol{w}\|_2}$,得到两条边界的距离为 $\dfrac{2}{\|\boldsymbol{w}\|_2}$,如图7.3所示。

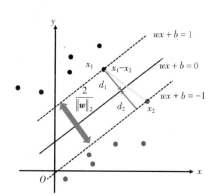

图 7.3　线性可分推导

7.1.2　核函数

　　线性可分是存在一条直线可以划分样本点,但是有时也会失效,也就是支持向量机中的线性不可分。 线性不可分指的是一个数据集无法找到一条直线将样本点划分出来,但是有可能存在一条曲线可以将样本点划分出来,例如,图7.4可以通过曲线方程 $x^2 + y^2 = 4$ 将样本点划分出来。

　　处理线性不可分的问题,最常见的方法是使用核函数。假设 $a = x^2, b = y^2$,这样曲线方程 $x^2 + y^2 = 4$ 可以映射成 $a + b = 4$。这样就将线性不可分问题转化为线性可分问题,其中 $a = x^2$ 和 $b = y^2$ 是映射函数,如图7.5所示。

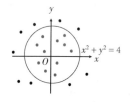

图 7.4　线性不可分

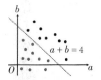

图 7.5　核函数转化为线性可分

　　如果在一个二维空间中,$\boldsymbol{x} = (x_1, x_2)$,不存在一条直线可以划分样本点 $\boldsymbol{x}$,通过将核函数映射到 $z = \boldsymbol{\Phi}(\boldsymbol{x}) = \{x_1^2, x_2^2\}$,就可将原本线性不可分的样本点变成为线性可分。

　　下面给核函数一个正式的定义。设 χ 为输入空间,w 为特征空间。 如果存在一个 χ 到 w 的映射 $\boldsymbol{\Phi}(\boldsymbol{x}): \chi \rightarrow w$,对所有的 $\boldsymbol{x}, \boldsymbol{z} \in \chi$,函数 $K(\boldsymbol{x}, \boldsymbol{z})$ 满足 $K(\boldsymbol{x}, \boldsymbol{z}) = \boldsymbol{\Phi}(\boldsymbol{x}) \cdot \boldsymbol{\Phi}(\boldsymbol{z})$,则称 $\boldsymbol{\Phi}(\boldsymbol{x})$ 为输入空间到特征空间的映射函数,函数 $K(\boldsymbol{x}, \boldsymbol{z})$ 为核函数。

　　在SVM算法中,存在线性核函数、多项式核函数和高斯核函数。线性核函数 $K(\boldsymbol{x}, \boldsymbol{z}) = \boldsymbol{x} \cdot \boldsymbol{z} + c$,认为样本点线性可分,不做任何的映射。多项式核函数 $K(\boldsymbol{x}, \boldsymbol{z}) = (\boldsymbol{x} \cdot \boldsymbol{z} + c)^p$,是一个 p 次多项式函数,参数 c 称为惩罚因子,一般需要进行调参处理。高斯核函数 $K(\boldsymbol{x}, \boldsymbol{z}) = \mathrm{e}^{\frac{-\|\boldsymbol{x} - \boldsymbol{z}\|^2}{2\sigma^2}}$,可以将特征空间映射为无穷维空间,也是使用最广泛的核函数之一。

在选择核函数时,需要根据特征和样本的数量而定。如果特征的数量几乎与样本的数量差不多,则选择多项式核函数或线性核函数。如果特征的数量少,样本的数量正常,则选择高斯核函数。

在实际情况中,应该首先选择线性核函数,因为线性核函数参数少、速度快,对于一般数据,达到的分类效果已经很理想。如果需要提升准确率,则选择高斯核函数,通过交叉验证训练数据来寻找合适的参数,因为调参的过程比较耗时,所以速度较慢。

7.2 SVM代码实现

7.2.1 SVC

SVC(Support Vector Classification)是支持向量机分类的英文缩写。下面具体实现SVC,需要指定核函数。线性核函数需要指定惩罚因子,多线式核函数需要指定惩罚因子和项式,高斯核函数需要指定惩罚因子和gamma。

下面采用Iris数据集进行SVC,选择Iris数据集中花瓣长度和花瓣宽度特征,分别使用3种核函数进行模型建立和训练,具体代码如下。

```python
import numpy as np
import pandas as pd
import matplotlib as mpl
import matplotlib.pyplot as plt
from sklearn import svm
from sklearn.model_selection import train_test_split, GridSearchCV
from sklearn.metrics import accuracy_score
from sklearn.datasets import load_iris
cm_light = mpl.colors.ListedColormap(['#A0FFA0', '#FFA0A0', '#A0A0FF'])
cm_dark = mpl.colors.ListedColormap(['g', 'r', 'b'])
from time import time


iris_feature = '花萼长度', '花萼宽度', '花瓣长度', '花瓣宽度'
iris = load_iris()
X = pd.DataFrame(iris.data)[[2, 3]]
y = iris.target
x_train, x_test, y_train, y_test = train_test_split(X, y, random_state=1,
                                                    test_size=0.4)


def SVN_linear(X, y):
```

```
    t = time()
    clf = svm.SVC(C=3, kernel='linear')
    clf.fit(x_train, y_train.ravel())
    print('\n耗时:%f秒'%(time()-t))
    print("鸢尾花SVM线性核二特征分类准确率%f"%clf.score(x_train, y_train))
    print('训练集准确率:', accuracy_score(y_train, clf.predict(x_train)))
    print(clf.score(x_test, y_test))
    print('测试集准确率:', accuracy_score(y_test, clf.predict(x_test)))
    plot(X, y, clf, "鸢尾花SVM线性核二特征分类")

def SVN_poly(X, y):
    t = time()
    clf = svm.SVC(C=3, kernel='poly', degree=3)
    clf.fit(x_train, y_train.ravel())
    print('\n耗时:%f秒'%(time()-t))
    print("鸢尾花SVM多线式核二特征分类准确率%f"%clf.score(x_train, y_train))
    print('训练集准确率:', accuracy_score(y_train, clf.predict(x_train)))
    print(clf.score(x_test, y_test))
    print('测试集准确率:', accuracy_score(y_test, clf.predict(x_test)))
    plot(X, y, clf, "鸢尾花SVM多线式核二特征分类")

def SVN_rbf(X, y):
    t = time()
    clf = svm.SVC(C=10, gamma=1, kernel='rbf', decision_function_shape='ovo')
    grid_search = GridSearchCV(clf, param_grid={'gamma': np.logspace(-2, 2, 10),
                            'C': np.logspace(-2, 2, 10)}, cv=3)
    grid_search.fit(x_train, y_train.ravel())
    print('\n耗时:%4f秒'%(time()-t))
    print('最优参数:', grid_search.best_params_)
    print("鸢尾花SVM高斯核二特征分类准确率%2f"%grid_search.score(x_train, y_train))
    print('训练集准确率:', accuracy_score(y_train, grid_search.predict(x_train)))
    print(grid_search.score(x_test, y_test))
    print('测试集准确率:', accuracy_score(y_test, grid_search.predict(x_test)))
    plot(X, y, grid_search, "鸢尾花SVM高斯核二特征分类")

def plot(X, y, clf, title):
    x1_min, x2_min = X.min()
    x1_max, x2_max = X.max()
    x1, x2 = np.mgrid[x1_min:x1_max:300j, x2_min:x2_max:300j]
    grid_test = np.stack((x1.flat, x2.flat), axis=1)
    grid_hat = clf.predict(grid_test)
    grid_hat = grid_hat.reshape(x1.shape)
```

```
    mpl.rcParams['font.sans-serif'] = ['SimHei']
    mpl.rcParams['axes.unicode_minus'] = False
    plt.figure(facecolor='w')
    plt.pcolormesh(x1, x2, grid_hat, cmap=cm_light)
    plt.scatter(X[2], X[3], c=y, edgecolors='k', s=50, cmap=cm_dark)
    plt.scatter(x_test[2], x_test[3], s=120, facecolors='none', zorder=10)
    plt.xlabel(iris_feature[2], fontsize=13)
    plt.ylabel(iris_feature[3], fontsize=13)
    plt.xlim(x1_min, x1_max)
    plt.ylim(x2_min, x2_max)
    plt.title(label=title, fontsize=16)
    plt.grid(b=True)
    plt.tight_layout(pad=1.5)
    plt.show()

if __name__ == '__main__':
    SVN_linear(X, y)
    SVN_poly(X, y)
    SVN_rbf(X, y)
```

```
####输出如下####
耗时:0.001999秒
鸢尾花SVM线性核二特征分类准确率0.966667
训练集准确率: 0.9666666666666667
0.9666666666666667
测试集准确率: 0.9666666666666667


耗时:0.001998秒
鸢尾花SVM多线式核二特征分类准确率0.966667
训练集准确率: 0.9666666666666667
0.9666666666666667
测试集准确率: 0.9666666666666667


耗时:1.166111秒
最优参数: {'C': 0.5994842503189409, 'gamma': 1.6681005372000592}
鸢尾花SVM高斯核二特征分类准确率0.966667
训练集准确率: 0.9666666666666667
0.9666666666666667
测试集准确率: 0.9666666666666667
```

运行上述代码,结果如图7.6~图7.8所示。

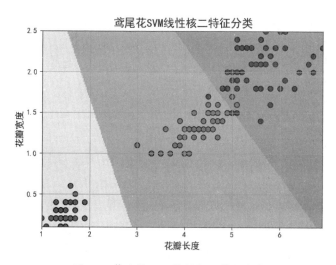

图 7.6   鸢尾花 SVM 线性核二特征分类

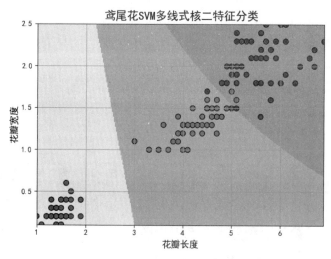

图 7.7   鸢尾花 SVM 多线式核二特征分类

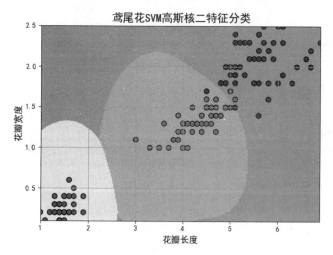

图 7.8   鸢尾花 SVM 高斯核二特征分类

7.2.2 SVM人脸识别

数据集使用的是fetch_lfw_people人脸数据集,需要进行下载。数据集共包含40位人员照片,每个人10张照片。

下面使用Python代码加载fetch_lfw_people人脸数据集,查看数据集人名和人脸图片维度,并展示出来,具体代码如下。

```python
import matplotlib.pyplot as plt
from sklearn.datasets import fetch_lfw_people
faces = fetch_lfw_people(min_faces_per_person=60)
print(faces.target_names)
print(faces.images.shape)
fig, ax = plt.subplots(3, 5)
for i, axi in enumerate(ax.flat):
    axi.imshow(faces.images[i], cmap='bone')
    axi.set(xticks=[], yticks=[],
            xlabel=faces.target_names[faces.target[i]])


####输出如下####
['Ariel Sharon' 'Colin Powell' 'Donald Rumsfeld' 'George W Bush'
 'Gerhard Schroeder' 'Hugo Chavez' 'Junichiro Koizumi' 'Tony Blair']
(1348, 62, 47)
```

运行上述代码,结果如图7.9所示。

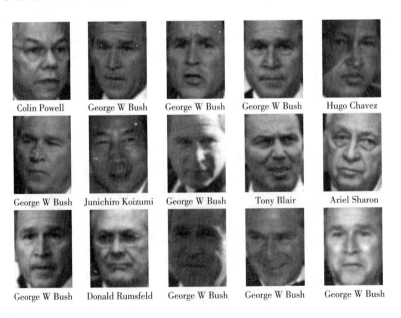

图7.9 人脸图片

每个图像的像素为62×47,约3000像素,可以将整个图像展平成一个长度为3000左右的一维向量,然后使用每个像素值作为输入特征,但是由于输入特征过多,训练较慢,因此应该使用主成分分析(PCA)进行降维,再提取150个基本成分作为输入特征,最后使用SVC进行分类。

处理三维图片数据,应该选用高斯核函数,需要进行调参处理,并将PCA和SVC构成管道进行训练,具体代码如下。

```
from sklearn.decomposition import PCA
from sklearn.pipeline import make_pipeline
from sklearn.model_selection import GridSearchCV
pca = PCA(n_components=150, whiten=True, random_state=42)
svc = SVC(kernel='rbf', class_weight='balanced')
model = make_pipeline(pca, svc)
Xtrain, Xtest, ytrain, ytest = train_test_split(faces.data, faces.target,
                                                random_state=42)

param_grid = {'svc__C': [1, 5, 10, 50],
              'svc__gamma': [0.0001, 0.0005, 0.001, 0.005]}
grid = GridSearchCV(model, param_grid)
t = time()
grid.fit(Xtrain, ytrain)
print('\n耗时:%f秒'%(time()-t))
print(grid.best_params_)

####输出如下####
耗时:46.619032秒
{'svc__C': 1, 'svc__gamma': 0.0001}
```

一共耗时46.619032秒完成SVC模型分类训练,下面使用训练最好的SVM模型做出预测,并绘制可视化图像,如果预测失败,则将标签的颜色设置为红色,并输出分类性能报告,具体代码如下。

```
best_model = grid.best_estimator_
yfit = best_model.predict(Xtest)
fig, ax = plt.subplots(4, 6)
from sklearn.metrics import classification_report, accuracy_score
for i, axi in enumerate(ax.flat):
    axi.imshow(Xtest[i].reshape(62, 47), cmap='bone')
    axi.set(xticks=[], yticks=[])
    axi.set_ylabel(faces.target_names[yfit[i]].split()[-1],
                   color='black' if yfit[i]==ytest[i] else 'red')
plt.show()
print(accuracy_score(ytest, yfit))
print(classification_report(ytest, yfit, target_names=faces.target_names))

####输出如下####
0.8486646884272997
```

	precision	recall	f1-score	support
Ariel Sharon	0.65	0.73	0.69	15
Colin Powell	0.80	0.87	0.83	68
Donald Rumsfeld	0.74	0.84	0.79	31
George W Bush	0.92	0.83	0.88	126

Gerhard Schroeder	0.86	0.83	0.84	23
Hugo Chavez	0.93	0.70	0.80	20
Junichiro Koizumi	0.92	1.00	0.96	12
Tony Blair	0.85	0.95	0.90	42
accuracy			0.85	337
macro avg	0.83	0.84	0.84	337
weighted avg	0.86	0.85	0.85	337

运行上述代码,结果如图7.10所示。

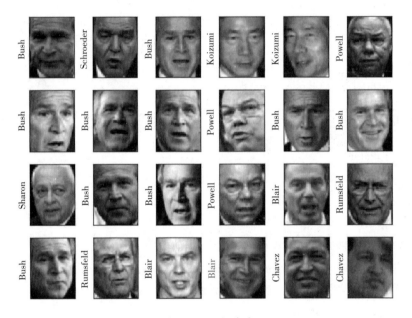

图7.10　运行结果

在图7.10中,只有一个人脸预测失败,这说明SVC模型性能效果不错。下面使用Python代码绘制混淆矩阵,具体代码如下。

```
import seaborn as sns
from sklearn.metrics import confusion_matrix
mat = confusion_matrix(ytest, yfit)
sns.heatmap(mat.T, square=True, annot=True, fmt='d', cbar=False,
            xticklabels=faces.target_names, yticklabels=faces.target_names)
plt.xlabel('true label')
plt.ylabel('predicted label')
plt.show()
```

运行上述代码,结果如图7.11所示。

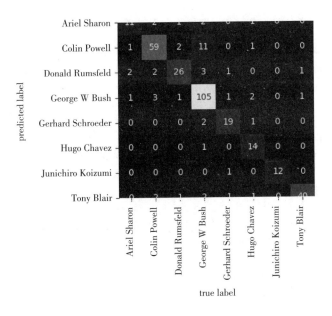

图 7.11　运行结果

7.2.3　SVR

SVR(Support Vector Regression)是支持向量机回归的英文缩写。下面具体实现 SVR,同样需要指定核函数。

下面通过 NumPy 随机生成 30 个样本点,分别使用 3 种核函数进行 SVR,并计算 3 种核函数回归的评价得分,具体代码如下。

```python
import numpy as np
from sklearn import svm
import matplotlib.pyplot as plt
N = 30
np.random.seed(0)
x = np.sort(np.random.uniform(0, 2*np.pi, N), axis=0)
y = 2 * np.sin(x) + 0.2 * np.random.randn(N)
x = x.reshape(-1, 1)
print('SVR - RBF')
svr_rbf = svm.SVR(kernel='rbf', gamma=0.2, C=100)
svr_rbf.fit(x, y)
print(svr_rbf.score(x, y))
print('SVR - Linear')
svr_linear = svm.SVR(kernel='linear', C=100)
svr_linear.fit(x, y)
print(svr_linear.score(x, y))
print('SVR - Polynomial')
svr_poly = svm.SVR(kernel='poly', degree=3, C=100)
svr_poly.fit(x, y)
```

```
print(svr_poly.score(x, y))
x_test = np.linspace(x.min(), x.max(), 100).reshape(-1, 1)
y_rbf = svr_rbf.predict(x_test)
y_linear = svr_linear.predict(x_test)
y_poly = svr_poly.predict(x_test)
plt.scatter(x, y, c='b')
plt.show()
plt.figure(figsize=(8, 10), facecolor='w')
plt.plot(x_test, y_rbf, 'r-', linewidth=2, label='RBF Kernel')
plt.plot(x_test, y_linear, 'g-', linewidth=2, label='Linear Kernel')
plt.plot(x_test, y_poly, 'b-', linewidth=2, label='Polynomial Kernel')
plt.plot(x, y, 'mo', markersize=6, markeredgecolor='k')
plt.scatter(x[svr_rbf.support_], y[svr_rbf.support_], s=200, c='r', marker='*',
            edgecolors='k', label='Support Vectors', zorder=10)
plt.legend(loc='lower left', fontsize=12)
plt.title('SVR', fontsize=15)
plt.xlabel('X')
plt.ylabel('Y')
plt.grid(b=True, ls=':')
plt.tight_layout(2)
plt.show()

####输出如下####
SVR - RBF
0.9688786285699149
SVR - Linear
0.5339581033415435
SVR - Polynomial
0.3393563846168727
```

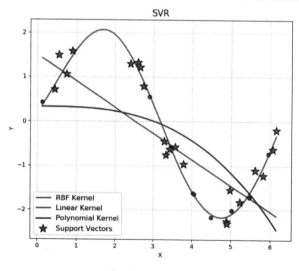

图7.12　运行结果

运行上述代码,结果如图7.12所示。

在进行SVR处理时,选择的核函数应该根据样本的分布函数而定。如果是线性关系,则应选择线性核函数;如果是多项式函数关系,则应选择多项式核函数;如果是非线性核多项式关系,则应选择高斯核函数。

第 8 章

聚类算法

在机器学习中,聚类算法属于无监督学习,也就是没有给出明确分类的标签。常见的聚类算法有 K-means 聚类算法、层次聚类算法和密度聚类算法。本章将介绍 K-means 聚类算法、层次聚类算法、密度聚类算法和聚类模型的评估。

本章主要涉及的知识点如下。

- K-means 聚类算法的代码实现。
- 层次聚类算法的代码实现。
- 密度聚类算法的代码实现。
- 聚类模型的评估。

8.1 K-means聚类算法

8.1.1 K-means聚类算法原理

在聚类算法中,给定训练集 $x_1, x_2, \cdots, x_n$,但是没有 $y_1, y_2, \cdots, y_n$,因此这是一个无监督学习问题。现在希望对训练集进行分组,并找到能够使训练集紧密聚集的簇,在这里称为训练集的堆。

K-means聚类算法首先选择 K 个随机的点,这里称为聚类中心,也可以叫作质心;对于训练集中的每一个样本点,再分别计算其与 K 个中心点的距离,选择距离最近的中心点;将该数据与此聚类中心点关联起来;与同一个中心点关联的所有点聚成一类,称为簇;对于每一个簇,再计算出新的聚类中心点,也就是将该簇所关联的中心点移动到新的聚类中心点位置,直到聚类中心点不发生改变或达到迭代次数上限,则认为达到了最佳的效果。每一次迭代计算聚类中心点都在减小代价函数,因此通过迭代的方式在计算中有巨大的时间开销,这导致K-means算法在运行速度上往往不佳。

K-means算法可以用如下公式表示,随机的初始化簇质心为 $\mu_1, \mu_2, \cdots, \mu_k$,其中 k 表示聚类后的类别的个数;对于每一个样本点 i,则有 $c_i = \arg\min_j \left\| x_i - \mu_j \right\|^2$,其中 μ_j 表示当前对于聚类中心点位置的预测;对于每一个簇,计算平均值作为新的聚类中心点,即 $\mu_j = \dfrac{\sum\limits_{i=1}^{m} c_i x_i}{\sum\limits_{i=1}^{m} c_i}$。使用sklearn的cluster模块中的KMeans可以实现K-means算法。

下面使用Python代码实现K-means算法,首先通过NumPy生成两个分类样本点,具体代码如下。

```
import pandas as pd
import matplotlib.pyplot as plt
import numpy as np
data1 = pd.DataFrame({'X':np.random.randint(1, 50, 100),
                      'Y':np.random.randint(1, 50, 100)})
data = pd.concat([data1+50, data1])
plt.style.use('ggplot')
plt.scatter(data.X, data.Y)
plt.show()
```

运行上述代码,结果如图8.1所示。

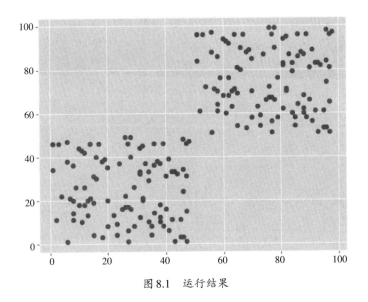

图8.1 运行结果

在上面的代码中,使用 NumPy 随机生成了两个明显分类的样本集,通过 from sklearn.cluster import KMeans 导入 K-means 算法,进行模型建立和训练,需要指定 n_clusters 参数,也就是最理想的分类数目,具体代码如下。

```
# 导入K-means算法
from sklearn.cluster import KMeans
# 预测分为两类
y_pred = KMeans(n_clusters=2).fit_predict(data)
# 用颜色区分出来
plt.scatter(data.X, data.Y, c=y_pred)
plt.show()
```

运行上述代码,结果如图8.2所示。

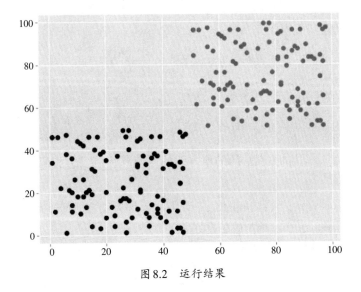

图8.2 运行结果

下面通过calinski_harabasz_score计算聚类模型的性能,具体代码如下。

```
from sklearn.metrics import calinski_harabasz_score
print(calinski_harabasz_score(data, y_pred))

####输出如下####
609.252364883826
```

8.1.2　模型评估

当训练出聚类模型后,就需要对聚类模型进行评估,最常用的评估聚类模型的指标有调整兰德系数、轮廓系数和CH分数。

1. 调整兰德系数

调整兰德系数(Adjusted Rand Index,ARI)用于聚类模型的性能评估。在计算调整兰德系数时,需要知道兰德系数(Rand Index,RI)。兰德系数的计算公式为 $RI = \dfrac{TP + TN}{TP + FP + TN + FN}$,其取值范围为[0, 1]。

调整兰德系数在兰德系数的基础上进行了调整,其计算公式为 $ARI = \dfrac{RI - E(RI)}{\max(RI) - E(RI)}$,其中 $E(RI)$ 是兰德系数的期望值。调整兰德系数的取值范围为[-1, 1],值越大,表示聚类结果与真实结果越吻合。因此,调整兰德系数用于衡量两个数据分布的吻合程度。

2. 轮廓系数

轮廓系数(Silhouette Coefficient)的取值范围同样为[-1, 1],值越大,表示聚类效果越好。轮廓系数需要计算出簇内不相似度 $a(i)$,指的是第 i 个样本点到同簇中其他点的平均欧氏距离,称为第 i 个样本点的簇内不相似度。

轮廓系数还需要计算出簇间不相似度 $b(i)$,指的是第 i 个样本点到其他簇中所有点的平均欧氏距离,称为第 i 个样本点的簇间不相似度。

因此,可以得到第 i 个样本点的轮廓系数:$s(i) = \dfrac{b(i) - a(i)}{\max\{a(i), b(i)\}}$。

3. CH分数

CH分数(Calinski Harabasz Score)的计算公式为 $s(k) = \dfrac{\operatorname{tr}(B_k)}{\operatorname{tr}(W_k)} \cdot \dfrac{m - k}{k - 1}$,其中 m 为训练样本的总数,k 为分类类别数目,$\operatorname{tr}(B_k)$ 为不同类别之间的协方差的逆矩阵,$\operatorname{tr}(W_k)$ 为相同类别之间的协方差的逆矩阵。

从计算公式来看,如果相同类别之间的协方差越小,不同类别之间的协方差越大,则计算出的CH分数值越大。CH分数值越大,表示聚类效果越好。

sklearn中的评估指标都在sklearn.metrics模块中,下面使用Python代码计算聚类模型评估的指标,具体代码如下。

```
from sklearn import datasets
from sklearn.cluster import KMeans
from sklearn.metrics import adjusted_rand_score, silhouette_score,
calinski_harabasz_score
x, y = datasets.make_blobs(400, n_features=2, centers=4, random_state=0)
model = KMeans(n_clusters=4)
model.fit(x)
y_pred = model.predict(x)
print("调整兰德系数: "+str(adjusted_rand_score(y, y_pred)))
print("轮廓系数: "+str(silhouette_score(x, y_pred)))
print("CH分数: "+str(calinski_harabasz_score(x, y_pred)))


####输出如下####
调整兰德系数: 0.800349733725459
轮廓系数: 0.5009253587678432
CH分数: 660.7303566920162
```

8.1.3　图像处理

聚类在图像处理领域有着非常重要的作用,其中使用K-means算法进行图像处理是一个很常见的方法。

下面使用Python代码对Lena.png(图8.3)进行图像处理。

图8.3　Lena.png

下面Python代码中展现了3种图像处理的聚类结果,其中K-means算法中的*K*值指的是颜色的数目,具体代码如下。

```
import numpy as np
import PIL.Image as image
from sklearn.cluster import KMeans
```

```python
from sklearn import preprocessing
from skimage import color

# 加载图像,并对数据进行规范化
def load_data(filePath):
    # 读文件
    f = open(filePath, 'rb')
    data = []
    # 得到图像的像素值
    img = image.open(f)
    # 得到图像尺寸 = 512, 512
    width, height = img.size
    for x in range(width):
        for y in range(height):
            # 得到点(x, y)的3个通道值
            c1, c2, c3 = img.getpixel((x, y))
            data.append([c1, c2, c3])
    f.close()
    # 采用Min-Max规范化
    mm = preprocessing.MinMaxScaler()
    data = mm.fit_transform(data)
    return np.mat(data), width, height


# 图片目录
pic_dir = './pic/'
img, width, height = load_data(pic_dir+'Lena.png')

# 用K-means对图像进行K聚类,这里的K是颜色的数目
n_clusters = 10

# max_iter,最大迭代数
kmeans = KMeans(n_clusters=n_clusters)
kmeans.fit(img)
label = kmeans.predict(img)

# 将图像聚类结果转化为图像尺寸的矩阵
label = label.reshape([width, height])

# 聚类结果展示一:创建一个新图像pic_mark,用来保存图像聚类的结果,并设置不同的灰度值
pic_mark = image.new('L', (width, height))
for x in range(width):
    for y in range(height):
        # 根据类别设置图像灰度,类别0的灰度值为255,类别1的灰度值为127
        pic_mark.putpixel((x, y), int(256/(label[x][y]+1))-1)
pic_mark.save(pic_dir+'图像聚类的灰度值结果.jpg', 'JPEG')

# 聚类结果展示二:将聚类标识矩阵转化为不同颜色的矩阵
label_color = (color.label2rgb(label)*255).astype(np.uint8)
```

```
label_color = label_color.transpose(1, 0, 2)
images = image.fromarray(label_color)
images.save(pic_dir+'图像聚类的RGB结果.jpg')

# 聚类结果展示三:创建一个新图像img,用来保存图像聚类压缩后的结果
img = image.new('RGB', (width, height))
for x in range(width):
    for y in range(height):
        c1 = kmeans.cluster_centers_[label[x, y], 0]
        c2 = kmeans.cluster_centers_[label[x, y], 1]
        c3 = kmeans.cluster_centers_[label[x, y], 2]
        img.putpixel((x, y), (int(c1*256)-1, int(c2*256)-1, int(c3*256)-1))
img.save(pic_dir+'图像聚类压缩结果.jpg')
```

运行上述代码,结果如图8.4~图8.6所示。

图8.4　图像聚类的灰度值结果　　图8.5　图像聚类的RGB结果　　图8.6　图像聚类压缩结果

8.1.4　K-means聚类算法实例

本次K-means聚类算法实例采用的是Kaggle平台上的商城客户细分数据集Mall_Customers.csv。表8.1所示是Mall_Customers.csv的列名及中文含义。

表8.1　Mall_Customers.csv的列名及中文含义

列名	中文含义
CustomerID	分配给客户的唯一ID
Gender	客户性别
Age	客户年龄
Annual Income (k$)	客户的年收入,单位为千美元
Spending Score (1-100)	商场根据客户行为和消费性质分配的分数,范围在1~100

要求:我们获得有关客户的一些基本数据,如客户ID、性别、年龄、年收入和消费分数。消费分数是根据定义的参数(如客户行为和购买数据)分配给客户的分数。目前,我们有超市购物中心的会员卡,需要分配给目标客户,以便可以向营销团队提供意见并相应地制定策略。

数据集是要根据最后两个特征来判断是否给目标客户分配会员卡,需要对客户进行分层,这是典型的无监督学习分类,需要使用K-means算法进行分类,而且这种场景在现实生活中是很常见的。

首先,通过Pandas读取数据集,选取年收入和消费分数作为特征,具体代码如下。

```
import matplotlib.pyplot as plt
import pandas as pd
import seaborn as sns
from sklearn.preprocessing import LabelEncoder
from sklearn.metrics import silhouette_score, calinski_harabasz_score
data = pd.read_csv('Mall_Customers.csv')
# 将年收入和消费分数作为特征
X = data.iloc[:, [3, 4]].values
```

在使用K-means算法前,往往需要选取最合适的K值,最常见的做法就是使用手肘法。手肘法需要计算所有样本点到它所在的聚类中心点的距离之和的平方,其计算公式为$\text{SSE} = \sum_{i=1}^{k}\sum_{p \in C_i}(p - m_i)^2$,其中$C_i$代表第$i$个簇,$m_i$为$C_i$的质心,SSE为所有样本点的误差平方和。

如果K越大,则SSE会越小,但是随着K值变大,训练时间变长。所以,绘制SSE和K的关系图类似一个手肘的形状,而这个肘部对应的K值就是数据的最佳聚类数。如果不存在肘部对应的K值,则选择SSE最小的K值。

下面使用Python代码确定最佳的K值,具体代码如下。

```
# 寻找K值
from sklearn.cluster import KMeans
SSE = []
for i in range(1, 11):
    kmeans = KMeans(n_clusters=i, init='k-means++', max_iter=300, n_init=10,
                    random_state=0)
    kmeans.fit(X)
    SSE.append(kmeans.inertia_)
plt.plot(range(1, 11), SSE)
plt.title('The Elbow Method')
plt.xlabel('Number of clusters')
plt.ylabel('SSE')
plt.show()
```

运行上述代码,结果如图8.7所示。

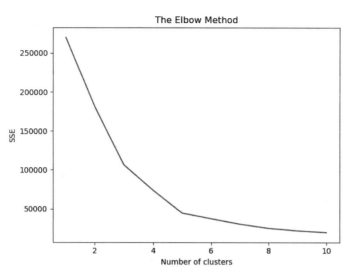

图 8.7   寻找 K 值

从图 8.7 中可以看出，SSE 和 K 的关系图类似于手肘的形状，这个肘部对应的 K 值是 5，因此选择 $K = 5$ 作为最佳聚类数，具体代码如下。

```
kmeans = KMeans(n_clusters=5, init='k-means++', max_iter=300, n_init=10,
                random_state=0)
y_kmeans = kmeans.fit_predict(X)
print("轮廓系数: "+str(silhouette_score(X, y_kmeans)))
print("CH分数: "+str(calinski_harabasz_score(X, y_kmeans)))
plt.scatter(X[y_kmeans==0, 0], X[y_kmeans==0, 1], s=100, c='magenta', label='Careful')
plt.scatter(X[y_kmeans==1, 0], X[y_kmeans==1, 1], s=100, c='yellow', label='Standard')
plt.scatter(X[y_kmeans==2, 0], X[y_kmeans==2, 1], s=100, c='green', label='Target')
plt.scatter(X[y_kmeans==3, 0], X[y_kmeans==3, 1], s=100, c='cyan', label='Careless')
plt.scatter(X[y_kmeans==4, 0], X[y_kmeans==4, 1], s=100, c='burlywood',
            label='Sensible')
plt.scatter(kmeans.cluster_centers_[:, 0], kmeans.cluster_centers_[:, 1], s=300,
            c='red', label='Centroids')
plt.title('Cluster of Clients')
plt.xlabel('Annual Income (k$)')
plt.ylabel('Spending Score (1-100)')
plt.legend()
plt.show()

####输出如下####
轮廓系数: 0.553931997444648
CH分数: 247.35899338037282
```

运行上述代码，结果如图 8.8 所示。

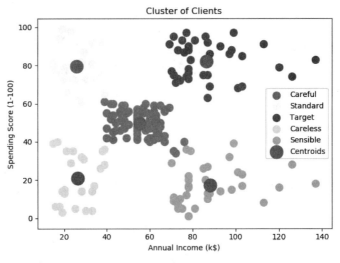

图8.8 运行结果

在这里,根据收入和消费情况,分别将5个簇命名为Careful、Standard、Target、Careless和Sensible。

```
Cluster 1- High income low spending = Careful
Cluster 2- Medium income medium spending = Standard
Cluster 3- High Income and high spending = Target
Cluster 4- Low Income and high spending = Careless
Cluster 5- Low Income and low spending = Sensible
```

随着年龄增长,通过绘制年龄分布和消费分数来比较男性和女性的消费水平,具体代码如下。

```
sns.lmplot(x='Age', y='Spending Score (1-100)', data=data, fit_reg=True, hue='Gender')
plt.show()
```

运行上述代码,结果如图8.9所示。

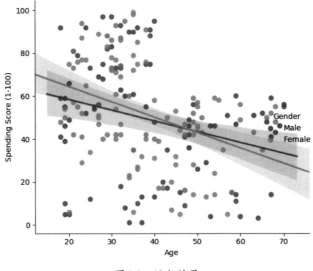

图8.9 运行结果

从图8.9中可以看出,随着年龄增长,女性的消费水平下降得比男性的快,但是在20到40岁之间,女性的消费水平比男性的高。下面使用LabelEncoder对文本标签性别进行转化,并绘制出对应的混淆矩阵,具体代码如下。

```
label_encoder = LabelEncoder()
integer_encoded = label_encoder.fit_transform(data.iloc[:, 1].values)
data['Gender'] = integer_encoded
hm = sns.heatmap(data.iloc[:, 1:5].corr(), annot=True, linewidths=.5, cmap='Blues')
hm.set_title(label='Heatmap of dataset', fontsize=20)
plt.show()
```

运行上述代码,结果如图8.10所示。

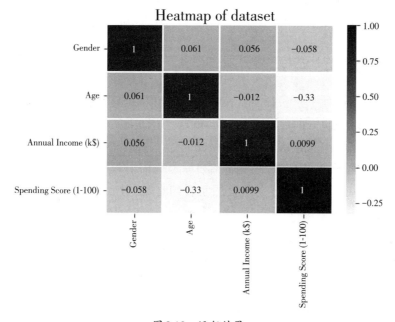

图8.10　运行结果

8.2　层次聚类算法

8.2.1　层次聚类算法原理

层次聚类是聚类算法中的一种比较常见的聚类方法。层次聚类依然使用欧氏距离来计算不同类别的样本点间的距离。层次聚类可以按照层次分解顺序,分为自底向上的凝聚层次聚类和自顶向下的分裂层次聚类。

在实际生活中,自底向上的凝聚层次聚类使用的场景比较多。凝聚层次聚类首先将每个样本点作为单独的一个簇,然后根据相似度合并相近的类,形成越来越大的簇,直到所有的单独的簇都合并为一个聚类,或者满足一定的终止条件。

分裂层次聚类与凝聚层次聚类不同,采用相反的策略自顶向下。分裂层次聚类首先将所有样本点置于同一个簇中,然后慢慢地细分为越来越小的簇,直到每个样本点自成一簇,或者满足一定的终止条件。该种分裂层次聚类一般较少使用。

使用sklearn的cluster模块中的AgglomerativeClustering可以实现凝聚层次聚类,同时提供了3种策略来合并两个簇,分别是ward、complete和average。ward是sklearn中的默认选项,选择的是在所有的簇中方差最小的簇进行合并。complete选择的是在所有的簇中样本点的最大距离最小的簇进行合并。average选择的是在所有的簇中所有样本点的平均距离最小的簇进行合并。

8.2.2　层次聚类算法实例

使用sklearn的cluster模块中的AgglomerativeClustering可以实现凝聚层次聚类。AgglomerativeClustering需要构造3个参数,分别为n_clusters、linkage和affinity。n_clusters指的是聚类的数量,linkage指的是合并两个簇的策略,affinity一般默认为euclidean,指的是计算欧氏距离。

由于sklearn不支持绘制层次聚类树,因此需要导入SciPy的cluster模块中的dendrogram绘制层次聚类树。下面通过NumPy随机生成5个样本点,并使用凝聚层次聚类分成2个类别,绘制出3种策略的层次聚类树,具体代码如下。

```python
import pandas as pd
import numpy as np
import matplotlib as mpl
import matplotlib.pyplot as plt
from scipy.spatial.distance import pdist, squareform
from scipy.cluster.hierarchy import linkage
from scipy.cluster.hierarchy import dendrogram
from sklearn.cluster import AgglomerativeClustering
mpl.rcParams['font.sans-serif'] = ['SimHei']
mpl.rcParams['axes.unicode_minus'] = False
np.random.seed(0)
labels = ['特征01', '特征02', '特征03', '特征04', '特征05']
X = np.random.random_sample([5, 5]) * 10
# 层次聚类树
df = pd.DataFrame(X, columns=labels)
print(df)
# 计算距离关联矩阵,两两样本间的欧氏距离
row_dist = pd.DataFrame(squareform(pdist(df, metric='euclidean')), columns=labels,
                        index=labels)
print(row_dist)
linkages = ["ward", "complete", "average"]
```

```
for index, i in enumerate(linkages):
    row_clusters = linkage(pdist(df, metric='euclidean'), method=i)
    print('{}cluster'.format(str(i)))
    print(pd.DataFrame(row_clusters, columns=['row label1', 'row label2',
        'distance', 'no. of items in clust.'], index=['cluster %d'%(i+1)
            for i in range(row_clusters.shape[0])]))
    # 层次聚类树
    plt.subplot(3, 1, index+1)
    plt.ylabel('{}聚类'.format(i))
    row_dendr = dendrogram(row_clusters, labels=labels)
    ac = AgglomerativeClustering(n_clusters=2, affinity='euclidean', linkage=i)
    pred_labels = ac.fit_predict(X)
    print('{}cluster labels:{}\n'.format(str(i), pred_labels))
plt.show()
```

```
####输出如下####
        特征01      特征02      特征03      特征04      特征05
0  5.488135  7.151894  6.027634  5.448832  4.236548
1  6.458941  4.375872  8.917730  9.636628  3.834415
2  7.917250  5.288949  5.680446  9.255966  0.710361
3  0.871293  0.202184  8.326198  7.781568  8.700121
4  9.786183  7.991586  4.614794  7.805292  1.182744
            特征01      特征02      特征03      特征04      特征05
特征01  0.000000  5.890735  6.034896  10.013103  6.004418
特征02  5.890735  0.000000  4.831667  8.723975  7.283154
特征03  6.034896  4.831667  0.000000  12.187323  3.776291
特征04  10.013103  8.723975  12.187323  0.000000  14.506416
特征05  6.004418  7.283154  3.776291  14.506416  0.000000
wardcluster
          row label1  row label2  distance  no. of items in clust.
cluster 1     2.0         4.0      3.776291         2.0
cluster 2     0.0         1.0      5.890735         2.0
cluster 3     5.0         6.0      7.067575         4.0
cluster 4     3.0         7.0     13.941034         5.0
wardcluster labels:[0 0 0 1 0]

completecluster
          row label1  row label2  distance  no. of items in clust.
cluster 1     2.0         4.0      3.776291         2.0
cluster 2     0.0         1.0      5.890735         2.0
cluster 3     5.0         6.0      7.283154         4.0
cluster 4     3.0         7.0     14.506416         5.0
completecluster labels:[0 0 0 1 0]

averagecluster
          row label1  row label2  distance  no. of items in clust.
cluster 1     2.0         4.0      3.776291         2.0
cluster 2     0.0         1.0      5.890735         2.0
cluster 3     5.0         6.0      6.038534         4.0
```

```
cluster 4          3.0          7.0  11.357704          5.0
averagecluster labels:[0 0 0 1 0]
```

运行上述代码,结果如图8.11所示。

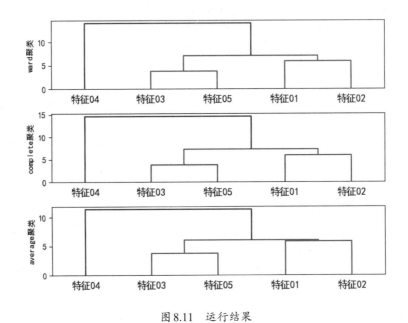

图8.11　运行结果

8.3　密度聚类算法

8.3.1　密度聚类算法原理

DBSCAN(Density-Based Spatial Clustering of Applications with Noise)是一种基于密度空间聚类的算法,可以处理存在噪声数据的数据集。DBSCAN也是最为经典的密度聚类算法之一。DBSCAN将簇定义为密度相连的样本点的最大集合,将具有高密度的区域划分为簇。

假设数据集 $D = \{x_1, x_2, \cdots, x_n\}, x_i \in D$,其中存在某一个给定对象半径 ε 内的区域中到 x_i 的距离小于 ε,称为对象 ε-邻域。在对象 ε-邻域中存在至少 m 个样本点,其中 x_i 称为核心对象。

如果 x_j 在对象 ε-邻域中,且 x_i 是核心对象,则称为 x_j 由 x_i 密度直达。如果 x_j 还在另一个对象 ε-邻域中,而且 x_z 在 x_j 的另一个对象 ε-邻域中,则称为 x_z 由 x_i 密度可达。

如果存在 x_k 由 x_i 密度可达,则 x_z 和 x_k 密度相连,即 x_z 和所在的高密度的区域看作一个簇。如图8.12所示,虚线圈表示 ε-邻域,其中 $m = 3$,则可以得到 x_2 由 x_1 密度直达,x_3 由 x_1 密度可达,x_3 和 x_4 密度相连。

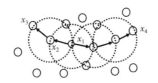

图 8.12　密度聚类

8.3.2　密度聚类算法实例

使用 sklearn 的 cluster 模块中的 DBSCAN 可以实现密度聚类,需要指定两个参数:对象 ε-邻域半径 ε 和形成密度区域所需要的最少样本点个数 m。

通过 ε 和 m 参数从而确定聚类的数目。下面通过 sklearn 在中心点[2, 1], [−1, 2], [−2, −1], [1, −2]生成4类聚类样本,通过 DBSCAN 实现密度聚类,并绘制对应的参数和聚类数目分布,具体代码如下。

```python
import numpy as np
import matplotlib.pyplot as plt
import sklearn.datasets as ds
import matplotlib.colors
from sklearn.cluster import DBSCAN
from sklearn.preprocessing import StandardScaler
N = 2000
centers = [[2, 1], [-1, 2], [-2, -1], [1, -2]]
data, y = ds.make_blobs(N, n_features=2, centers=centers, cluster_std=[0.5, 0.25,
                        0.7, 0.5], random_state=0)
data = StandardScaler().fit_transform(data)
# 参数:(epsilon, min_sample)
params = ((0.2, 5), (0.2, 10), (0.2, 15), (0.3, 5), (0.3, 10), (0.3, 15))
matplotlib.rcParams['font.sans-serif'] = ['SimHei']
matplotlib.rcParams['axes.unicode_minus'] = False
plt.figure(figsize=(10, 8), facecolor='w')
for i in range(6):
    eps, min_samples = params[i]
    model = DBSCAN(eps=eps, min_samples=min_samples)
    model.fit(data)
    y_hat = model.labels_
    core_indices = np.zeros_like(y_hat, dtype=bool)
    core_indices[model.core_sample_indices_] = True
    y_unique = np.unique(y_hat)
    n_clusters = y_unique.size - (1 if -1 in y_hat else 0)
    clrs = plt.cm.Spectral(np.linspace(0, 1, y_unique.size))
    plt.subplot(2, 3, i+1)
    for k, clr in zip(y_unique, clrs):
        cur = (y_hat==k)
        if k == -1:
            plt.scatter(data[cur, 0], data[cur, 1], s=10, c='k')
            continue
```

```
            plt.scatter(data[cur, 0], data[cur, 1], s=15, c=clr, edgecolors='k')
            plt.scatter(data[cur&core_indices][:, 0], data[cur&core_indices][:, 1],
                        s=30, c=clr, marker='o', edgecolors='k')
    x1_min, x2_min = np.min(data, axis=0)
    x1_max, x2_max = np.max(data, axis=0)
    plt.xlim((x1_min, x1_max))
    plt.ylim((x2_min, x2_max))
    plt.plot()
    plt.grid(b=True, ls=':', color='#606060')
    plt.title(r'$\epsilon$ = %.1f  m = %d,聚类数目:%d'%(eps, min_samples,
            n_clusters), fontsize=12)
plt.tight_layout()
plt.show()
```

运行上述代码,结果如图8.13所示。

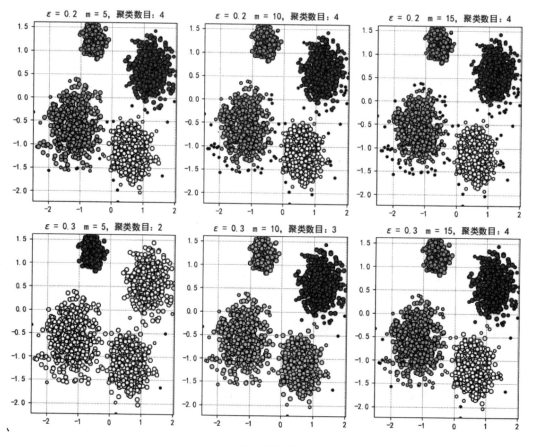

图8.13　运行结果

第 9 章

EM和HMM聚类算法

期望最大化（Expectation-Maximum，EM）算法处理的是无监督的问题，因此也称为EM聚类。EM算法的核心是最大似然估计，这是一种迭代法，用于求解含有隐变量的最大似然估计的问题。在EM聚类中，使用最多的是高斯混合模型（Gaussian Mixture Model，GMM）聚类。隐马尔可夫模型（Hidden Markov Model，HMM）是一类基于概率统计的模型，用来描述含有未知参数的马尔可夫过程，主要用于解决序列预测问题。本章将详细介绍EM和HMM聚类算法。

本章主要涉及的知识点如下。

- 最大似然估计和詹森不等式。
- EM算法原理和代码实现。
- 隐马尔可夫模型的代码实现。

9.1 **EM聚类算法**

9.1.1 最大似然估计

最大似然估计(Maximum Likelihood Estimation, MLE)可以理解成从未知的样本中选取一些已知的观察数据的特征信息,来代替未知的样本的特征信息。通俗地理解,最大似然估计使用给定观察数据来评估模型参数。

对于二项分布的最大似然估计,假设在投掷硬币的实验中,进行 N 次独立实验,其中有 n 次朝上。如果投掷硬币朝上的概率为 p,则可以使用对数似然函数作为目标函数: $h(p) = \log(p^n(1-p)^{N-n})$。

假设目标函数可导,则对 p 求导,得到 $\frac{\partial h(p)}{\partial p} = \frac{n}{p} - \frac{N-n}{1-p}$。当导函数 $\frac{\partial h(p)}{\partial p}$ 等于 0 时,目标函数取到最值,最终得到参数 N, n 和 p 的关系: $p = \frac{n}{N}$。

对于高斯分布的最大似然估计,如果给定一组样本 $x_1, x_2, \cdots, x_n$,已知它们来自高斯分布 $N(\mu, \sigma^2)$,使用最大似然估计试估计参数 μ, σ。高斯分布的概率密度函数为 $f(x) = \frac{1}{\sqrt{2\pi}\,\sigma} e^{-\frac{(x-\mu)^2}{2\sigma^2}}$。

将 x_i 代入高斯分布的概率密度函数 $f(x)$ 并叠加,得到 $L(x) = \prod_{i=1}^{n} \frac{1}{\sqrt{2\pi}\,\sigma} e^{-\frac{(x_i-\mu)^2}{2\sigma^2}}$。然后化为对数似然函数:

$$l(x) = \log \prod_{i=1}^{n} \frac{1}{\sqrt{2\pi}\,\sigma} e^{-\frac{(x_i-\mu)^2}{2\sigma^2}} = \sum_{i=1}^{n} \log \frac{1}{\sqrt{2\pi}\,\sigma} e^{-\frac{(x_i-\mu)^2}{2\sigma^2}}$$

$$= -\frac{n}{2}\log(2\pi\sigma^2) - \frac{1}{2\sigma^2}\sum_{i=1}^{n}(x_i - \mu)^2$$

再对目标函数 $l(x) = -\frac{n}{2}\log(2\pi\sigma^2) - \frac{1}{2\sigma^2}\sum_{i=1}^{n}(x_i - \mu)^2$ 分别以参数 μ, σ 求偏导,得到

$$\begin{cases} \mu = \dfrac{1}{n}\sum_{i=1}^{n} x_i \\ \sigma^2 = \dfrac{1}{n}\sum_{i=1}^{n}(x_i - \mu)^2 \end{cases}$$

从结果可以得出,样本的均值就是高斯分布的均值,样本的方差就是高斯分布的方差。

下面将高斯分布推广到混合高斯分布,假设随机变量 X 是由 K 个高斯分布混合而成的,每一个高斯分布的概率为 $p_1, p_2, \cdots, p_k$,其中每 i 个高斯分布的均值为 μ_i,方差为 S_i。

如果观察到随机变量 X 的一系列样本分别为 $X_1, X_2, \cdots, X_n$,试估计参数 p, μ 和 S。

首先建立对数似然函数: $l_{p,\mu,S}(x) = \sum_{i=1}^{n} \log\left\{\sum_{k=1}^{K} p_k N(x_i|\mu_k, S_k)\right\}$。由于在对数函数中存在加和,因此

无法直接用求导解方程的方法求得最值。

为了解决这个问题,分成以下两步解决。

(1)估算数据来自哪个组分。对于每个样本 X_i,它由第 K 个组分生成的概率为 $\gamma(i,k) = \dfrac{p_k N(x_i \mid \mu_k, S_k)}{\sum\limits_{j=i}^{K} p_j N(x_i \mid \mu_k, S_j)}$,其中 μ 和 S 也是需要估计的值。

(2)估计每个组分的参数。对于所有的样本点和 K 个组分而言,可以看作生成了 $\{\gamma(i,k)x_i \mid i = 1, 2, \cdots, n\}$ 个样本点,每一个组分都是一个标准的高斯分布。

由上面的结论 $\begin{cases} \mu = \dfrac{1}{n}\sum\limits_{i=1}^{n} x_i \\ \sigma^2 = \dfrac{1}{n}\sum\limits_{i=1}^{n}(x_i - \mu)^2 \end{cases}$,最终可以得到下面的结果。

$$\begin{cases} N_k = \sum\limits_{i=1}^{n}\gamma(i,k) \\ p_k = \dfrac{N_k}{N} = \dfrac{1}{N}\sum\limits_{i=1}^{n}\gamma(i,k) \\ \mu_k = \dfrac{1}{N_k}\sum\limits_{i=1}^{n}\gamma(i,k)x_i \\ S_k = \dfrac{1}{N_k}\sum\limits_{i=1}^{n}\gamma(i,k)(x_i - \mu_k)(x_i - \mu_k)^{\mathrm{T}} \end{cases}$$

9.1.2　詹森不等式

下面介绍詹森不等式(Jensen's Inequality)。假设函数 $f(x)$ 的值域为实数集,如果 $\forall x \in \mathbf{R}$ 且 $f(x)$ 存在二阶导数,$f''(x) > 0$,则 $f(x)$ 为凸函数。凸函数上任意两点的割线位于函数图像的上方,图9.1中的 $f(x)$ 就是一个凸函数。

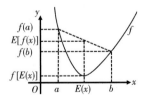

图 9.1　凸函数

在图9.1中,$f(x)$ 是凸函数,其中 X 是一个随机变量。沿 x 轴,其中有50%的概率取到 a,也有50%的概率取到 b,则 X 的期望应该在 a 和 b 的中点。在 y 轴上,$E[f(x)]$ 是 $f(a)$ 和 $f(b)$ 的中点。从图9.1中可以看出,因为 $f(x)$ 是凸函数,所以必有 $E[f(x)] \geqslant f(EX)$,这就是詹森不等式,也可以叫作延森不等式。

9.1.3 EM算法原理

假定有一个包含 m 个相互独立的样本的训练集 $\{x_1, x_2, \cdots, x_m\}$，现在希望从中找到模型 $p(x, z)$ 的参数。通过最大似然估计建立目标函数：$l(\theta) = \sum_{i=1}^{m} \log p(x_i; \theta) = \sum_{i=1}^{m} \log \sum_{z_i} p(x_i, z_i; \theta)$。因为这里的 z_i 是潜在随机变量，所以直接计算出参数 θ 的最大似然估计比较困难。在这种情形下，EM算法提供了一个能够有效地求出参数最大似然估计的方法。

由于直接最大化 $l(\theta)$ 可能很难，因此 EM 算法的思路是不停地构造函数 $l(\theta)$ 的下界，这里称为 E 步骤，然后再最大化这些下界，这里称为 M 步骤。也就是说，EM算法首先初始化一套参数 θ_0，然后构造一个下界 l 并求这个 l 的最大值，而取最大值时的这套参数就是 θ_1；算法再从 θ_1 开始构造下一个下界，并最大化得到 θ_2，直到收敛于一个局部最优解。

在 EM 算法中，E 步骤是通过初始化一套参数来计算隐含变量，M 步骤利用得到的隐含变量的结果来重新估计参数。

对于每一个 i，Q_i 是 z 的某一个分布，其中 $Q_i \geqslant 0$。通过詹森不等式，$l(\theta) = \sum_{i=1}^{m} \log \sum_{z_i} p(x_i, z_i; \theta) = \sum_{i=1}^{m} \log \sum_{z_i} Q_i z_i \frac{p(x_i, z_i; \theta)}{Q_i z_i} \geqslant \sum_{i=1}^{m} \sum_{z_i} Q_i z_i \log \frac{p(x_i, z_i; \theta)}{Q_i z_i}$。对于 $f(x) = \log x$，则有 $f''(x) = -\frac{1}{x^2} < 0$，所以 $f(x)$ 是一个定义在 $x \in \mathbf{R}$ 上的凹函数，故有 $f(EX) \geqslant E[f(x)]$。

由期望的定义：$E|g(x)| = \sum_x p(x) g(x)$，其中变量 $x = \frac{p(x_i, z_i; \theta)}{Q_i z_i}$，得到 $f\left(\underset{z_i \sim Q_i}{E} \left[\frac{p(x_i, z_i; \theta)}{Q_i z_i} \right] \right) \geqslant \underset{z_i \sim Q_i}{E} \left[f\left(\frac{p(x_i, z_i; \theta)}{Q_i z_i} \right) \right]$，其中 $\underset{z_i \sim Q_i}{E}$ 的含义是随机变量 z_i 服从 Q_i 分布并求其期望。

下面举一个投掷硬币的例子。假设有 A 和 B 两枚硬币，一共做了 5 组实验，每组实验都投掷 10 次，统计出现正面的次数，如表9.1所示。

表9.1 投掷硬币实验结果

实验	投掷的硬币	正面次数
1	A	6
2	B	9
3	B	8
4	B	7
5	A	4

此时可以计算出硬币 A 和 B 出现正面的次数的概率，分别为 $\theta(A) = \frac{6+4}{10+10} = 0.5$ 和 $\theta(B) = \frac{9+8+7}{10+10+10} = 0.8$。但是，在实际中并不知道每次实验投掷的硬币是 A 还是 B。在 EM 算法中，这种

不确定的数据称为隐含数据。

这里需要采用EM算法的思想。

(1)初始化参数。随机指定硬币 A 和 B 的正面概率分别为 $\theta(A) = 0.5$ 和 $\theta(B) = 0.8$。

(2)计算期望值。假设实验 1 投掷的是硬币 A,那么正面次数为 6 的概率为 $C_{10}^{6}0.5^{6}0.5^{4} = 0.205078125$。假设实验 1 投掷的是硬币 B,那么正面次数为 6 的概率为 $C_{10}^{6}0.8^{6}0.2^{4} = 0.088080384$。因此,实验 1 更有可能投掷的是硬币 A,通过猜测的结果来完善初始化的参数 $\theta(A)$ 和 $\theta(B)$。

9.2　EM算法代码实现

在 EM 算法中,GMM 是通过概率密度函数来进行聚类,聚成的类符合高斯分布。使用 sklearn 的 mixture 模块中的 GaussianMixture 可以实现 GMM 聚类,需要指定 n_components 参数,也就是高斯混合模型的个数,最终确定需要聚类的个数。covariance_type 代表协方差类型,一般指定 full,表示完全协方差。

下面通过 Iris 数据集,使用高斯混合 GMM 聚类实现 Iris 数据集分类,并输出聚类均值的实际值和准确率,具体代码如下。

```
import numpy as np
import pandas as pd
from sklearn.datasets import load_iris
from sklearn.mixture import GaussianMixture
import matplotlib as mpl
import matplotlib.colors
import matplotlib.pyplot as plt
from sklearn.metrics.pairwise import pairwise_distances_argmin
mpl.rcParams['font.sans-serif'] = ['SimHei']
mpl.rcParams['axes.unicode_minus'] = False
iris_feature = '花萼长度', '花萼宽度', '花瓣长度', '花瓣宽度'
iris = load_iris()
X = pd.DataFrame(iris.data)
y = iris.target
n_components = 3
feature_pairs = [[0, 1], [0, 2], [0, 3], [1, 2], [1, 3], [2, 3]]
plt.figure(figsize=(8, 6), facecolor='w')
for k, pair in enumerate(feature_pairs, start=1):
    x = X[pair]
    m = np.array([np.mean(x[y==i], axis=0) for i in range(3)])   # 均值的实际值
    print('特征:', iris_feature[pair[0]], ' + ', iris_feature[pair[1]])
    print('实际均值 = \n', m)
    gmm = GaussianMixture(n_components=n_components, covariance_type='full',
                          random_state=0)
```

```
    gmm.fit(x)
    # print('预测均值 = \n', gmm.means_)
    # print('预测方差 = \n', gmm.covariances_)
    y_hat = gmm.predict(x)
    order = pairwise_distances_argmin(m, gmm.means_, axis=1, metric='euclidean')
    print('顺序:', order)

    n_sample = y.size
    n_types = 3
    change = np.empty((n_types, n_sample), dtype=np.bool)
    for i in range(n_types):
        change[i] = y_hat == order[i]
    for i in range(n_types):
        y_hat[change[i]] = i
    acc = '准确率:%.2f%%' % (100*np.mean(y_hat==y))
    print('%s\n'%acc)

    cm_light = mpl.colors.ListedColormap(['#FF8080', '#77E0A0', '#A0A0FF'])
    cm_dark = mpl.colors.ListedColormap(['r', 'g', '#6060FF'])
    x1_min, x2_min = x.min()
    x1_max, x2_max = x.max()
    x1, x2 = np.mgrid[x1_min:x1_max:200j, x2_min:x2_max:200j]
    grid_test = np.stack((x1.flat, x2.flat), axis=1)
    grid_hat = gmm.predict(grid_test)
    change = np.empty((n_types, grid_hat.size), dtype=np.bool)
    for i in range(n_types):
        change[i] = grid_hat == order[i]
    for i in range(n_types):
        grid_hat[change[i]] = i
    grid_hat = grid_hat.reshape(x1.shape)
    plt.subplot(2, 3, k)
    plt.pcolormesh(x1, x2, grid_hat, cmap=cm_light)
    plt.scatter(x[pair[0]], x[pair[1]], s=20, c=y, marker='o', cmap=cm_dark,
                edgecolors='k')
    xx = 0.95 * x1_min + 0.05 * x1_max
    yy = 0.1 * x2_min + 0.9 * x2_max
    plt.text(xx, yy, acc, fontsize=10)
    plt.xlim((x1_min, x1_max))
    plt.ylim((x2_min, x2_max))
    plt.xlabel(iris_feature[pair[0]], fontsize=11)
    plt.ylabel(iris_feature[pair[1]], fontsize=11)
    plt.grid(b=True, ls=':', color='#606060')
plt.tight_layout(1, rect=(0, 0, 1, 0.95))
plt.show()

####输出如下####
特征: 花萼长度  +  花萼宽度
实际均值 =
 [[5.006 3.428]
  [5.936 2.77 ]
```

```
 [6.588 2.974]]
顺序: [0 2 1]
准确率:79.33%
```

特征: 花萼长度 + 花瓣长度
```
实际均值 =
 [[5.006 1.462]
  [5.936 4.26 ]
  [6.588 5.552]]
顺序: [0 2 1]
准确率:91.33%
```

特征: 花萼长度 + 花瓣宽度
```
实际均值 =
 [[5.006 0.246]
  [5.936 1.326]
  [6.588 2.026]]
顺序: [0 2 1]
准确率:96.00%
```

特征: 花萼宽度 + 花瓣长度
```
实际均值 =
 [[3.428 1.462]
  [2.77  4.26 ]
  [2.974 5.552]]
顺序: [0 1 2]
准确率:92.67%
```

特征: 花萼宽度 + 花瓣宽度
```
实际均值 =
 [[3.428 0.246]
  [2.77  1.326]
  [2.974 2.026]]
顺序: [0 2 1]
准确率:93.33%
```

特征: 花瓣长度 + 花瓣宽度
```
实际均值 =
 [[1.462 0.246]
  [4.26  1.326]
  [5.552 2.026]]
顺序: [0 1 2]
准确率:97.33%
```

运行上述代码,结果如图9.2所示。

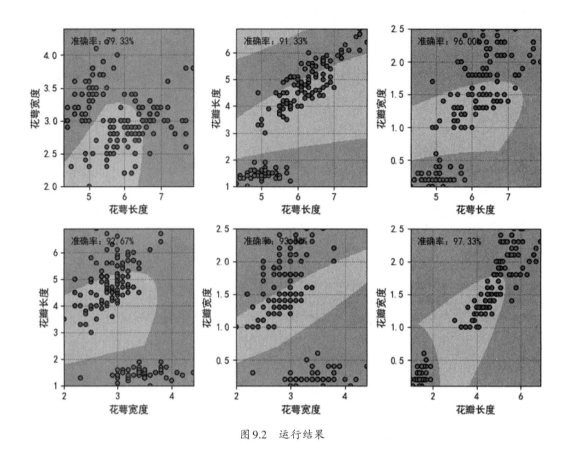

图9.2 运行结果

9.3 HMM聚类算法

9.3.1 马尔可夫过程

在介绍隐马尔可夫模型之前,需要了解马尔可夫过程。马尔可夫过程是一类随机过程。该过程具有如下特征:在已知目前状态的条件下,它未来的变化与过去的演变无关,只能由当前状态决定。也就是说,某一时刻状态转移的概率只依赖于它的前一个状态。

例如,每天的天气只能是晴天、多云或雨天。那么,天气就是一个状态,而且今天的天气只依赖于昨天的天气,而与前天的天气没有任何关系。另外,状态之间是可以发生转化的,假设昨天和今天的状态发生转化的情况如下。

$$\begin{array}{c} \qquad\qquad\qquad\text{today} \\ \qquad\qquad\overbrace{\begin{array}{ccc} \text{sun} & \text{cloud} & \text{rain} \end{array}} \\ \text{yesterday}\begin{cases} \text{sun} \\ \text{cloud} \\ \text{rain} \end{cases}\begin{bmatrix} 0.50 & 0.375 & 0.125 \\ 0.25 & 0.125 & 0.625 \\ 0.25 & 0.375 & 0.375 \end{bmatrix} \end{array}$$

在此之前,需要设置初始状态的概率,假设初始状态的概率为 $\begin{matrix}\text{sun} & \text{cloud} & \text{rain} \\ [1.0 & 0.0 & 0.0]\end{matrix}$,那么 $t=1$ 的天气状态:今天是晴天的概率等于初始晴天的概率乘晴天转晴天的概率,加上初始多云的概率乘多云转晴天的概率,再加上初始雨天的概率乘雨天转晴天的概率,最终得到今天是晴天的概率等于0.5。

按照上面的方法,由 $t=1$ 的天气状态计算出天气状态的概率为 $\begin{matrix}\text{sun} & \text{cloud} & \text{rain} \\ [0.5 & 0.375 & 0.125]\end{matrix}$。将 $t=1$ 的天气状态的概率作为 $t=2$ 的初始状态的概率,得到 $t=2$ 的天气状态的概率约为 $\begin{matrix}\text{sun} & \text{cloud} & \text{rain} \\ [0.375 & 0.281 & 0.344]\end{matrix}$。将 $t=2$ 的天气状态的概率作为 $t=3$ 的初始状态的概率,得到 $t=3$ 的天气状态的概率约为 $\begin{matrix}\text{sun} & \text{cloud} & \text{rain} \\ [0.344 & 0.305 & 0.352]\end{matrix}$。这就是马尔可夫过程。

9.3.2   隐马尔可夫模型

在真实的情况下,有时并不知道初始状态的概率,也就是说,可能不能直观地观察到天气状态的概率。但是,在民间有一个传说,海藻的状态和天气的状态存在某些关联,因此可以根据海藻的状态来预测天气的状态。

在这种情况下,就有了两个状态集合:一个是可以观察到的状态集合,这里指的是海藻的状态;另一个是隐含的状态集合,这里指的是天气的状态。这时,我们需要找到一个算法可以根据海藻的状态来预测天气的状态,这个算法就是著名的隐马尔可夫模型。

隐马尔可夫模型由3个必备参数组成,分别是初始概率 $\boldsymbol{\pi}$、隐含状态转移概率矩阵 $\boldsymbol{A}$(这里指的是前文提到的昨天和今天的状态发生转化的矩阵)和生成观察状态概率矩阵 $\boldsymbol{B}$。因此,隐马尔可夫模型常用 $\text{HMM}=(\boldsymbol{\pi}, \boldsymbol{A}, \boldsymbol{B})$ 表示。

假设现在在三天的假期中,你每一天都可以选择三件事情来做,分别是打球、购物和睡觉,生成观察状态概率矩阵 $\boldsymbol{B}$ 为 $\begin{matrix}\quad\text{play}\ \text{shop}\ \text{sleep} \\ \begin{matrix}\text{sun} \\ \text{cloud} \\ \text{rain}\end{matrix}\begin{bmatrix} 0.6 & 0.4 & 0.0 \\ 0.4 & 0.5 & 0.1 \\ 0.1 & 0.2 & 0.7 \end{bmatrix}\end{matrix}$。每天所做的决定都受到天气的影响,现在给定模型 $\text{HMM}=(\boldsymbol{\pi}, \boldsymbol{A}, \boldsymbol{B})$,计算出你每天选择三件事情的概率。

处理上面的问题,最常见的方法是前向算法。假设第一天选择打球,那么可以计算出:第一天选择打球的概率为 $0.5 \times 0.6 + 0.375 \times 0.4 + 0.125 \times 0.1 = 0.4625$,第一天选择购物概率 $0.5 \times 0.4 + 0.375 \times 0.5 + 0.125 \times 0.2 = 0.4125$,第一天选择睡觉的概率为 $0.375 \times 0.1 + 0.125 \times 0.7 = 0.125$。

假设需要计算第一天选择打球、第二天选择打球的概率,采用上面的方法计算出:第二天选择打球的概率为 $0.375 \times 0.6 + 0.281 \times 0.4 + 0.344 \times 0.1 = 0.3718$,最终得到第一天选择打球、第二天选择

打球的概率为 $0.4625 \times 0.3718 \approx 0.172$。

计算第一天选择打球、第二天选择打球的概率,需要在计算出第一天的选择的概率基础上进行,同样如果计算三天的可能选择的概率,则需要在计算出前两天的可能选择的概率基础上进行。这种计算方法能够节省很多计算环节,如果隐含状态数有 N 个,那么前向算法的时间复杂度为 $O(N^2T)$。

如果给定模型 $\text{HMM} = (\boldsymbol{\pi}, \boldsymbol{A}, \boldsymbol{B})$ 和观测序列 $O = \{o_1, o_2, \cdots, o_T\}$,则需要推断出隐含的模型状态。假设这三天的选择分别是打球、购物和打球,那么如何计算出这三天的天气状态。最常见的方法是维特比算法。维特比算法是一种基于动态规划的方式来寻找最佳路径的算法。

首先初始化状态的概率,假设初始状态的概率 $\boldsymbol{\pi}$ 为 $\begin{bmatrix} \text{sun} & \text{cloud} & \text{rain} \\ 0.5 & 0.375 & 0.125 \end{bmatrix}$,对于每一个天气状态,计算出当天对应行为的概率。第一天晴天打球的概率为 $0.5 \times 0.6 = 0.3$,第一天多云打球的概率为 $0.375 \times 0.4 = 0.15$,第一天雨天打球的概率为 $0.125 \times 0.1 = 0.0125$。由于第一天晴天打球的概率比较大,因此认为第一天是晴大。

第二天的天气状态的概率为 $\begin{bmatrix} \text{sun} & \text{cloud} & \text{rain} \\ 0.375 & 0.281 & 0.344 \end{bmatrix}$,同样可以计算出第二天晴天购物的概率为 $0.375 \times 0.4 = 0.15$,第二天多云购物的概率为 $0.281 \times 0.5 = 0.1405$,第二天雨天购物的概率为 $0.344 \times 0.2 = 0.0688$。由于第二天晴天购物的概率比较大,因此认为第二天是晴天。

第三天的天气状态的概率为 $\begin{bmatrix} \text{sun} & \text{cloud} & \text{rain} \\ 0.344 & 0.305 & 0.352 \end{bmatrix}$,同样可以计算出第三天晴天打球的概率为 $0.344 \times 0.6 = 0.2064$,第三天多云打球的概率为 $0.305 \times 0.4 = 0.122$,第三天雨天打球的概率为 $0.352 \times 0.1 = 0.0352$。由于第三天晴天打球的概率比较大,因此认为第三天是晴天。

根据打球、购物和打球的行为,最终的预测的结果都是晴天。

使用Python代码实现HMM,需要安装第三方库hmmlearn,可以通过pip命令进行安装。在hmmlearn的hmm模块中提供了GMMHMM和MultinomialHMM两种方法建立隐马尔可夫模型。

GMMHMM建立具有高斯分布特征的隐马尔可夫模型,MultinomialHMM建立具有离散或多项分布特征的隐马尔可夫模型。由于天气状态是一个离散值,因此这里选择MultinomialHMM。

下面使用Python代码实现上面的维特比算法,具体代码如下。

```python
import numpy as np
from hmmlearn import hmm
# 隐含状态:3个天气
states = ["sun", "cloud", "rain"]
n_states = len(states)
# 观测状态:3种行为
observations = ["play", "shop", "sleep"]
n_observations = len(observations)
start_probability = np.array([0.5, 0.375, 0.125])
transition_probability = np.array([
  [0.5, 0.375, 0.125],
  [0.25, 0.125, 0.625],
  [0.25, 0.375, 0.375]
])
```

```
emission_probability = np.array([
  [0.6, 0.4, 0.0],
  [0.4, 0.5, 0.1],
  [0.1, 0.2, 0.7]
])
# 用于离散观测状态
model = hmm.MultinomialHMM(n_components=n_states)
model.startprob_ = start_probability
model.transmat_ = transition_probability
model.emissionprob_ = emission_probability
print(model)
# 打球、购物和打球
seen = np.array([0, 1, 0]).reshape(1, -1).T
logprob, behaviour = model.decode(seen, algorithm="viterbi")
print(np.array(states)[behaviour])
print(model.score(seen))
# 得到观测序列的概率ln0.06228≈-2.776
print(np.exp(model.score(seen)))


####输出如下####
MultinomialHMM(algorithm='viterbi', init_params='ste', n_components=3, n_iter=10,
               params='ste', random_state=None, startprob_prior=1.0, tol=0.01,
               transmat_prior=1.0, verbose=False)
['sun' 'sun' 'sun']
-2.7760635023016187
0.062283203125000006
```

从输出结果来看,使用Python代码得到了与前文一致的计算结果['sun' 'sun' 'sun']。

第 10 章

主题模型

在机器学习中,主题模型是对从文本特征中提取隐含主题的一种建模方法,属于无监督学习。例如,通过提取文章的关键词,对文章进行领域划分,因此主题模型广泛用于文本分类和自然语言处理等领域,最常见的是LDA主题模型。本章将介绍LDA主题模型和机器学习在自然语言处理中的应用。

本章主要涉及的知识点如下。

- LDA主题模型。
- 自然语言处理常用工具包的使用。

10.1 LDA 主题模型

10.1.1 Dirichlet 分布

LDA（Latent Dirichlet Allocation）称为潜在狄利克雷（Dirichlet）分布。Dirichlet 分布是多元贝塔分布的形式。假设我们在一个高速公路的收费站上，每隔 1 个小时需要观察经过的汽车，其中只有大车和小车两种分类。通过观察收费站 24 个小时的车辆经过情况，现在估计小车占 24 个小时的所有车辆的比例 p。

假设每个小时的小车的数量服从二项分布 $B(n, p)$，但是由于每个小时小车的初始数量 n 是不同的，那么 24 个小时的小车观察的数目就是 24 个不同的二项分布的期望值。这时，应该使用贝塔分布，记每个小时的小车的数目为 α，每个小时的大车的数目为 β，则每个小时小车的所占的比例为 $\dfrac{\alpha}{\alpha + \beta}$。

$\dfrac{\alpha}{\alpha + \beta}$ 服从贝塔分布，记作 $B(\alpha, \beta)$。只要求出 $B(\alpha, \beta)$ 的期望值就可以估计小车占 24 个小时的所有车辆的比例 p。

假设随机变量 X 在区间 $(0, 1)$ 上服从连续型概率分布，其中存在两个参数 $\alpha, \beta > 0$，α 为伯努利试验成功的次数，β 为伯努利试验失败的次数，则认为随机变量 X 服从贝塔分布。

贝塔分布的概率密度函数为 $f(x, \alpha, \beta) = \dfrac{1}{B(\alpha, \beta)} x^{\alpha - 1}(1 - x)^{\beta - 1}$。其中，$B(\alpha, \beta) = \dfrac{\Gamma(\alpha)\Gamma(\beta)}{\Gamma(\alpha + \beta)}$，$\Gamma(x) = \displaystyle\int_0^{+\infty} t^{x - 1} e^{-t} dt = (x - 1)!$。贝塔分布的期望为 $\mu = E(X) = \dfrac{\alpha}{\alpha + \beta}$，方差为 $\mathrm{Var}(X) = E(X - \mu)^2 = \dfrac{\alpha\beta}{(\alpha + \beta)^2(\alpha + \beta + 1)}$。

下面使用 Python 代码绘制不同的贝塔分布，具体代码如下。

```python
from scipy.stats import beta
import matplotlib.pyplot as plt
import numpy as np


x = np.linspace(0, 1, 100)
a_array = [1, 2, 5]
b_array = [1, 2, 5]
fig, axarr = plt.subplots(len(a_array), len(b_array))
for i, a in enumerate(a_array):
    for j, b in enumerate(b_array):
        axarr[i, j].plot(x, beta.pdf(x, a, b), 'r', lw=1, alpha=0.6,
                         label='a='+str(a)+',b='+str(b))
```

```
    axarr[i, j].legend(loc='upper left', fontsize=8)
plt.show()
```

运行上述代码,结果如图10.1所示。

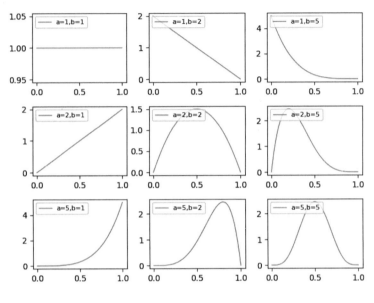

图 10.1 运行结果

Dirichlet 分布是多个随机变量服从贝塔分布的联合概率分布,假设存在 D 个随机变量 X_i,则称为 D 维 Dirichlet 分布。其中,$X = (X_1, X_2, \cdots, X_d) \in (0, 1)$,则有 $\sum_{i=1}^{D} X_d = 1$。

Dirichlet 分布中每一个随机变量 X_i 的期望为 $E(X_i) = \dfrac{\alpha_i}{\sum\limits_{i=1}^{D} \alpha_i}$,方差为 $\mathrm{Var}(X_i) = \dfrac{\alpha_i \left(\sum\limits_{i=1}^{D} \alpha_i - \alpha_i \right)}{\left(\sum\limits_{i=1}^{D} \alpha_i \right)^2 \left(\sum\limits_{i=1}^{D} \alpha_i + 1 \right)}$。

下面使用 Python 代码计算 Dirichlet 分布的概率密度函数,具体代码如下。

```
from scipy.stats import dirichlet
print(dirichlet.pdf([0.6, 0.3, 0.1], [3, 2, 1]))

####输出如下####
6.479999999999995
```

10.1.2 LDA贝叶斯模型

LDA是一种基于贝叶斯模型的文档主题生成模型。在贝叶斯概率理论中,如果后验概率 $P(A|B)$ 和先验概率 $P(A)$ 满足 $P(A|B) = P(B|A)P(A)$ 的分布律,那么先验分布和后验分布叫作共轭分布。贝塔分布是二项分布的共轭先验分布,而 Dirichlet 分布是多项分布的共轭先验分布。

在 LDA 主题模型中共有 3 个概念,分别是词、文档和主题。词是从文档中提取出来的关键词,能够有代表性地说明文档的主题,每一篇文档的每一个词都是通过一定的概率选择主题,这个主题也是通过一定的概率选择某一个词。

文档到主题服从多项分布,主题到词服从多项分布。在某篇文档下某个词出现的概率等于在同一个主题下某个词出现的概率,乘在同一个文档下某个主题出现的概率,可以用公式表达为 $P(词|文档) = P(词|主题)P(主题|文档)$。

假设语料库中共有 m 篇文档,一共涉及了 K 个主题。每篇文档 m 的长度为 N_m,其中共有 n 个关键词,每个关键词都有各自对应的主题。因此,每篇文档 m 都有对应的主题分布,主题分布服从多项分布。由于多项分布的参数,即概率无法确定,因此认为多项分布的参数服从 Dirichlet 分布,其中 Dirichlet 分布的参数为 α。

由于词的数量比较多,而主题的数量是有限的,因此每一个主题都有各自对应的词分布。词分布也同样服从多项分布。由于多项分布的参数,即概率无法确定,因此认为多项分布的参数服从 Dirichlet 分布,其中 Dirichlet 分布的参数为 β。

对于某篇文档中的第 n 个词,首先从该文档的主题分布中采样一个主题,然后在这个主题对应的词分布中采样一个词。不断重复这个随机生成过程,直到 m 篇文档全部完成上述过程。

10.2 自然语言处理常用工具包

由于 LDA 主题模型涉及了文本分类,因此它也属于自然语言处理(Natural Language Processing,NLP)的范畴。NLP 研究能实现人与计算机之间用自然语言进行有效通信的各种理论和方法,它也是人工智能领域中的一个重要方向。下面介绍在 Python 中比较常用的自然语言处理工具包。

10.2.1 NLTK

1. NLTK 安装

NLTK 的安装命令如下。

```
pip install nltk
```

NLTK 安装成功后,需要安装相关的语料库。

```
# 新建一个IPython,输入
import nltk
nltk.download()
```

执行上面的代码,将会弹出下载语料库的窗口。这里选择下载 book 和 popular,如图 10.2 所示,读者可以根据自己的需求进行下载。

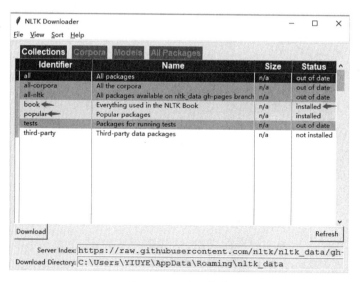

图10.2　下载语料库

如果使用该方法在下载语料库的过程中出现网络问题,则可以去NLTK官网下载对应的语料库,然后放置到对应的目录,这里 Windows 系统默认的语料库目录是 C:\Users\用户\AppData\Roaming\nltk_data。表10.1所示是NLTK中对应的模块及其功能。

表10.1　NLTK中对应的模块及其功能

NLTK模块	功能
nltk.corpus	获取和处理语料库
nltk.tokenize,nltk.stem	分词,词干分析
nltk.collocations	t检验,卡方,互信息
nltk.tag	词性标识
nltk.classify,nltk.cluster	分类和聚类
nltk.chunk	分块
nltk.parsing	解析
nltk.sem,nltk.interence	语义解释
nltk.metrics	指标评测
nltk.probability	概率与估计
nltk.app,nltk.chat	应用

下面主要介绍tokenize和corpus模块。

2. tokenize

tokenize 翻译为标记,在NLTK中word_tokenize用于分词,将句子分成单词,具体代码如下。

```
import nltk
from nltk.text import Text
sentence = "Today's weather is good, very windy and sunny."
tokens = nltk.word_tokenize(sentence)
# 分词
print(tokens)
# 标记词性
tagged = nltk.pos_tag(tokens)
print(tagged)
# 查看对应单词的位置和个数
t = Text(tokens)
print(t.index('good'))
print(t.count('good'))

####输出如下####
['Today', "'s", 'weather', 'is', 'good', ',', 'very', 'windy', 'and', 'sunny', '.']
[('Today', 'NN'), ("'s", 'POS'), ('weather', 'NN'), ('is', 'VBZ'), ('good', 'JJ'),
 (',', ','), ('very', 'RB'), ('windy', 'JJ'), ('and', 'CC'), ('sunny', 'JJ'),
 ('.', '.')]
4
1
```

3. corpus

corpus 翻译为语料库，corpus 模块中有内置语料库和停用词。categories 翻译为类别，即语料库的类别。fileids 翻译为文件 ID，即语料库中文件的数量。

布朗语料库是世界上第一个根据系统性原则采集样本的标准语料库，选自美国人撰写出版的普通语体的文本，包括 15 种题材，共 500 个样本，最初的语料库（1961 年）包含从 15 种题材中抽取的 1014312 个单词。

```
from nltk.corpus import brown
# 布朗语料库的类别
print(brown.categories())
files = brown.fileids()
print(len(files))
print(len(brown.words()))
print(len(brown.sents()))
# 查看 government 和 news 语料库
for w in brown.words(categories=['government', 'news']):
    print(w+' ', end='')
    if(w is '.'): # 一个句子换行
        print()

####输出如下####
['adventure', 'belles_lettres', 'editorial', 'fiction', 'government', 'hobbies',
 'humor', 'learned', 'lore', 'mystery', 'news', 'religion', 'reviews', 'romance',
 'science_fiction']
500
```

```
1161192
57340
The Fulton County Grand Jury said Friday an investigation of Atlanta's recent
primary election produced `` no evidence '' that any irregularities took place .
·················
```
输出结果省略

10.2.2 spaCy

以管理员身份打开命令提示符窗口,通过 pip install -U spacy 命令安装 spaCy,并使用 python -m spacy download en 命令下载英文模块。

```python
import spacy
nlp = spacy.load('en')
doc = nlp('Weather is good, very windy and sunny.')
# 分词
print("分词: ")
for token in doc:
    print(token)
# 分句
print("分句: ")
for sent in doc.sents:
    print(sent)
# 词性
print("词性: ")
for token in doc:
    print('{}-{}'.format(token, token.pos_))

# 命名体识别
doc = nlp("I went to Paris where I met my old friend Jack from uni.")
print("命名体识别: ")
for ent in doc.ents:
    print('{}-{}'.format(ent, ent.label_))

####输出如下####
分词:
Weather
is
good
,
very
windy
and
sunny
.
分句:
Weather is good, very windy and sunny
```

```
词性:
Weather-PROPN
is-VERB
good-ADJ
,-PUNCT
very-ADV
windy-ADJ
and-CCONJ
sunny-ADJ
.-PUNCT
命名体识别:
Paris-GPE
Jack-PERSON
```

10.2.3　Gensim

  Gensim 可以无监督地学习到文本隐层的主题向量表达。Gensim 支持包括 TF-IDF、LSA、LDA 和 word2vec 在内的多种主题模型算法。其中, corpora、models 和 similarities 是 Gensim 经常使用的模块。在使用 Gensim 的模型训练之前, 需要将原生字符解析成 Gensim 能处理的稀疏向量的格式。

  在此之前, 需要先对原始的文本进行分词、去除停用词等操作, 得到每一篇文档的特征列表。

```
from collections import defaultdict
text_corpus = [
    "Human machine interface for lab abc computer applications",
    "A survey of user opinion of computer system response time",
    "The EPS user interface management system",
    "System and human system engineering testing of EPS",
    "Relation of user perceived response time to error measurement",
    "The generation of random binary unordered trees",
    "The intersection graph of paths in trees",
    "Graph minors IV Widths of trees and well quasi ordering",
    "Graph minors A survey",
]

# 创建一组常用词
stoplist = set('for a of the and to in'.split(' '))
# 将每个文档小写,用空格分隔,并筛选出停用词
texts = [[word for word in document.lower().split() if word not in stoplist]
         for document in text_corpus]

# 计算字频
frequency = defaultdict(int)
for text in texts:
    for token in text:
    frequency[token] += 1
```

```
# 只保留出现多次的单词
processed_corpus = [[token for token in text if frequency[token]>1]
                    for text in texts]
print(processed_corpus)


####输出如下####
[['human', 'interface', 'computer'], ['survey', 'user', 'computer', 'system',
 'response', 'time'], ['eps', 'user', 'interface', 'system'], ['system', 'human',
 'system', 'eps'], ['user', 'response', 'time'], ['trees'], ['graph', 'trees'],
 ['graph', 'minors', 'trees'], ['graph', 'minors', 'survey']]
```

processed_corpus的每一个对象对应一篇文档。接下来，调用Gensim提供的API建立语料库特征的索引字典，将文本特征的原始表达转化为词袋模型对应的稀疏向量的形式。

```
# 计算稀疏向量在这篇文档中出现的次数,并转换doc2bow
from gensim import corpora
dictionary = corpora.Dictionary(processed_corpus)
print(dictionary)
# 对应的词频
print(dictionary.token2id)
# 将标记化文档转换为向量
corpus = [dictionary.doc2bow(text) for text in processed_corpus]
print(len(corpus))


####输出如下####
Dictionary(12 unique tokens: ['computer', 'human', 'interface', 'response',
          'survey']...)
{'computer': 0, 'human': 1, 'interface': 2, 'response': 3, 'survey': 4, 'system': 5,
 'time': 6, 'user': 7, 'eps': 8, 'trees': 9, 'graph': 10, 'minors': 11}
[(0, 1), (1, 1), (2, 1)]
# (0, 1)代表human,(1, 1)代表interface,(2, 1)代表computer
9
```

至此，训练语料库的预处理工作已基本完成，最终得到了语料库中每一篇文档对应的稀疏向量，这里称为BoW向量。BoW(Bag of Words)是词袋模型的意思。BoW向量的每一个元素代表了一个word在这篇文档中出现的次数。Gensim使用的是doc2bow方法，将标记化文档转换为向量。

下面将corpus进行主题向量的变换，以TF-IDF模型为例，介绍Gensim模型的一般使用方法。

```
from gensim import models
# 模型对象的初始化
tfidf = models.TfidfModel(corpus)
print(tfidf)


####输出如下####
# TfidfModel(num_docs=9, num_nnz=28)
```

在 Gensim 中,语料库对应着一个稀疏向量的迭代器。corpus 是一个返回 BoW 向量的迭代器。上面这两行代码将完成对 corpus 中出现的每一个特征的 IDF 值的统计工作。下面将训练好的模型保存到磁盘上,以便下一次使用。

```python
tfidf.save("model.tfidf") # 保存
tfidf = models.TfidfModel.load("model.tfidf") # 加载
```

在得到每一篇文档对应的主题向量后,可以计算文档之间的相似度,进而完成如文本聚类、信息检索之类的任务。

```python
# [(0, 1), (1, 1)]代表'human', 'interface'
doc_bow = [(0, 1), (1, 1)]
# TF-IDF实值权重
print(tfidf[doc_bow])

####输出如下####
# Gensim训练出来的结果左边是词的ID,右边是词的TF-IDF值
[(0, 0.70710678118654757), (1, 0.70710678118654757)]

# 计算整个文档TF-IDF
corpus_tfidf = tfidf[corpus]
for doc in corpus_tfidf:
    print(doc)

####输出如下####
[(0, 0.57735026918962573), (1, 0.57735026918962573), (2, 0.57735026918962573)]
[(0, 0.44424552527467476), (3, 0.44424552527467476), (4, 0.44424552527467476),
 (5, 0.32448702061385548), (6, 0.44424552527467476), (7, 0.32448702061385548)]
[(2, 0.57100059809418182), (5, 0.41705573620227772), (7, 0.41705573620227772),
 (8, 0.57100059809418182)]
[(1, 0.49182558987264147), (5, 0.71848116070837686), (8, 0.49182558987264147)]
[(3, 0.62825804686700459), (6, 0.62825804686700459), (7, 0.45889394536615247)]
[(9, 1.0)]
[(9, 0.70710678118654746), (10, 0.70710678118654746)]
[(9, 0.50804290089167492), (10, 0.50804290089167492), (11, 0.69554641952003704)]
[(4, 0.62825804686700459), (10, 0.45889394536615247), (11, 0.62825804686700459)]
```

下面完成信息检索任务。对于一篇待检索的 query,我们的目标是从文本集合中检索出主题相似度最高的文档。首先,我们需要将待检索的 query 和文本放在同一个向量空间中进行表达,下面以 LSI 向量空间为例,具体代码如下。

```python
# 构造LSI模型,并将待检索的query和文本转化为LSI主题向量
# 转换之前的corpus和query均为BoW向量
lsi_model = models.LsiModel(corpus, id2word=dictionary, num_topics=2)
documents = lsi_model[corpus]
query = [(0, 1), (1, 1), (2, 1)]
query_vec = lsi_model[query]
```

```
print(query_vec)

####输出如下####
[(0, 0.65946640597974016), (1, 0.14211544403729934)]
```

接下来,用待检索的文档向量初始化一个相似度计算的对象,借助index对象计算任意一段query和所有文档的余弦相似度,具体代码如下。

```
from gensim import similarities
index = similarities.MatrixSimilarity(documents)
# 可以通过save和load方法持久化这个相似度矩阵
index.save('deerwester.index')
index = similarities.MatrixSimilarity.load('deerwester.index')
# 检查与所有语料库中的余弦相似度
sims = index[query_vec]
print(sims)

####输出如下####
[ 1.          0.9142159   0.999982     0.99478287   0.87990767  -0.18518141
 -0.16756733 -0.16003223 -0.0117043  ]
```

Gensim也可以构建LDA主题模型,并输出第一类主题最具有代表性的前5个分词,具体代码如下。

```
# LDA主题模型
lda = models.ldamodel.LdaModel(corpus=corpus, id2word=dictionary, num_topics=10)
# 第一类主题,最具有代表性的前5个分词
print(lda.print_topic(1, topn=5))

####输出如下####
0.500*"trees" + 0.262*"graph" + 0.024*"system" + 0.024*"minors" + 0.024*"interface"
```

这里使用的固定的主题个数10来进行的统计,这个数据是随意设定的,很可能与实际并不相符。其实还有一些其他方法可以自动设置主题个数,在自然语言处理领域中有一个很流行的模型叫作层次狄利克雷过程(Hierarchical Dirichlet Process,HDP)。下面通过HDP确定主题数目,具体代码如下。

```
# 设置最大主题数为50
hdp = models.hdpmodel.HdpModel(corpus, dictionary, T=50)
num_hdp_topics = len(hdp.print_topics())
print(num_hdp_topics)

####输出如下####
20
```

从输出结果来看,确定主题数目应该是20个。

10.2.4 jieba

jieba是一个中文的分词工具,下面对jieba的简单使用进行介绍,具体代码如下。

```python
import jieba
from jieba import posseg as pseg

print("jieba分词全模式:")
seg_list = jieba.cut("我是中国人,来自东莞", cut_all=True)
# 全模式
print("Full Mode: "+"/ ".join(seg_list))

print("jieba分词精确模式:")
seg_list = jieba.cut("我是中国人,来自东莞", cut_all=False)
# 精确模式
print("Default Mode: "+"/ ".join(seg_list))

print("jieba默认分词是精确模式:")
seg_list = jieba.cut("我是中国人,来自东莞")   # 默认是精确模式
print(", ".join(seg_list))

print("jiba搜索引擎模式:")
seg_list = jieba.cut_for_search("我是中国人,来自东莞")   # 搜索引擎模式
print(", ".join(seg_list))

strings = "我是中国人,来自东莞"
words = pseg.cut(strings)
print("jieba词性标注:")
for word, flag in words:
    print('%s %s'%(word, flag))


####输出如下####
jieba分词全模式:
Full Mode: 我/ 是/ 中国/ 国人/ / / 来自/ 东莞
jieba分词精确模式:
Default Mode: 我/ 是/ 中国/ 人/ ,/ 来自/ 东莞
jieba默认分词是精确模式:
我, 是, 中国, 人, ,, 来自, 东莞
jiba搜索引擎模式:
我, 是, 中国, 人, ,, 来自, 东莞
jieba词性标注:
我 r
是 v
中国 ns
```

```
人 n
, x
来自 v
东莞 ns
```

10.2.5　Stanford NLP

Stanford NLP提供了一系列自然语言分析工具。使用Stanford NLP分析文本数据，使文本数据分析变得简单高效。只需几行代码，Stanford NLP就可以提取各种文本属性，如命名实体识别或词性标注。Stanford CoreNLP可以直接通过pip命令进行安装。

```
pip install stanfordcorenlp
```

Stanford CoreNLP安装成功后，需要下载Stanford CoreNLP文件和中文模型JAR包，如图10.3所示。

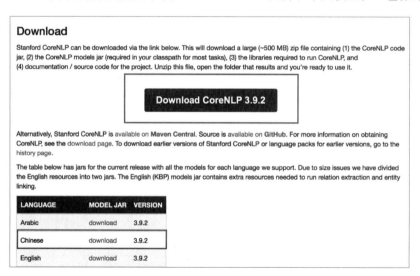

图10.3　下载Stanford CoreNLP文件和中文模型JAR包

将下载的Stanford CoreNLP文件和中文模型JAR包放在同一个文件夹中，这里放置的目录是D:\stanfordnlp，下面使用Python代码测试Stanford CoreNLP是否安装成功，具体代码如下。

```
from stanfordcorenlp import StanfordCoreNLP
nlp = StanfordCoreNLP(r'D:\stanfordnlp', lang='zh')
sentence = '我是中国人,来自东莞'
# 分词
print(nlp.word_tokenize(sentence))
# 单词成分
print(nlp.pos_tag(sentence) )
# 命名实体识别
print(nlp.ner(sentence))
# 依赖关系分析
```

```
print(nlp.dependency_parse(sentence))
# 句法分析
print(nlp.parse(sentence))

####输出如下####
['我', '是', '中国人', ',', '来自', '东莞']
[('我', 'PN'), ('是', 'VC'), ('中国人', 'NN'), (',', 'PU'), ('来自', 'VV'),
 ('东莞', 'NR')]
[('我', 'O'), ('是', 'O'), ('中国人', 'DEMONYM'), (',', 'O'), ('来自', 'O'),
 ('东莞', 'CITY')]
[('ROOT', 0, 3), ('nsubj', 3, 1), ('cop', 3, 2), ('punct', 3, 4), ('conj', 3, 5),
 ('dobj', 5, 6)]
(ROOT
  (IP
    (NP (PN 我))
    (VP
      (VP (VC 是)
        (NP (NN 中国人)))
      (PU ,)
      (VP (VV 来自)
        (NP (NR 东莞)))))))
```

10.2.6　FuzzyWuzzy

FuzzyWuzzy 是一个简单易用的模糊字符串匹配工具包,通过fuzz模块可以计算两个序列之间的差异,具体代码如下。

```
from fuzzywuzzy import fuzz
str1 = '我说:今天是一个好日子'
str2 = '我说:今天是一个好日子,我说:今天是一个好日子'
str3 = '我说:今天是一个好日子'
str4 = '今天是一个好日子:我说'

# 全匹配(fuzz.ratio)
print("fuzz.ratio相似度:", fuzz.ratio(str1, str2))
# 非完全匹配(fuzz.partial_ratio)
print("fuzz.partial_ratio相似度:", fuzz.partial_ratio(str1, str2))

####输出如下####
fuzz.ratio相似度: 65
fuzz.partial_ratio相似度: 100

print("fuzz.ratio相似度:", fuzz.ratio(str1, str3))
print("fuzz.partial_ratio相似度:", fuzz.partial_ratio(str1, str3))
```

```
####输出如下####
fuzz.ratio相似度: 100
fuzz.partial_ratio相似度: 100
```

```
# 忽略顺序匹配(token_sort_ratio)
print("fuzz.ratio相似度:", fuzz.ratio(str1, str4))
print("fuzz.partial_ratio相似度:", fuzz.partial_ratio(str1, str4))
print("token_sort_ratio相似度:", fuzz.token_sort_ratio(str1, str4))
```

```
####输出如下####
fuzz.ratio相似度: 73
fuzz.partial_ratio相似度: 73
token_sort_ratio相似度: 100
```

```
# 去重匹配(token_set_ratio)
print("token_sort_ratio相似度:", fuzz.token_sort_ratio("fuzzy was a bear",
    "fuzzy fuzzy was a bear"))
print("token_set_ratio相似度:", fuzz.token_set_ratio("fuzzy was a bear",
    "fuzzy fuzzy was a bear"))
```

```
####输出如下####
token_sort_ratio相似度: 84
token_set_ratio相似度: 100
```

通过process模块可以返回模糊匹配的字符串和相似度,具体代码如下。

```
from fuzzywuzzy import process
choices = ["数据挖掘导论", "数据分析教程", "Python数据分析教程", "机器学习导论"]
print(process.extract("数据分析", choices, limit=3))
print(process.extractOne("分析", choices))
```

```
####输出如下####
[('数据分析教程', 90), ('Python数据分析教程', 90), ('数据挖掘导论', 45)]
('数据分析教程', 90)
```

10.2.7　HanLP

HanLP是由一系列模型与算法组成的Java工具包,可以通过Python调用。通过pip install pyhanlp命令可以安装HanLP 1.x版本。HanLP为了普及落地最前沿的NLP技术,于2020年1月提供了基于TensorFlow 2.0版本的HanLP 2.0版本。

下面Python代码基于HanLP 1.x版本,具体代码如下。

```
from pyhanlp import *
# 分词和词性标注
sentence = "我爱自然语言处理技术! "
s_hanlp = HanLP.segment(sentence)
for term in s_hanlp:
    print(term.word, term.nature)


####输出如下####
我  rr
爱  v
自然语言处理  nz
技术  n
!  w


# 依存句法分析
print(HanLP.parseDependency(sentence))
```

1	我	我	r	r	_	2	主谓关系	_	_
2	爱	爱	v	v	_	0	核心关系	_	_
3	自然语言处理	自然语言处理	nz	nz	_	4	定中关系	_	
_									
4	技术	技术	n	n	_	2	动宾关系	_	_
5	!	!	wp	w	_	2	标点符号	_	_

```
# 关键词提取
document = u'自然语言处理(natural language processing)是计算机科学领域与人工智能领域中的
            一个重要方向。它研究能实现人与计算机之间用自然语言进行有效通信的各种理论和方法。
            自然语言处理是一门融语言学、计算机科学、数学于一体的科学。'
doc_keyword = HanLP.extractKeyword(document, 3)
for word in doc_keyword:
    print(word)


####输出如下####
计算机
科学
自然语言处理


# 短语提取
phraseList = HanLP.extractPhrase(document, 3)
print(phraseList)


####输出如下####
```

[计算机科学，中的重要，之间自然语言]

```
# 摘要提取
doc_keysentence = HanLP.extractSummary(document, 3)
for key_sentence in doc_keysentence:
    print(key_sentence)
```

```
####输出如下####
自然语言处理是一门融语言学、计算机科学、数学于一体的科学
自然语言处理(natural language processing)是计算机科学领域与人工智能领域中的一个重要方向
它研究能实现人与计算机之间用自然语言进行有效通信的各种理论和方法
```

```
# 感知机词法分析器
PerceptronLexicalAnalyzer = JClass('com.hankcs.hanlp.model.perceptron.
                                   PerceptronLexicalAnalyzer')
analyzer = PerceptronLexicalAnalyzer()
print(analyzer.analyze("自然语言处理是一门融语言学、计算机科学、数学于一体的科学")))
```

```
####输出如下####
自然语言处理/nz 是/v 一门/i 融/v 语言学/n 、/w 计算机/n 科学/n 、/w 数学/n 于/p 一体/n 的/
u 科学/n
```

```
# 中国人名识别
NER = HanLP.newSegment().enableNameRecognize(True)
print(NER.seg('李冰冰汪峰那英周杰伦王俊凯王源林俊杰迪丽热巴易烊千玺'))
```

```
####输出如下####
[李冰冰/nr, 汪峰/nr, 那英/nr, 周杰伦/nr, 王俊凯/nr, 王源/nr, 林俊杰/nr, 迪丽热巴/nrf,
 易烊/nr, 千/m, 玺/ng]
```

```
# 音译人名识别
sentence = '微软的比尔·盖茨、Facebook的扎克伯格与桑德博格、亚马逊的贝索斯、苹果的库克，这些
            硅谷的科技人'
person_ner = HanLP.newSegment().enableTranslatedNameRecognize(True)
print(person_ner.seg(sentence))
```

```
####输出如下####
[微软/ntc, 的/ude1, 比尔·盖茨/nrf, 、/w, Facebook/nx, 的/ude1, 扎克伯格/nrf, 与/p,
 桑德博格/nrf, 、/w, 亚马逊/nrf, 的/ude1, 贝索斯/nrf, 、/w, 苹果/nf, 的/ude1, 库克/nrf,
 ，/w, 这些/rz, 硅谷/ns, 的/ude1, 科技/n, 人/n]
```

```
# 繁简转换
Jianti = HanLP.convertToSimplifiedChinese("我愛自然語言處理技術！")
```

```
Fanti = HanLP.convertToTraditionalChinese("我爱自然语言处理技术！")
print(Jianti)
print(Fanti)

####输出如下####
我爱自然语言处理技术！
我爱自然語言處理技術！
```

 ## 10.3 LDA主题模型实例

建立 LDA 主题模型，可以使用第三方库 Gensim，也可以使用 LDA 专门建立主题模型的第三方库。通过 pip install lda 命令可以安装第三方库 LDA。第三方库位于安装目录的 site-packages 文件夹中，本次 LDA 主题模型实例的数据集位于 LDA 安装目录的 tests 文件夹中，路径如 F:\anaconda\Lib\site-packages\lda\tests。其中，在 tests 文件夹中包含 3 个文件：reuters.ldac、reuters.titles 和 reuters.tokens。

reuters.titles 包含了 395 个文档的标题；reuters.tokens 包含了这 395 个文档中出现的所有单词，总共有 4258 个；reuters.ldac 共有 395 行，第一行代表 reuters.titles 对应的文档中各个词汇出现的频率。以第 0 行为例，第 0 行代表的是第 0 个文档，从 reuters.titles 中可查到该文档的标题为"UK: Prince Charles spearheads British royal revolution. LONDON 1996-08-20"。

下面使用 Python 代码加载数据集文档矩阵、词和标题，建立 LDA 主题模型，并绘制主题的词分布和文档的主题分布图，具体代码如下。

```python
import matplotlib.pyplot as plt
import matplotlib as mpl
import lda
from pprint import pprint
from lda.datasets import load_reuters, load_reuters_vocab, load_reuters_titles
mpl.rcParams['font.sans-serif'] = ['SimHei']
mpl.rcParams['axes.unicode_minus'] = False

# 加载数据集文档矩阵
X = load_reuters()
print(("shape: {}\n".format(X.shape)))
print((X[:10, :10]))

# 加载词
vocab = load_reuters_vocab()
```

```
print(("type(vocab): {}".format(type(vocab))))
print(("len(vocab): {}\n".format(len(vocab))))
pprint((vocab[:10]))

# 加载标题
titles = load_reuters_titles()
print(("标题的类型:type(titles): {}".format(type(titles))))
print(("标题的数目:len(titles): {}\n".format(len(titles))))
print(titles[:10])

print('开始建立LDA主题模型')
model = lda.LDA(n_topics=20, n_iter=800, random_state=1)
model.fit(X)

# 主题到词
topic_word = model.topic_word_
print(("主题到词:type(topic_word): {}".format(type(topic_word))))
print(("主题到词:shape: {}".format(topic_word.shape)))
print((vocab[:5]))

# 文档到主题
doc_topic = model.doc_topic_
print(("shape: {}".format(doc_topic.shape)))
for i in range(5):
    topic_most_pr = doc_topic[i].argmax()
    print(("文档: {} 主题: {} value: {}".format(i, topic_most_pr,
        doc_topic[i][topic_most_pr])))

# 主题到词
plt.figure(figsize=(10, 8))
for i, k in enumerate([0, 5, 9, 14, 19]):
    ax = plt.subplot(5, 1, i+1)
    ax.plot(topic_word[k, :], 'r-')
    ax.set_xlim(-50, 4350)    # [0,4258]
    ax.set_ylim(0, 0.08)
    ax.set_ylabel("概率")
    ax.set_title("主题 {}".format(k))
plt.xlabel("主题的词分布", fontsize=14)
plt.tight_layout()
plt.show()

# 文档到主题
plt.figure(figsize=(10, 8))
```

```
for i, k in enumerate([1, 3, 4, 8, 9]):
    ax = plt.subplot(5, 1, i+1)
    ax.stem(doc_topic[k, :], linefmt='g-', markerfmt='ro')
    ax.set_xlim(-1, 20)
    ax.set_ylim(0, 1)
    ax.set_ylabel("概率")
    ax.set_title("文档 {}".format(k))
plt.xlabel("文档的主题分布", fontsize=14)
plt.subplots_adjust(top=0.9)
plt.show()
```

####输出如下####
shape: (395, 4258)
[[1 0 1 0 0 0 1 0 0 1]
 [7 0 2 0 0 0 0 1 0 0]
 [0 0 0 1 10 0 4 1 1 0]
 [6 0 1 0 0 0 1 1 1 0]
 [0 0 0 2 14 1 1 0 2 1]
 [0 0 2 2 24 0 2 0 2 0]
 [0 0 0 2 7 1 1 0 1 0]
 [0 0 2 2 20 0 2 0 3 1]
 [0 1 0 2 17 2 2 0 0 0]
 [2 0 2 0 0 2 0 1 0 3]]
type(vocab): <class 'tuple'>
len(vocab): 4258
('church',
 'pope',
 'years',
 'people',
 'mother',
 'last',
 'told',
 'first',
 'world',
 'year')
标题的类型:type(titles): <class 'tuple'>
标题的数目:len(titles): 395
('0 UK: Prince Charles spearheads British royal revolution. LONDON 1996-08-20',
 '1 GERMANY: Historic Dresden church rising from WW2 ashes. DRESDEN, Germany 1996-08-21',
 "2 INDIA: Mother Teresa's condition said still unstable. CALCUTTA 1996-08-23",
 '3 UK: Palace warns British weekly over Charles pictures. LONDON 1996-08-25',
 '4 INDIA: Mother Teresa, slightly stronger, blesses nuns. CALCUTTA 1996-08-25',
 "5 INDIA: Mother Teresa's condition unchanged, thousands pray. CALCUTTA 1996-08-25",
```
```

```
'6 INDIA: Mother Teresa shows signs of strength, blesses nuns. CALCUTTA 1996-08-26',
"7 INDIA: Mother Teresa's condition improves, many pray. CALCUTTA, India 1996-08-25",
'8 INDIA: Mother Teresa improves, nuns pray for "miracle". CALCUTTA 1996-08-26',
'9 UK: Charles under fire over prospect of Queen Camilla. LONDON 1996-08-26')
开始建立LDA主题模型
主题到词:type(topic_word): <class 'numpy.ndarray'>
主题到词:shape: (20, 4258)
('church', 'pope', 'years', 'people', 'mother')
shape: (395, 20)
文档: 0 主题: 8 value: 0.5308695652173914
文档: 1 主题: 13 value: 0.25434782608695655
文档: 2 主题: 14 value: 0.6489539748953975
文档: 3 主题: 8 value: 0.4789473684210527
文档: 4 主题: 14 value: 0.7568265682656825
```

运行上述代码,绘制的主题的词分布和文档的主题分布图如图10.4和图10.5所示。

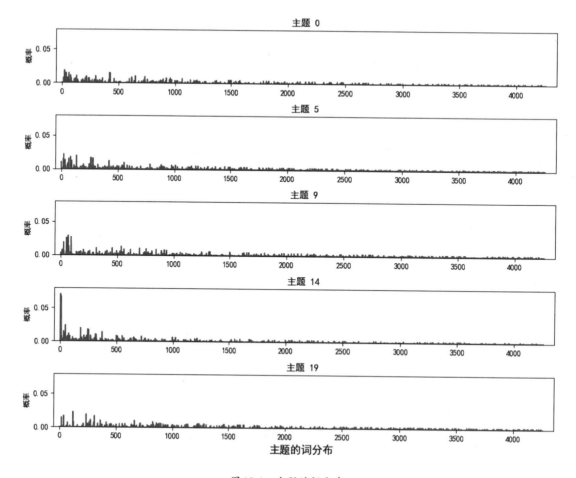

图10.4　主题的词分布

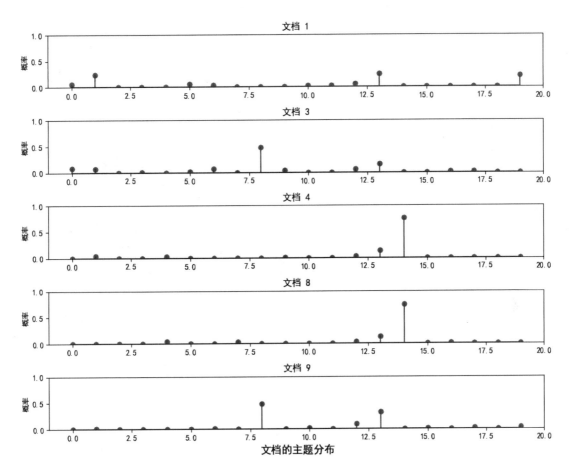

图 10.5 文档的主题分布

第 11 章

推荐算法

推荐算法是机器学习的另一个领域，在海量数据中，推荐算法可以根据用户的历史行为、社交关系、兴趣点等信息，去判断用户感兴趣的物品。本章将介绍关联规则、基于用户行为的推荐算法、基于评分的推荐算法和协同过滤。

本章主要涉及的知识点如下。

- 关联规则的三大指标。
- 矩阵分解算法的代码实现。
- SlopeOne算法的代码实现。
- 协同过滤。

11.1 关联规则

在很久以前的美国,超市发现存在一个现象:30%~40% 的年轻父亲在下班后去超市购买婴儿尿布,会同时购买一些啤酒。于是,超市调整了物品的摆放,将尿布和啤酒放在一起,通过这种操作,明显增加了销售额。

关联规则表示一个事物和另一个事物存在相互依存和关联关系。因此,从年轻父亲的购买行为,可以认为尿布和啤酒存在某些关联关系,这种关联产品的发现可以帮助超市开发出更好的营销策略,这就是一种关联规则的典范。一般使用3个指标来度量一个关联规则,这3个指标分别是置信度、支持度和提升度。下面依次介绍关联规则的这三大指标。

11.1.1 置信度

置信度表示如果当前购买了商品 A,那么还有多大的概率选择购买商品 B。某超市的订单编号和购买的商品名单如表11.1所示。

表11.1　某超市的订单编号和购买的商品名单

订单编号	商品名单
1	牛奶、面包、尿布
2	可乐、面包、尿布、啤酒
3	牛奶、尿布、啤酒、鸡蛋
4	面包、牛奶、尿布、啤酒
5	面包、牛奶、尿布、可乐

假设当前已经购买了商品牛奶,那么可以根据表11.1求出再次购买商品啤酒的概率。在 4 次购买了牛奶的情况下,有 2 次购买了啤酒,因此置信度 (牛奶 → 啤酒) = 0.5,而在 3 次购买了啤酒的情况下,有 2 次购买了牛奶,因此置信度(啤酒 → 牛奶) ≈ 0.667。

同理,在 5 次购买了尿布的情况下,有 3 次购买了啤酒,因此置信度 (尿布 → 啤酒) = 0.6,而在 3 次购买啤酒的情况下,有 3 次购买了尿布,因此置信度(啤酒 → 尿布) = 1。

11.1.2 支持度

支持度是指某个商品或商品组合出现的次数与总次数之间的比例。支持度越高,表示该商品或商品组合出现的概率越大。在表11.1中,可以发现尿布出现了 5 次,那么这 5 份订单中尿布的支持度就是 5/5 = 1。商品组合尿布和啤酒出现了 3 次,那么这 5 份订单中尿布和啤酒的支持度就是 3/5 = 0.6。

11.1.3 提升度

在做商品推荐时,提升度是重点考虑对象。提升度代表商品A的出现,对商品B的出现概率提升了多少,即商品A的出现,对商品B的出现概率提升的程度。如果单纯看置信度(可乐 → 尿布) = 1,也就是说,可乐出现时,用户都会购买尿布,那么是不是当用户购买可乐时,就可以推荐尿布?

实际上,就算用户不购买可乐,也会直接购买尿布,所以用户是否购买可乐,对尿布的提升作用并不大,可以使用下面的公式来计算商品A对商品B的提升度。

$$提升度(A \rightarrow B) = \frac{置信度(A \rightarrow B)}{支持度(B)}$$

上面公式是用来衡量A出现的情况下,对B出现的概率是否有所提升。计算出来的提升度(A → B)有3种结果:如果提升度(A → B) > 1,则说明A出现的情况下,对B出现的概率有所提升;如果提升度(A → B) = 1,则说明A出现的情况下,对B出现的概率没有提升;如果提升度(A → B) < 1,则说明A出现的情况下,对B出现的概率反而有所下降。

通过上面计算出来的置信度(啤酒 → 尿布) = 1和支持度(尿布) = 1,可以得到提升度 (啤酒 → 尿布) = 1。因此,认为啤酒的出现,并不能提升尿布的出现概率。

11.1.4 关联规则代码实现

Python中的第三方库efficient-apriori和mlxtend可以实现关联规则的相关计算。

1. efficient-apriori

通过pip install efficient-apriori命令可以安装第三方库efficient-apriori,下面是Apriori官网中的例子,具体代码如下。

```
from efficient_apriori import apriori
transactions = [('eggs', 'bacon', 'soup'),
                ('eggs', 'bacon', 'apple'),
                ('soup', 'bacon', 'banana')]
itemsets, rules = apriori(transactions, min_support=0.5, min_confidence=1)
print(itemsets)
print(rules)


####输出如下####
{1: {('bacon',): 3, ('eggs',): 2, ('soup',): 2},
 2: {('bacon', 'eggs'): 2, ('bacon', 'soup'): 2}}
[{eggs} -> {bacon}, {soup} -> {bacon}]
```

其中,min_support表示最小支持度,min_confidence表示最小置信度,最小支持度和最小置信度都是用数字表示百分比,如0.5表示50%,可以使用0~1中的数字表示。上面的代码表示支持度大于

0.5，置信度等于1的所有关系中，eggs → bacon 和 soup → bacon 满足要求。

下面回到尿布和啤酒的故事中，验证在购买啤酒时是否推荐尿布，这里设置了最小支持度为0.5和最小置信度为1，具体代码如下。

```
from efficient_apriori import apriori
# 设置数据集
data = [('牛奶', '面包', '尿布'),
        ('可乐', '面包', '尿布', '啤酒'),
        ('牛奶', '尿布', '啤酒', '鸡蛋'),
        ('面包', '牛奶', '尿布', '啤酒'),
        ('面包', '牛奶', '尿布', '可乐')]

itemsets, rules = apriori(data, min_support=0.5, min_confidence=1)
print(itemsets)
print(rules)


####输出如下####
{1: {('啤酒',): 3, ('尿布',): 5, ('牛奶',): 4, ('面包',): 4},
 2: {('啤酒', '尿布'): 3, ('尿布', '牛奶'): 4, ('尿布', '面包'): 4, ('牛奶', '面包'): 3},
 3: {('尿布', '牛奶', '面包'): 3}}
[{啤酒} -> {尿布}, {牛奶} -> {尿布}, {面包} -> {尿布}, {牛奶, 面包} -> {尿布}]
```

从输出结果来看，购买啤酒时有很大概率会购买尿布，购买牛奶时有很大概率会购买尿布，购买面包时有很大概率会购买尿布，购买牛奶和面包组合时有很大概率会购买尿布。

2. mlxtend

mlxtend是Python中机器学习的另一个第三方库，可以通过pip install mlxtend命令进行安装。实现关联规则，主要使用的是frequent_patterns模块，翻译为频繁项集。频繁项集是在数据集中经常出现，而且是满足支持度大于最小支持度要求的项集。

下面自定义一份购物数据集，包含6份订单记录。

```
import pandas as pd
from mlxtend.frequent_patterns import apriori
from mlxtend.frequent_patterns import association_rules
data = {'ID':[1, 2, 3, 4, 5, 6],
        'Onion':[1, 0, 0, 1, 1, 1],
        'Potato':[1, 1, 0, 1, 1, 1],
        'Burger':[1, 1, 0, 0, 1, 1],
        'Milk':[0, 1, 1, 1, 0, 1],
        'Beer':[0, 0, 1, 0, 1, 0]}
df = pd.DataFrame(data)
print(df)
```

```
####输出如下####
   ID  Onion  Potato  Burger  Milk  Beer
0   1      1       1       1     0     0
1   2      0       1       1     1     0
2   3      0       0       0     1     1
3   4      1       1       0     1     0
4   5      1       1       1     0     1
5   6      1       1       1     1     0
```

其中,[1,1,1,0,0]代表购买 Onion、Potato 和 Burger。接下来设置最小支持度为 0.5 来选择频繁项集,具体代码如下。

```
frequent_itemsets = apriori(df[['Onion', 'Potato', 'Burger', 'Milk', 'Beer']],
                            min_support=0.50, use_colnames=True)
print(frequent_itemsets)

####输出如下####
    support                    itemsets
0  0.666667                    (Onion)
1  0.833333                   (Potato)
2  0.666667                   (Burger)
3  0.666667                     (Milk)
4  0.666667            (Potato, Onion)
5  0.500000            (Onion, Burger)
6  0.666667           (Potato, Burger)
7  0.500000             (Potato, Milk)
8  0.500000    (Potato, Onion, Burger)
```

下面计算推荐规则 rules,具体代码如下。

```
rules = association_rules(frequent_itemsets, metric='lift', min_threshold=1)
print(rules)

####输出如下####
   antecedents    consequents    antecedent support   consequent support  support
   confidence     lift           leverage             conviction
0  (Onion)        (Potato)       0.666667             0.833333            0.666667
   1.00           1.200          0.111111             inf
1  (Potato)       (Onion)        0.833333             0.666667            0.666667
   0.80           1.200          0.111111             1.666667
2  (Burger)       (Onion)        0.666667             0.666667            0.500000
   0.75           1.125          0.055556             1.333333
3  (Onion)        (Burger)       0.666667             0.666667            0.500000
   0.75           1.125          0.055556             1.333333
4  (Burger)       (Potato)       0.666667             0.833333            0.666667
   1.00           1.200          0.111111             inf
5  (Potato)       (Burger)       0.833333             0.666667            0.666667
```

	0.80	1.200	0.111111	1.666667	
6	(Burger, Onion)	(Potato)	0.500000	0.833333	0.500000
	1.00	1.200	0.083333	inf	
7	(Burger, Potato)	(Onion)	0.666667	0.666667	0.500000
	0.75	1.125	0.055556	1.333333	
8	(Onion, Potato)	(Burger)	0.666667	0.666667	0.500000
	0.75	1.125	0.055556	1.333333	
9	(Burger)	(Onion, Potato)	0.666667	0.666667	0.500000
	0.75	1.125	0.055556	1.333333	
10	(Onion)	(Burger, Potato)	0.666667	0.666667	0.500000
	0.75	1.125	0.055556	1.333333	
11	(Potato)	(Burger, Onion)	0.833333	0.500000	0.500000
	0.60	1.200	0.083333	1.250000	

返回的是各个指标的数值,support代表支持度,confidence代表置信度,可以按照感兴趣的指标排序观察,但具体解释还得参考实际数据的含义。需要说明的是,Python中的正无穷或负无穷,使用float("inf")或float("-inf")来表示。

下面选择提升度大于1.125,置信度大于0.8的推荐规则rules,具体代码如下。

```
rules[(rules['lift']>1.125)&(rules['confidence']>0.8)]
```

```
####输出如下####
```

	antecedents	consequents	antecedent support	consequent support	support
	confidence	lift	leverage	conviction	
1	(Potato)	(Onion)	0.833333	0.666667	0.666667
	0.80	1.200	0.111111	1.666667	
4	(Burger)	(Potato)	0.666667	0.833333	0.666667
	1.00	1.200	0.111111	inf	
6	(Burger, Onion)	(Potato)	0.500000	0.833333	0.500000
	1.00	1.200	0.083333	inf	

从antecedents和consequents可以看出,Onion和Potato、Burger和Potato可以搭配着来卖,如果Onion和Burger都在购物篮中,那么顾客购买Potato的可能性也比较高,这样就会明显地提高销售额。

 ## 11.2 基于用户行为的推荐算法

11.2.1 矩阵分解

矩阵分解(Matrix Factorization,MF)是推荐系统领域中的一种经典且应用广泛的推荐算法。假设楼下有五家餐馆,那么从推荐系统的思路来看,顾客会怎么选择呢?

首先就是将五家餐馆向量化,暂定向量的维度有:价格,1~5分,最贵的是1分,最便宜的是5分;种类,1~5分,只有白米饭的是1分,有饭有酒的是5分;味道,1~5分,根据以前吃的,最难吃的是1分,最好吃的是5分。因此,现在每一家餐馆都有一个向量,同时也要有一个对应的向量,即顾客有多看中这3个元素。其中,一个顾客的向量为[3 5 5],这也是一个餐馆推荐系统的简单用户画像。

假设现在存在某一餐馆的Iem矩阵为[5 3 3]。现在顾客的向量为[3 5 5],作为User矩阵。

通过矩阵乘法,很快得到评分矩阵:$\begin{bmatrix} 3 \\ 5 \\ 5 \end{bmatrix} \begin{bmatrix} 5 & 3 & 3 \end{bmatrix} = \begin{bmatrix} 15 & 9 & 9 \\ 25 & 15 & 15 \\ 25 & 15 & 15 \end{bmatrix}$。

同理,可以将评分矩阵分解成User矩阵和Item矩阵,这就是矩阵分解原理,如图11.1所示。

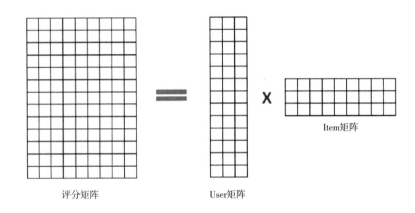

图 11.1　矩阵分解原理

在矩阵分解方法中,比较常见的是特性值分解法和奇异值分解法(Singular Value Decomposition, SVD)。

(1)特性值分解法。如果存在一个 $m \times m$ 对称矩阵 A,即有 $A = A^T$,那么可以将其分解成 $A = Q\Sigma Q^T = Q \begin{bmatrix} \lambda_1 & & & \\ & \lambda_2 & & \\ & & \ddots & \\ & & & \lambda_m \end{bmatrix} Q^T$,其中 $[\lambda_1, \lambda_2, \cdots, \lambda_m]$ 称为特征值,Σ 称为对角矩阵。

(2)奇异值分解法。如果存在一个 $m \times n$ 矩阵 A,存在 U 和 V 两个单位正交矩阵,即有 $UU^T = 1$ 和 $VV^T = 1$,则满足 $A = U\Sigma V^T$。其中,ΣV^T 表示 V 的逆矩阵主对角线的值,也就是奇异值。

由 $A = U\Sigma V^T$,可以推出 $AA^T = (U\Sigma V^T)(V\Sigma^T U^T) = U(\Sigma\Sigma^T)U^T$ 和 $A^T A = (V\Sigma^T U^T)(U\Sigma V^T) = V(\Sigma^T\Sigma)V^T$,其中 AA^T 和 $A^T A$ 都是对称矩阵。再进行特性值分解,即可得到 U 和 V。

奇异值分解将任意矩阵分解成一个正交矩阵和一个对角矩阵及另一个正交矩阵的乘积。其中,对角矩阵的对角元称为矩阵的奇异值,而且奇异值一定大于等于0。

11.2.2　SVD算法代码实现

Surprise是Python推荐系统领域中一个常用的第三方库，是scikit系列中的一个，同时支持多种推荐算法，如基础算法、协同过滤、矩阵分解等。下面使用Surprise推荐系统进行实战，使用的数据集是公开的推荐系统数据集MovieLens。

Surprise库可以使用conda install -c conda-forge scikit-surprise或pip install scikit-surprise命令进行安装。

下面查看MovieLens数据集的用户和电影评分数量，具体代码如下。

```python
import pandas as pd

df = pd.read_csv('/ml-100k/u.data', names=['userID', 'movieID', 'rating', 'time'],
                delimiter='    ')
print('Rows:', df.shape[0], '; Columns:', df.shape[1], '\n')

####输入如下####
Rows: 100000 ; Columns: 4

# 查看用户和电影评分数量
print('No. of Unique Users    :', df.userID.nunique())
print('No. of Unique Movies :', df.movieID.nunique())
print('No. of Unique Ratings  :', df.rating.nunique())

####输入如下####
No. of Unique Users    : 943
No. of Unique Movies : 1682
No. of Unique Ratings  : 5
```

从输出结果来看，在MovieLens ml-100k数据集中共有943个用户给1682部电影评分，下面通过Pandas中的聚合函数绘制评分分布图，具体代码如下。

```python
import matplotlib.pyplot as plt

Count_of_Ratings = df.groupby(by=['rating']).agg({'userID': 'count'}).reset_index()
Count_of_Ratings .columns = ['Rating', 'Count']

plt.barh(Count_of_Ratings.Rating, Count_of_Ratings.Count, color='blue')
plt.title('Overall Count of Ratings', fontsize=15)
plt.xlabel('Count', fontsize=15)
plt.ylabel('Rating', fontsize=15)
plt.grid(ls='dotted')
plt.show()
```

运行上述代码,结果如图11.2所示。

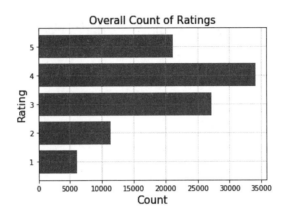

图11.2 MovieLens 数据集的评分分布

下面使用SVD算法和交叉验证,并以均方根误差(RMSE)和平均绝对误差(MAE)作为预测结果指标,可以直接加载Surprise的Dataset中的MovieLens数据集,具体代码如下。

```
from surprise import SVD
from surprise import Dataset
from surprise.model_selection import cross_validate

# 加载MovieLens ml-100k数据集
data = Dataset.load_builtin('ml-100k')

# SVD算法
algo = SVD()

# 5折交叉验证
cross_validate(algo, data, measures=['RMSE', 'MAE'], cv=5, verbose=True)

####输出如下####
Evaluating RMSE, MAE of algorithm SVD on 5 split(s).
            Fold 1  Fold 2  Fold 3  Fold 4  Fold 5  Mean    Std
RMSE        0.9311  0.9370  0.9320  0.9317  0.9391  0.9342  0.0032
MAE         0.7350  0.7375  0.7341  0.7342  0.7375  0.7357  0.0015
Fit time    6.53    7.11    7.23    7.15    3.99    6.40    1.23
Test time   0.26    0.26    0.25    0.15    0.13    0.21    0.06
```

11.3 基于评分的推荐算法

11.3.1 SlopeOne算法

SlopeOne算法是一种典型的基于评分的推荐算法,假设表11.2所示是3个用户对4个物品的评分,由于UserX用户没有给出物品103和104的评分,那么应该给UserX用户推荐物品103还是物品104呢?对此,需要计算出物品两两之间的差值平均分。

表11.2　3个用户对4个物品的评分

用户	物品101	物品102	物品103	物品104
UserX	5	3.5		
UserY	2	5	4	2
UserZ	4.5	3.5	1	4

物品102和101之间的差值平均分为[(3.5 − 5) + (5 − 2) + (3.5 − 4.5)]/3 = 0.5/3 ≈ 0.167。

物品103和101之间的差值平均分为[(4 − 2) + (1 − 4.5)]/2 = −1.5/2 = −0.75。

物品104和101之间的差值平均分为[(2 − 2) + (4 − 4.5)]/2 = −0.5/2 = −0.25。

物品103和102之间的差值平均分为[(4 − 5) + (1 − 3.5)]/2 = −3.5/2 = −1.75。

物品104和102之间的差值平均分为[(2 − 5) + (4 − 3.5)]/2 = −2.5/2 = −1.25。

物品104和103之间的差值平均分为[(2 − 4) + (4 − 1)]/2 = 1/2 = 0.5。

根据物品两两之间的差值平均分,可以得到表11.3。

表11.3　物品两两之间的差值平均分

物品	物品101	物品102	物品103	物品104
物品101				
物品102	0.167			
物品103	−0.75	−1.75		
物品104	−0.25	−1.25	0.5	

现在准备工作已经完成了,然后对UserX用户进行推荐,物品103和104的预测评分是根据物品101和102的评分来计算的。

物品103的预测评分为[(−0.75 + 5) + (−1.75 + 3.5)]/2 = 3,物品104的预测评分为[(−0.25 + 5) + (−1.25 + 3.5)]/2 = 3.5。那么,给UserX用户推荐的顺序就是:先推荐物品104,再推荐物品103。这就是SlopeOne算法原理。

11.3.2　SlopeOne算法代码实现

下面在Surprise库中使用SlopeOne算法,使用的数据集是MovieLens数据集,具体代码如下。

```
from surprise import accuracy
from surprise import Dataset
from surprise import SlopeOne
from surprise.model_selection import train_test_split

# 加载MovieLens ml-100k数据集
data = Dataset.load_builtin('ml-100k')

# 划分训练集和测试集
train, test = train_test_split(data, test_size=.15)

# SlopeOne算法
slope = SlopeOne()
slope.fit(train)

# 预测第222个用户对第750部电影的评分
uid = str(222)
iid = str(750)
pred = slope.predict(uid, iid, r_ui=5, verbose=True)
print(pred)

####输出如下####
user: 222        item: 750        r_ui = 5.00   est = 3.97   {'was_impossible': False}

# 预测第222个用户对第750部电影的评分为3.97
test_pred = slope.test(test)

# RMSE和MAE
print("RMSE: "+str(accuracy.rmse(test_pred, verbose=True)))
print("MAE: "+str(accuracy.mae(test_pred, verbose=True)))

####输出如下####
RMSE: 0.9517
MAE: 0.7460
```

 ## 11.4　协同过滤

协同过滤(Collaborative Filtering,CF)需要找到和用户最近的其他用户;查找最近的用户,一般计算 Pearson 相关性;最后将用户最近的其他用户评分最高的物品推荐给用户。下面构造一份电影打分数据集,如表11.4所示。

表11.4　电影打分数据集

电影	小森	张三	李四	王五	六爷	赵七	隔壁老王
哪吒之魔童降世	7.0		6.5			8.0	
少年的你	8.0	8.0		6.5		7.0	7.0
流浪地球	9.5	7.0		8.0	10.0		10.0
我和我的祖国	10.0	9.0	10.0	9.0		9.0	8.5
误杀	6.0	5.0		9.0	5.0		
复联4		8.0	9.0		7.0	6.0	
囧妈		9.0	8.0				
寄生虫					6.0		8.0

下面使用 Python 代码计算不同用户的 Pearson 相关性,查找最近的用户,并将最近的用户评分最高的电影推荐给用户,具体代码如下。

```python
from math import sqrt

# 构造一份电影打分数据集
users = {"小森": {"哪吒之魔童降世": 7.0, "少年的你": 8.0, "流浪地球": 9.5,
                "我和我的祖国": 10.0, "误杀": 6.0},
        "张三": {"复联4": 8.0, "误杀": 5.0, "囧妈": 9.0, "我和我的祖国": 9.0,
                "流浪地球": 7.0, "少年的你": 8.0},
        "李四": {"哪吒之魔童降世": 6.5, "囧妈": 8.0, "复联4": 9.0,
                "我和我的祖国": 10.0},
        "王五": {"少年的你": 6.5, "流浪地球": 8.0, "误杀": 9.0, "我和我的祖国": 9.0},
        "六爷": {"复联4": 7.0, "寄生虫": 6.0, "流浪地球": 10.0, "误杀": 5.0},
        "赵七": {"哪吒之魔童降世": 8.0, "少年的你": 7.0, "复联4": 6.0,
                "我和我的祖国": 9.0},
        "隔壁老王": {"寄生虫": 8.0, "少年的你": 7.0, "我和我的祖国": 8.5,
                "流浪地球": 10.0}}

def pearson_dis(rating1, rating2):
    """计算2个打分序列间的Pearson距离,输入的rating1和rating2是打分dict
        格式为{'哪吒之魔童降世': 7.0, '少年的你': 8.0}"""
    sum_xy = 0
    sum_x = 0
    sum_y = 0
    sum_x2 = 0
    sum_y2 = 0
    n = 0
    for key in rating1:
        if key in rating2:
```

```
            n += 1
            x = rating1[key]
            y = rating2[key]
            sum_xy += x * y
            sum_x += x
            sum_y += y
            sum_x2 += pow(x, 2)
            sum_y2 += pow(y, 2)
    denominator = sqrt(sum_x2-pow(sum_x, 2)/n) * sqrt(sum_y2-pow(sum_y, 2)/n)
    if denominator == 0:
        return 0
    else:
        return (sum_xy-(sum_x*sum_y)/n) / denominator


# 查找最近邻
def computeNearestNeighbor(username, users):
    """在给定username的情况下,计算其他用户和它的距离并排序"""
    distances = []
    for user in users:
        if user != username:
            # distance = manhattan_dis(users[user], users[username])
            distance = pearson_dis(users[user], users[username])
            distances.append((distance, user))
    # 根据距离排序,距离越近,排得越靠前
    distances.sort()
    return distances


# 推荐
def recommend(username, users):
    """对指定的user推荐电影"""
    # 找到最近邻
    nearest = computeNearestNeighbor(username, users)[0][1]
    recommendations = []
    # 找到最近邻看过,但是自己没看过的电影,计算推荐
    neighborRatings = users[nearest]
    userRatings = users[username]
    for artist in neighborRatings:
        if not artist in userRatings:
            recommendations.append((artist, neighborRatings[artist]))
    results = sorted(recommendations, key=lambda artistTuple: artistTuple[1],
                     reverse=True)
    for result in results:
        print(result[0], result[1])


if __name__ == '__main__':
    # 距离越近,排得越靠前
    print(computeNearestNeighbor('六爷', users))
    # 选择一个最近邻的用户属性,然后将原本没有的数据根据最近邻用户的属性进行填充
    print(recommend('六爷', users))
```

```
####输出如下####
[(0, '李四'), (0, '王五'), (0, '赵七'), (0.56362148019068, '张三'),
 (0.9999999999999998, '隔壁老王'), (1.0, '小森')]
我和我的祖国 10.0
囧妈 8.0
哪吒之魔童降世 6.5
```

第12章

数据建模

在前面几章中，介绍了机器学习模型的建立。根据机器学习的方式，可以将其分为监督学习、无监督学习和半监督学习。无监督学习曾在第8章中介绍过，因此本章将主要介绍 sklearn 机器学习中的监督学习和半监督学习模型的建立，并介绍相关模型的保存。

本章主要涉及的知识点如下。

- 监督学习回归模型。
- 监督学习分类模型。
- 半监督学习分类模型。
- 模型的保存。

12.1 监督学习

12.1.1 监督学习回归

回归模型是对统计关系进行定量描述的一种数学模型。sklearn 基本回归方法主要有线性回归、Lasso 回归、岭回归、ElasticNet 回归、SVR、回归树、KNN、集成学习 Bagging、集成学习 AdaBoost、集成学习 Gradient Boosting 和随机森林。下面使用 Python 代码拟合 sklearn 中的常见回归模型。

目标函数：$y = 0.5\sin(x_1) + 0.5\cos(x_2)$。其中，$x_1$ 的取值范围为 $[0, 50]$，x_2 的取值范围为 $[-10, 10]$，x_1 和 x_2 的训练集一共有 500 个，测试集一共有 100 个，具体代码如下。

```python
import numpy as np
from sklearn.linear_model import LinearRegression, Ridge, ElasticNet, Lasso
from sklearn.neighbors import KNeighborsRegressor
from sklearn.svm import SVR
from sklearn.tree import DecisionTreeRegressor
from sklearn.ensemble import RandomForestRegressor, AdaBoostRegressor,
BaggingRegressor, GradientBoostingRegressor

x = np.linspace(0, 30, 50)
y = x + 2 * np.random.rand(50)

def y(x1, x2):
    y = 0.5 * np.sin(x1) + 0.5 * np.cos(x2)
    return y

def load_data():
    x1_train = np.linspace(0, 50, 500)
    x2_train = np.linspace(-10, 10, 500)
    data_train = np.array([[x1, x2, y(x1, x2)+(np.random.random(1)-0.5)] for x1, x2
                          in zip(x1_train, x2_train)])
    x1_test = np.linspace(0, 50, 100) + 0.5 * np.random.random(100)
    x2_test = np.linspace(-10, 10, 100) + 0.5 * np.random.random(100)
    data_test = np.array([[x1, x2, y(x1, x2)] for x1, x2 in zip(x1_test, x2_test)])
    return data_train, data_test

def try_different_method(clf, name):
    clf.fit(x_train, y_train)
    score = clf.score(x_test, y_test)
    print('{}   score: {:.3f}'.format(name, score))

if __name__ == '__main__':
    train, test = load_data()
    # 数据前两列是x1,x2,第三列是y
```

```
x_train, y_train = train[:, :2], train[:, 2]
x_test, y_test = test[:, :2], test[:, 2]

# 线性回归
try_different_method(LinearRegression(), "线性回归")
# Lasso回归
try_different_method(Lasso(), "Lasso回归")
# 岭回归
try_different_method(Ridge(), "岭回归")
# ElasticNet回归
try_different_method(ElasticNet(), "ElasticNet回归")
# SVR
try_different_method(SVR(), "SVR")
# 回归树
try_different_method(DecisionTreeRegressor(), "回归树")
# KNN
try_different_method(KNeighborsRegressor(), "KNN")
# 集成学习Bagging
try_different_method(BaggingRegressor(), "集成学习Bagging")
# 集成学习AdaBoost
try_different_method(AdaBoostRegressor(), "集成学习AdaBoost")
# 集成学习Gradient Boosting
try_different_method(GradientBoostingRegressor(), "集成学习Gradient Boosting")
# 随机森林
try_different_method(RandomForestRegressor(), "随机森林")

####输出如下####
线性回归score: 0.009
Lasso回归score: -0.000
岭回归score: 0.009
ElasticNet回归score: -0.000
SVRscore: 0.106
回归树score: 0.617
KNNscore: 0.894
集成学习Baggingscore: 0.872
集成学习AdaBoostscore: 0.664
集成学习Gradient Boostingscore: 0.897
随机森林score: 0.879
```

从输出结果来看，如果回归关系并不存在线性关系，那么采用线性回归、Lasso回归、岭回归和ElasticNet回归进行数据建模，取得的效果并不好，因此应该选择建立集成学习和随机森林的回归模型，这样反而能达到比较理想的效果。

12.1.2　监督学习分类

在监督学习分类中，常用的分类算法主要有KNN、逻辑回归、朴素贝叶斯、决策树、集成学习Bagging、集成学习AdaBoost、集成学习Gradient Boosting、SVM和随机森林。本次数据集使用的是威斯康星州的乳腺癌数据集,包含9个描述的699个示例,有两个类class1和class2,需要将文本特征转化为数据特征。

要求:数据集中缺少属性以"?"记录,缺少的属性值应替换为列的平均值。通过替换缺失值并使用最小-最大缩放器对数据集进行标准化来预处理数据集,类class1和class2应该分别更改为0和1。实现多种分类算法来研究数据集,评估多种分类算法,并使用10折交叉验证法进行评估。

对于SVM、随机森林,需要应用网格搜索来找到某些分类器的最佳参数。其中,使用sklearn的svm模块中的SVC,网格搜索应为参数C和gamma考虑以下值。

```
C = {0.001, 0.01, 0.1, 1, 10, 100}
gamma = {0.001, 0.01, 0.1, 1, 10, 100}
```

使用 sklearn 的 ensemble 模块中的 RandomForestClassifier,网格搜索应为参数 n_estimators、max_features 和 max_leaf_nodes 考虑以下值。

```
n_estimators = {10, 20, 50, 100}
max_features = {"auto", "sqrt", "log2"}
max_leaf_nodes = {10, 20, 30}
```

程序需要命名为MyClassifier,使用3个不同的参数在命令行上运行代码。第一个参数是数据文件的路径,第二个参数是要执行的算法的名称或用于输出预处理的选项,具体如下。

```
NN for Nearest Neighbour.
LR for Logistic Regression.
NB for Naive Bayes.
DT for Decision Tree.
BAG for Ensemble Bagging DT.
ADA for Ensemble Adaboost DT.
GB for Ensemble Gradient Boosting.
RF for Random Forest.
SVM for Linear SVM.
P for printing the pre-processed dataset
```

第三个参数是可选的,如果是 NN、BAG、ADA 和 GB,则需要提供参数作为模型的建立,即为参数的文件的路径,文件应格式化为CSV文件,具体如下。

```
NN (note the capital K); an example for 5-Nearest Neighbour:
K
5

BAG:
n_estimators, max_samples, max_depth
100, 100, 2

ADA:
n_estimators, learning_rate, max_depth
100, 0.2, 3
```

```
GB:
n_estimators, learning_rate
100, 0.2
```

对于不需要任何参数的算法,如LR、NB、DT、RF、SVM和P,不应提供第三个参数。假设需要运行K最近邻分类器,命令如下。

```
python MyClassifier.py breast-cancer-wisconsin-normalised.csv NN param.csv
```

其中,wisconsin-normalised.csv为乳腺癌文件,参数存储在一个名为param.csv的文件中,根据上面的要求,建立有KNN、逻辑回归、朴素贝叶斯、决策树、集成学习Bagging、集成学习AdaBoost、集成学习Gradient Boosting、SVM和随机森林的模型,具体代码如下。

```python
import sys
import numpy as np
import pandas as pd
df = pd.read_csv(sys.argv[1])
df = df.replace('?', np.nan)
df_feature = df.iloc[:, 0:-1]


from sklearn.impute import SimpleImputer
imp = SimpleImputer(missing_values=np.nan, strategy='mean')
features = imp.fit_transform(df_feature)
from sklearn.preprocessing import MinMaxScaler
scaler = MinMaxScaler()
features1 = scaler.fit_transform(features)
data_list = []
for i in features1:
    temp = []
    for j in i:
        temp.append('%0.4f'%j)
    data_list.append(temp)
classes = df.iloc[:, -1].tolist()


# 读取配置文件
def conf_file(file):
    conf = pd.read_csv(file)
    # 将参数转换为列表
    parameters = conf.iloc[0].tolist()
    return parameters


from sklearn.preprocessing import LabelEncoder
labels = np.unique(classes)
lEnc = LabelEncoder()
lEnc.fit(labels)
label_encoder = lEnc.transform(classes)
numClass = len(labels)
label_encoder = label_encoder.astype(np.float64)
```

```python
from sklearn.model_selection import StratifiedKFold, cross_val_score,
train_test_split, GridSearchCV
# 10折交叉验证
cvKFold = StratifiedKFold(n_splits=10, shuffle=True, random_state=0)


# KNN
from sklearn.neighbors import KNeighborsClassifier
def kNNClassifier(X, y, K):
    knn = KNeighborsClassifier(n_neighbors=K)
    scores = cross_val_score(knn, np.asarray(X, dtype='float64'), y, cv=cvKFold)
    print("{:.4f}".format(scores.mean()), end='')


# 逻辑回归
from sklearn.linear_model import LogisticRegression
def logregClassifier(X, y):
    logreg = LogisticRegression(random_state=0)
    scores = cross_val_score(logreg, np.asarray(X, dtype='float64'), y, cv=cvKFold)
    print("{:.4f}".format(scores.mean()), end='')


# 朴素贝叶斯
from sklearn.naive_bayes import GaussianNB
def nbClassifier(X, y):
    nb = GaussianNB()
    scores = cross_val_score(nb, np.asarray(X, dtype='float64'), y, cv=cvKFold)
    print("{:.4f}".format(scores.mean()), end='')


# 决策树
from sklearn.tree import DecisionTreeClassifier
def dtClassifier(X, y):
    tree = DecisionTreeClassifier(criterion='entropy', random_state=0)
    scores = cross_val_score(tree, np.asarray(X, dtype='float64'), y, cv=cvKFold)
    print("{:.4f}".format(scores.mean()), end='')


# 集成学习Bagging
from sklearn.ensemble import BaggingClassifier
def bagDTClassifier(X, y, n_estimators, max_samples, max_depth):
    bag_clf = BaggingClassifier(DecisionTreeClassifier(max_depth=max_depth,
                                criterion='entropy', random_state=0),
                                n_estimators=n_estimators,
                                max_samples=max_samples, random_state=0)
    scores = cross_val_score(bag_clf, np.asarray(X, dtype='float64'), y, cv=cvKFold)
    print("{:.4f}".format(scores.mean()), end='')


# 集成学习AdaBoost
from sklearn.ensemble import AdaBoostClassifier
def adaDTClassifier(X, y, n_estimators, learning_rate, max_depth):
    ada_clf = AdaBoostClassifier(DecisionTreeClassifier(max_depth=max_depth,
                                 criterion='entropy', random_state=0),
                                 n_estimators=n_estimators,
```

```
                                        learning_rate=learning_rate, random_state=0)
    scores = cross_val_score(ada_clf, np.asarray(X, dtype='float64'), y, cv=cvKFold)
    print("{:.4f}".format(scores.mean()), end='')


# 集成学习Gradient Boosting
from sklearn.ensemble import GradientBoostingClassifier
def gbClassifier(X, y, n_estimators, learning_rate):
    gb_clf = GradientBoostingClassifier(n_estimators=n_estimators,
                                        learning_rate=learning_rate, random_state=0)
    scores = cross_val_score(gb_clf, np.asarray(X, dtype='float64'), y, cv=cvKFold)
    print("{:.4f}".format(scores.mean()), end='')


# SVM
from sklearn.svm import SVC
def bestLinClassifier(X, y):
    X_train, X_test, y_train, y_test = train_test_split(X, y, stratify=y,
                                                        random_state=0)
    param_grid = {'C': [0.001, 0.01, 0.1, 1, 10, 100],
                  'gamma': [0.001, 0.01, 0.1, 1, 10, 100]}
    grid_search = GridSearchCV(SVC(kernel="linear", random_state=0), param_grid,
                               cv=cvKFold, return_train_score=True)
    grid_search.fit(X_train, y_train)
    print(grid_search.best_params_['C'])
    print(grid_search.best_params_['gamma'])
    print("{:.4f}".format(grid_search.best_score_))
    print("{:.4f}".format(grid_search.score(X_test, y_test)), end='')


# 随机森林
from sklearn.ensemble import RandomForestClassifier
def bestRFClassifier(X, y):
    X_train, X_test, y_train, y_test = train_test_split(X, y, stratify=y,
                                                        random_state=0)
    param_grid = {'n_estimators': [10, 20, 50, 100],
                  'max_features': ['auto', 'sqrt', 'log2'],
                  'max_leaf_nodes': [10, 20, 30]}
    grid_search = GridSearchCV(RandomForestClassifier(random_state=0,
                               criterion='entropy'), param_grid, cv=cvKFold,
                               return_train_score=True)
    grid_search.fit(X_train, y_train)
    print(grid_search.best_params_['n_estimators'])
    print(grid_search.best_params_['max_features'])
    print(grid_search.best_params_['max_leaf_nodes'])
    print("{:.4f}".format(grid_search.best_score_))
    print("{:.4f}".format(grid_search.score(X_test, y_test)), end='')


def p():
    # 输出预处理数据
    for i in range(len(data_list)):
```

```
        for j in data_list[i]:
            print(j, end=',')
        if i < len(data_list) - 1:
            print(int(label_encoder[i]))
        else:
            print(int(label_encoder[i]), end='')

if sys.argv[2] == 'NN':
    parameter_list = conf_file(sys.argv[3])
    K = int(parameter_list[0])
    kNNClassifier(features1, label_encoder, K)


if sys.argv[2] == 'LR':
    logregClassifier(features1, label_encoder)


if sys.argv[2] == 'NB':
    nbClassifier(features1, label_encoder)


if sys.argv[2] == 'DT':
    dtClassifier(features1, label_encoder)


if sys.argv[2] == 'BAG':
    parameter_list = conf_file(sys.argv[3])
    n_estimators = int(parameter_list[0])
    max_samples = int(parameter_list[1])
    max_depth = int(parameter_list[2])
    bagDTClassifier(features1, label_encoder, n_estimators, max_samples, max_depth)


if sys.argv[2] == 'ADA':
    parameter_list = conf_file(sys.argv[3])
    n_estimators = int(parameter_list[0])
    learning_rate = parameter_list[1]
    max_depth = int(parameter_list[2])
    adaDTClassifier(features1, label_encoder, n_estimators, learning_rate, max_depth)


if sys.argv[2] == 'GB':
    parameter_list = conf_file(sys.argv[3])
    n_estimators = int(parameter_list[0])
    learning_rate = parameter_list[1]
    gbClassifier(features1, label_encoder, n_estimators, learning_rate)


if sys.argv[2] == 'RF':
    bestRFClassifier(features1, label_encoder)


if sys.argv[2] == 'SVM':
    bestLinClassifier(features1, label_encoder)


if sys.argv[2] == 'P':
    p()
```

下面在命令行测试所有的分类算法,首先测试不需要第三个参数的LR、NB、DT、RF、SVM和P,测试结果如下。

```
# 逻辑回归LR
(base) C:\Users\YIUYE\Desktop\机器学习\第12章\第12章代码和数据集>python MyClassifier.py
breast-cancer-wisconsin.csv LR
0.9642

# 朴素贝叶斯NB
(base) C:\Users\YIUYE\Desktop\机器学习\第12章\第12章代码和数据集>python MyClassifier.py
breast-cancer-wisconsin.csv NB
0.9585

# 决策树DT
(base) C:\Users\YIUYE\Desktop\机器学习\第12章\第12章代码和数据集>python MyClassifier.py
breast-cancer-wisconsin.csv DT
0.9385

# 随机森林RF
(base) C:\Users\YIUYE\Desktop\机器学习\第12章\第12章代码和数据集>python MyClassifier.py
breast-cancer-wisconsin.csv RF
100
auto
10
0.9637
0.9714

# SVM
(base) C:\Users\YIUYE\Desktop\机器学习\第12章\第12章代码和数据集>python MyClassifier.py
breast-cancer-wisconsin.csv SVM
1
0.001
0.9657
0.9714

# P:输出处理数据
(base) C:\Users\YIUYE\Desktop\机器学习\第12章\第12章代码和数据集>python MyClassifier.py
breast-cancer-wisconsin.csv P
0.4444, 0.0000, 0.0000, 0.0000, 0.1111, 0.0000, 0.2222, 0.0000, 0.0000, 0
0.4444, 0.3333, 0.3333, 0.4444, 0.6667, 1.0000, 0.2222, 0.1111, 0.0000, 0
0.2222, 0.0000, 0.0000, 0.0000, 0.1111, 0.1111, 0.2222, 0.0000, 0.0000, 0
0.5556, 0.7778, 0.7778, 0.0000, 0.2222, 0.3333, 0.2222, 0.6667, 0.0000, 0
0.3333, 0.0000, 0.0000, 0.2222, 0.1111, 0.0000, 0.2222, 0.0000, 0.0000, 0
0.7778, 1.0000, 1.0000, 0.7778, 0.6667, 1.0000, 0.8889, 0.6667, 0.0000, 1
# 这里只显示前6行数据
```

接下来测试需要第三个参数的NN、BAG、ADA和GB,测试前需要新建param.csv。根据不同的分类算法,修改参数,测试结果如下。

```
# KNN
# param.csv 参数如下
K
5
(base) C:\Users\YIUYE\Desktop\机器学习\第12章\第12章代码和数据集>python MyClassifier.py
breast-cancer-wisconsin.csv NN param.csv
0.9671


# 集成学习 Bagging
# param.csv 参数如下
n_estimators, max_samples, max_depth
100, 100, 2
(base) C:\Users\YIUYE\Desktop\机器学习\第12章\第12章代码和数据集>python MyClassifier.py
breast-cancer-wisconsin.csv BAG param.csv
0.9599


# 集成学习 AdaBoost
# param.csv 参数如下
n_estimators, learning_rate, max_depth
100, 0.2, 3
(base) C:\Users\YIUYE\Desktop\机器学习\第12章\第12章代码和数据集>python MyClassifier.py
breast-cancer-wisconsin.csv ADA param.csv
0.9557


# 集成学习 Gradient Boosting
# param.csv 参数如下
n_estimators, learning_rate
100, 0.2
(base) C:\Users\YIUYE\Desktop\机器学习\第12章\第12章代码和数据集>python MyClassifier.py
breast-cancer-wisconsin.csv GB param.csv
0.9614
```

 12.2 半监督学习

12.2.1 标签传播算法

使用 sklearn 的 semi_supervised 模块中的 LabelPropagation 和 LabelSpreading 可以实现半监督学习，其翻译为标签传播。标签传播（Label Propagation，LP）算法认为，如果是相似的数据，那么应该具有相同的 label。LP 算法将所有的数据构建一个图，图的节点就是一个数据点，包含已经有标签和没有标

签的数据。节点 i 和节点 j 的边，表示两个节点的相似度，进而得到节点 i 和节点 j 的边权重为 $w_{ij} = \exp\left(-\dfrac{\|x_i - x_j\|^2}{\alpha^2}\right)$，这里的 α 指的是参数。

下面使用 sklearn 的 semi_supervised 模块中的 LabelPropagation 和 LabelSpreading 实现半监督学习，使用的数据集是 Iris 数据集，这里需要将已经标注的数据替换成 -1，来表示没有标注的数据。

LabelPropagation 和 LabelSpreading 是一个姊妹类，都可以进行模型建立。但是，LabelPropagation 比 LabelSpreading 实际上表现得更好。

```python
import numpy as np
from sklearn import datasets
from sklearn.semi_supervised import LabelPropagation, LabelSpreading
iris = datasets.load_iris()
X = iris.data.copy()
y = iris.target.copy()
y[np.random.choice([True, False], len(y))] = -1
# LabelPropagation 和 LabelSpreading 默认参数完全相同
# alpha=0.2, kernel='rbf', gamma=20, max_iter=30, n_neighbors=7
lp = LabelPropagation()
lp.fit(X, y)
preds = lp.predict(X)
print((preds==iris.target).mean())
# 0.9933333333333333
ls = LabelSpreading()
ls.fit(X, y)
print((ls.predict(X)==iris.target).mean())
# 0.9866666666666667
```

12.2.2　半监督学习分类

本次半监督学习分类，有一部分的标注数据和一部分的未标注数据存储在"数据.xlsx"中，有 3 个分类参数，分别为 ZSco01、ZSco02 和 ZSco03。数据集有 271 行，其中 35 行给定标签。一共有 7 个标签，分别为 1A、1B、2A、2B、3A、3B 和 3C。下面是"数据.xlsx"的前 5 行数据，如表 12.1 所示。

表 12.1　"数据.xlsx"的前 5 行数据

ZSco01	ZSco02	ZSco03	类别
3.635166345	1.401386227	3.147307032	1B
2.179216372	2.065370509	2.688918589	1B
3.77900065	3.450867936	3.086607192	1B
1.344645243	0.692244446	2.001208297	2A
0.854051209	0.892086771	1.797514135	2A

下面使用 LabelPropagation 实现半监督学习分类,由于标签是文本数据,因此需要进行 LabelEncoder标签处理,再将35行之后的类别替换成–1,具体代码如下。

```
import pandas as pd
from sklearn.semi_supervised import LabelPropagation
from sklearn.preprocessing import LabelEncoder
data = pd.read_excel("数据.xlsx")
label_encoder = LabelEncoder()
integer_encoded = label_encoder.fit_transform(data.iloc[:35, -1].values)
X = data.iloc[:, 0:3].values
data.iloc[:35, -1] = integer_encoded
print(integer_encoded)

####输出如下####
[1 1 1 2 2 2 3 3 3 3 3 3 3 4 4 4 4 4 4 5 5 5 5 5 5 6 6 6 6 6 6 0 0 0]

data.iloc[35:, -1] = -1
y = data.iloc[:, -1].values
label_prop_model = LabelPropagation()
label_prop_model.fit(X, y)
clusterResult = label_prop_model.predict(X)
Result = list(label_encoder.inverse_transform(clusterResult))
# 261到271行标签预测
print(Result[-10:])

####输出如下####
['3C', '3C', '3C', '3C', '3C', '3C', '3C', '3C', '3B', '3B']

# 保存
data = data.drop(columns=['类别'])
data['类别'] = Result
data.to_excel("结果.xlsx")
```

在半监督学习中还有一种方法可以实现分类,记$d(x_1, x_2)$为两个样本的欧氏距离,根据有标签数据集L确定初始聚类中心,再计算无标签数据集U的每个样本的欧氏距离,选择离标记样本最近的聚类中心,直到无标签数据集U为空集,具体代码如下。

```
import numpy as np
import pandas as pd
from sklearn.preprocessing import LabelEncoder

def distEclud(vecA, vecB):
    '''
    输入:向量A和B
    输出:A和B间的欧氏距离
    '''
    return np.sqrt(sum(np.power(vecA-vecB, 2)))
```

```python
def newCent(L):
    '''
    输入:有标签数据集L
    输出:根据L确定初始聚类中心
    '''
    centroids = []
    label_list = np.unique(L[:, -1])
    for i in label_list:
        L_i = L[(L[:, -1])==i]
        cent_i = np.mean(L_i, 0)
        centroids.append(cent_i[:-1])
    return np.array(centroids)

def semi_kMeans(L, U, distMeas=distEclud, initial_centriod=newCent):
    '''
    输入:有标签数据集L(最后一列为类别标签)、无标签数据集U(无类别标签)
    输出:聚类结果
    '''
    dataSet = np.vstack((L[:, :-1], U))  # 合并L和U
    label_list = np.unique(L[:, -1])
    k = len(label_list)  # L中类别个数
    m = np.shape(dataSet)[0]
    clusterAssment = np.zeros(m)  # 初始化样本的分配
    centroids = initial_centriod(L)  # 确定初始聚类中心
    clusterChanged = True
    while clusterChanged:
        clusterChanged = False
        for i in range(m):  # 将每个样本分配给最近的聚类中心
            minDist = np.inf
            minIndex = -1
            for j in range(k):
                distJI = distMeas(centroids[j, :], dataSet[i, :])
                if distJI < minDist:
                    minDist = distJI
                    minIndex = j
            if clusterAssment[i] != minIndex: clusterChanged = True
            clusterAssment[i] = minIndex
    return clusterAssment

data = pd.read_excel("数据.xlsx")

train = data.iloc[:35, :]
test = data.iloc[35:, :]
label_encoder = LabelEncoder()
integer_encoded = label_encoder.fit_transform(train.iloc[:, -1].values)
train.loc[:, "类别"] = integer_encoded
print(label_encoder.classes_)

####输出如下####
```

```
['1A' '1B' '2A' '2B' '3A' '3B' '3C']

L = train.iloc[:, 0:4].values
U = test.iloc[:, 0:3].values
clusterResult = semi_kMeans(L, U).astype(np.int)
Result = list(label_encoder.inverse_transform(clusterResult))
print(Result[-10:])

####输出如下####
['3C', '3C', '3C', '3C', '3C', '3C', '3C', '3B', '3B', '3B']

# 保存
data = data.drop(columns=['类别'])
data['类别'] = Result
data.to_excel("Result.xlsx")
```

12.3 保存模型

12.3.1 pickle

当模型建立之后，往往需要将其保存至硬盘，以便下次使用时，可以直接加载，无须再次建立。

pickle是Python中的标准库，是将对象的状态信息转换为可以存储或传输的形式的过程，因此可以将模型进行序列化保存，需要时再进行load加载。下面使用SVM进行Iris数据集分类，并对模型进行序列化保存，具体代码如下。

```
from sklearn import svm
from sklearn import datasets

clf = svm.SVC()
iris = datasets.load_iris()
X, y = iris.data, iris.target
clf.fit(X, y)
print(clf.predict(X[0:10]))

# [0 0 0 0 0 0 0 0 0 0]

import pickle # pickle模块

# 保存Model
with open('clf.pickle', 'wb') as f:
```

```
    pickle.dump(clf, f)

# 读取 Model
with open('clf.pickle', 'rb') as f:
    clf2 = pickle.load(f)
    # 测试读取后的 Model
    print(clf2.predict(X[0:10]))


# [0 0 0 0 0 0 0 0 0 0]
```

12.3.2   joblib

joblib 是 sklearn 的 externals 模块，也是 sklearn 中保存模型的方法。下面使用 joblib 进行模型保存，具体代码如下。

```
# 导入 joblib 模块
from sklearn.externals import joblib
joblib.dump(clf, 'clf.pkl')
# 读取 Model
clf3 = joblib.load('clf.pkl')
# 测试读取后的 Model
print(clf3.predict(X[0:10]))

# [0 0 0 0 0 0 0 0 0 0]
```

12.3.3   sklearn2pmml

现在很多线上的项目，都是计划使用 Java 语言进行开发。那么，就存在这样一个问题：通过 Python 训练模型，如何通过 Java 调用进行预测。在 sklearn 中提供了第三方库 sklearn2pmml，用于将管道模型保存为 PMML 格式。通过 pip install sklearn2pmml 命令可以安装第三方库 sklearn2pmml。

下面通过 Iris 数据集介绍 sklearn2pmml 将管道模型保存为 PMML 格式的过程，并通过 Java 代码调用。保存为 PMML 格式的具体代码如下。

```
from sklearn.datasets import load_iris
from sklearn.decomposition import PCA
from sklearn.svm import SVC
from sklearn2pmml import sklearn2pmml
from sklearn2pmml.pipeline import PMMLPipeline
pipeline = PMMLPipeline([
    ("pca", PCA(n_components=3)),
    ("classifier", SVC())])
iris = load_iris()
pipeline.fit(iris.data, iris.target)
sklearn2pmml(pipeline, "iris_SVC.pmml", with_repr=True)
```

执行上面的代码,生成了 iris_SVC.pmml 文件。在使用 Java 前,需要配置 Java 开发环境 JDK 和 Maven,这里选用的是 IntelliJ IDEA 作为 Java 的集成开发环境(相对于 Eclipse,IntelliJ IDEA 在业界被公认为比较友好的 Java 开发工具),通过 IntelliJ IDEA 创建 Maven 工程。在创建的 Maven 工程中的 pom.xml 依赖文件中添加 jpmml 依赖,这里选择的版本是 1.4.9,具体代码如下。

```
<dependencies>
    <dependency>
        <groupId>org.jpmml</groupId>
        <artifactId>pmml-evaluator</artifactId>
        <version>1.4.9</version>
    </dependency>
    <dependency>
        <groupId>org.jpmml</groupId>
        <artifactId>pmml-evaluator-extension</artifactId>
        <version>1.4.9</version>
    </dependency>
</dependencies>
```

版本可以去 Maven 仓库中选择,对应的链接为 https://mvnrepository.com/search?q=jpmml。下面新建一个 PMMLDemo 类,需要引用 Python 保存下来的 PMML 文件到 resources 文件夹中。对 iris_SVC.pmml 文件进行读取,由于存在 4 个特征作为输入,因此这里采用 HashMap 的方法进行读取,并将 Iris 数据集中的第一行数据 5.1, 3.5, 1.4, 0.21 和第二行数据 4.9, 3., 1.4, 0.2 作为预测,得到的结果是 0,说明分到第一类 setosa,具体代码如下。

```
import org.dmg.pmml.FieldName;
import org.dmg.pmml.PMML;
import org.jpmml.evaluator.*;
import javax.xml.bind.JAXBException;
import java.io.FileInputStream;
import java.io.IOException;
import java.io.InputStream;
import java.util.HashMap;
import java.util.LinkedHashMap;
import java.util.List;
import java.util.Map;

public class PMMLDemo {
    private Evaluator loadPmml() {
        PMML pmml = new PMML();
        InputStream inputStream = null;
        // 需要引用Python保存下来的PMML文件到resources文件夹中
        try {
            inputStream = new FileInputStream("iris_SVC.pmml");
        } catch (IOException e) {
            e.printStackTrace();
        }
        if (inputStream==null) {
```

```java
            return null;
        }
        InputStream is = inputStream;
        try {
            pmml = org.jpmml.model.PMMLUtil.unmarshal(is);
        } catch (JAXBException e1) {
            e1.printStackTrace();
        } catch (org.xml.sax.SAXException e) {
            e.printStackTrace();
        } finally {
            // 关闭输入流
            try {
                is.close();
            } catch (IOException e) {
                e.printStackTrace();
            }
        }
        ModelEvaluatorFactory modelEvaluatorFactory = ModelEvaluatorFactory.
            newInstance();
        Evaluator evaluator = modelEvaluatorFactory.newModelEvaluator(pmml);
        return evaluator;
    }
    private int predict(Evaluator evaluator, double a, double b, double c, double d) {
        Map<String, Double> data = new HashMap<String, Double>();
        data.put("x1", a);
        data.put("x2", b);
        data.put("x3", c);
        data.put("x4", d);
        List<InputField> inputFields = evaluator.getInputFields();
        Map<FieldName, FieldValue> arguments = new LinkedHashMap<FieldName,
            FieldValue>();
        for (InputField inputField : inputFields) {
            FieldName inputFieldName = inputField.getName();
            Object rawValue = data.get(inputFieldName.getValue());
            FieldValue inputFieldValue = inputField.prepare(rawValue);
            arguments.put(inputFieldName, inputFieldValue);
        }
        Map<FieldName, ?> results = evaluator.evaluate(arguments);
        List<TargetField> targetFields = evaluator.getTargetFields();
        TargetField targetField = targetFields.get(0);
        FieldName targetFieldName = targetField.getName();
        Object targetFieldValue = results.get(targetFieldName);
        System.out.println("target: "+targetFieldName.getValue()+" value: "+
                        targetFieldValue);
        int primitiveValue = -1;
        if (targetFieldValue instanceof Computable) {
            Computable computable = (Computable) targetFieldValue;
            primitiveValue = (Integer) computable.getResult();
        }
```

```
        System.out.println(a+" "+b+" "+c+" "+d+":"+primitiveValue);
        return primitiveValue;
    }
    public static void main(String[] args) {
        PMMLDemo demo = new PMMLDemo();
        Evaluator model = demo.loadPmml();
        demo.predict(model, 5.1, 3.5, 1.4, 0.21);
        demo.predict(model, 4.9, 3. , 1.4, 0.2);
    }
}


####输出如下####
target: y value: VoteDistribution{result=0, vote_entries=[0=2.0, 1=1.0]}
5.1 3.5 1.4 0.21:0
target: y value: VoteDistribution{result=0, vote_entries=[0=2.0, 1=1.0]}
4.9 3.0 1.4 0.2:0
```

除 sklearn2pmml 使用 Java 的 API 调用 Python 模块外，还有一个常见的第三方库 sklearn-porter 可以实现 C、C++、Java、Go 编程语言调用 Python 机器学习模型。

第13章

Spark机器学习

摘自Spark官网的定义：Spark是一个快速的、通用的分布式计算系统，提供了高级API，如Java、Scala、Python和R。Apache Spark是一个用于实时处理的开源集群计算框架。它是Apache软件基金会中最成功的项目。Spark已成为大数据处理市场的领导者。大数据时代下的机器学习，使用最多的莫过于Spark机器学习。本章将介绍大数据中的Spark机器学习。

本章主要涉及的知识点如下。

- ♦ Hadoop集群的搭建。
- ♦ Spark集群的搭建。
- ♦ HDFS。
- ♦ Spark Shell。
- ♦ RDD编程。
- ♦ Spark SQL。
- ♦ Spark MLlib。

13.1 Spark分布式集群搭建

13.1.1 创建 CentOS 7 虚拟机

为了操作方便、上手使用节约成本,在这里采用的是虚拟机方式,而不是云主机方式。VMware虚拟机软件允许用户创建 Linux、Windows 等多个操作系统作为虚拟机在本地 PC 主机上运行,是一款虚拟PC的软件。社区企业操作系统(Community Enterprise Operating System,CentOS)是 Linux 的发行版,源自 Red Hat 公司的企业级 Linux 克隆版。

在这里,选用 VMware 搭建 CentOS 7。下载 CentOS 7 镜像后,直接通过 VMware 导入 CentOS 7 镜像。关于 VMware 的安装和导入镜像,可以查看网上教程。限于篇幅,这里不再详述。下面创建 CentOS 7 虚拟机,选择"Install CentOS 7"选项,如图 13.1 所示。

图 13.1　创建 CentOS 7 虚拟机

创建 CentOS 7 虚拟机后,选择简体中文,如图 13.2 所示。

图 13.2　选择简体中文

配置网络:打开以太网网络,设置 IP 地址,默认路由,单击"完成"按钮,即可进入安装过程,如

图13.3所示。

图13.3　设置网络

安装过程中,设置管理员的root密码,如图13.4所示。

图13.4　设置管理员的root密码

安装过程中,还需要设置其他用户的账号和密码,如图13.5所示。

图13.5　设置其他用户的账号和密码

等安装完成后单击"重启"按钮,即可进入系统第一次使用的配置,这样系统就安装完成了,如图13.6所示。

图 13.6　安装完成

13.1.2　设置静态 IP

在创建 CentOS 7 虚拟机后,需要配置网络和静态 IP,这里需要在 VMware 中选用 NAT 模式,下面是设置静态 IP 和配置 DNS 服务器的方法,具体实现的方法如下。

```
[elsearch@bogon ~]$ su root  # 切换root账号
密码:
[root@bogon elsearch]# vim /etc/sysconfig/network-scripts/ifcfg-ens33

################
BOOTPROTO=static
ONBOOT="yes"
# 网关地址根据系统的网络而定
GATEWAY=192.168.92.2
# 设置的静态IP
IPADDR=192.168.92.92
NETMASK=255.255.255.0
# 配置DNS服务器
DNS1=8.8.8.8
DNS2=8.8.4.4

[root@bogon elsearch]# vim /etc/resolv.conf

################
# Generated by NetworkManager
nameserver 8.8.8.8
nameserver 8.8.4.4

[root@bogon elsearch]# vim /etc/sysconfig/network

################
NETWORKING=yes
```

```
HOSTNAME=centos7
GATEWAY=192.168.92.2

[root@bogon elsearch]# service network restart
[root@bogon elsearch]# ping www.baidu.com
PING www.a.shifen.com (163.177.151.109) 56(84) bytes of data.
64 bytes from 163.177.151.109 (163.177.151.109): icmp_seq=1 ttl=128 time=6.12 ms
64 bytes from 163.177.151.109 (163.177.151.109): icmp_seq=2 ttl=128 time=6.04 ms
64 bytes from 163.177.151.109 (163.177.151.109): icmp_seq=3 ttl=128 time=6.00 ms
64 bytes from 163.177.151.109 (163.177.151.109): icmp_seq=4 ttl=128 time=5.96 ms
^C
--- www.a.shifen.com ping statistics ---
```

13.1.3　配置SSH服务

如果使用远程工具Xshell连接CentOS 7，则需要配置SSH服务。在CentOS 7系统中SSH无须安装，进入/etc/ssh/目录下的SSHD服务配置文件sshd_config，用Vim编辑器打开，将文件中关于监听端口、监听地址前的"#"去除，开启远程接入和密码验证，保存文件，退出。

```
[root@bogon elsearch]# vim /etc/ssh/sshd_config
###############
Port 22   # 端口号22
ListenAddress 0.0.0.0   # 监听任意IPv4接入
ListenAddress ::   # 监听任意IPv6接入
PermitRootLogin yes   # 开启远程接入
PasswordAuthentication yes   # 开启密码认证

[root@bogon elsearch]# service sshd restart # 输入重启命令
[root@bogon elsearch]# systemctl enable sshd   # 输入开机自启
```

13.1.4　安装Java

由于全球有数十亿设备都在运行着Java程序，Hadoop大数据框架也是由Java开发，因此在这里需要下载安装最常用的Java 8版本。下载JDK需要注册并登录Oracle账号，下载JDK的tar.gz文件并通过Xshell的Xftp将文件上传至CentOS 7虚拟机，这里在/usr/java/目录下解压安装包放置Java，具体实现的方法如下。

```
[root@bogon elsearch]# mkdir /usr/java/
[root@bogon elsearch]# tar -zxvf jdk-8u171-linux-x64.tar.gz -C /usr/java/
[root@bogon elsearch]# vim /etc/profile
##########
JAVA_HOME=/usr/java/jdk1.8.0_231
JRE_HOME=/usr/java/jdk1.8.0_231/jre
CLASS_PATH=.:$JAVA_HOME/lib/dt.jar:$JAVA_HOME/lib/tools.jar:$JRE_HOME/lib
```

```
PATH=$PATH:$JAVA_HOME/bin:$JRE_HOME/bin
export JAVA_HOME JRE_HOME CLASS_PATH PATH
[root@bogon elsearch] source /etc/profile
[elsearch@bogon ~]$ java -version
java version "1.8.0_231"
Java(TM) SE Runtime Environment (build 1.8.0_231-b11)
Java HotSpot(TM) Server VM (build 25.231-b11, mixed mode)
```

13.1.5　搭建三台 CentOS 7 主机

下面准备搭建三节点集群,因此这里准备了三台 CentOS 7 主机,只需要简单通过 VMware 软件中的管理的克隆功能,克隆出其他两台 CentOS 7 机器,并按照上面的方法分别设置静态 IP 即可。同时,将三台 CentOS 7 主机名分别设置为 node01、node02 和 node03,以便区别三台 CentOS 7 主机,具体实现的方法如下。

```
# node01主机名设置
[elsearch@localhost ~]$ hostnamectl set-hostname node01
node01
[elsearch@node01 ~]$ ifconfig
ens33: flags=4163<UP, BROADCAST, RUNNING, MULTICAST>  mtu 1500
        inet 192.168.92.90  netmask 255.255.255.0  broadcast 192.168.92.255
        inet6 fe80::b889:1772:c306:ef8f  prefixlen 64  scopeid 0x20<link>
        inet6 fe80::72e0:4da:118d:13d9  prefixlen 64  scopeid 0x20<link>
        ether 00:0c:29:07:43:5a  txqueuelen 1000  (Ethernet)
        RX packets 829  bytes 158380 (154.6 KiB)
        RX errors 0  dropped 0  overruns 0  frame 0
        TX packets 634  bytes 116833 (114.0 KiB)
        TX errors 0  dropped 0 overruns 0  carrier 0  collisions 0

# node02主机名设置
[elsearch@localhost ~]$ hostnamectl set-hostname node02
node02
[elsearch@node02 ~]$ ifconfig
ens33: flags=4163<UP, BROADCAST, RUNNING, MULTICAST>  mtu 1500
        inet 192.168.92.91  netmask 255.255.255.0  broadcast 192.168.92.255
        inet6 fe80::b889:1772:c306:ef8f  prefixlen 64  scopeid 0x20<link>
        ether 00:0c:29:84:99:62  txqueuelen 1000  (Ethernet)
        RX packets 2195  bytes 323930 (316.3 KiB)
        RX errors 0  dropped 0  overruns 0  frame 0
        TX packets 466  bytes 52037 (50.8 KiB)
        TX errors 0  dropped 0 overruns 0  carrier 0  collisions 0

# node03主机名设置
[elsearch@localhost ~]$ hostnamectl set-hostname node03
node03
[elsearch@node03 ~]$ ifconfig
```

```
ens33: flags=4163<UP, BROADCAST, RUNNING, MULTICAST>  mtu 1500
        inet 192.168.92.92  netmask 255.255.255.0  broadcast 192.168.92.255
        inet6 fe80::22a3:7ced:1761:de8e  prefixlen 64  scopeid 0x20<link>
        inet6 fe80::b889:1772:c306:ef8f  prefixlen 64  scopeid 0x20<link>
        inet6 fe80::72e0:4da:118d:13d9  prefixlen 64  scopeid 0x20<link>
        ether 00:0c:29:c9:f0:22  txqueuelen 1000  (Ethernet)
        RX packets 859  bytes 141277 (137.9 KiB)
        RX errors 0  dropped 0  overruns 0  frame 0
        TX packets 619  bytes 147363 (143.9 KiB)
        TX errors 0  dropped 0 overruns 0  carrier 0  collisions 0
```

13.1.6　修改 hosts 文件

在搭建 Spark 集群前,需要先搭建 Hadoop 集群。Hadoop 是大数据时代下的产品,现在几乎所有大型企业的 IT 系统中已经有了 Hadoop 集群在运行着各式各样的任务。在这里,搭建 Hadoop 集群,其中 node01 作为 Master,node2 和 node3 作为 Slaves,如表 13.1 所示。

表 13.1　Hadoop 集群设置

主机名	IP 地址
node01	192.168.92.90
node02	192.168.92.91
node03	192.168.92.92

这里选用的 Hadoop 版本是 3.2.1。在搭建 Hadoop 集群前,需要永久设置主机名和修改 hosts 文件,设置虚拟机的 IP 和主机名的映射关系,并关闭防火墙,具体实现的方法如下。

```
[root@node01 ~]# vim /etc/sysconfig/network
#########
HOSTNAME=node01
[root@node01 ~]# vim /etc/hosts
#########
192.168.92.90 node01
192.168.92.91 node02
192.168.92.92 node03
[root@node01 ~]# systemctl stop firewalld
[root@node01 ~]# systemctl disable firewalld.service

[root@node02 ~]# vim /etc/sysconfig/network
#########
HOSTNAME=node02
[root@node02 ~]# vim /etc/hosts
#########
192.168.92.90 node01
192.168.92.91 node02
192.168.92.92 node03
```

```
[root@node02 ~]# systemctl stop firewalld
[root@node02 ~]# systemctl disable firewalld.service

[root@node03 ~]# vim /etc/sysconfig/network
#########
HOSTNAME=node03
[root@node03 ~]# vim /etc/hosts
#########
192.168.92.90 node01
192.168.92.91 node02
192.168.92.92 node03
[root@node03 ~]# systemctl stop firewalld
[root@node03 ~]# systemctl disable firewalld.service
```

13.1.7　配置SSH免密码登录

　　Hadoop集群需要通过SSH进行各节点的管理,因此需要配置SSH免密码登录,实现node01免密码登录到node02和node03,具体实现的方法如下。

```
[root@node01 ~]# ssh-keygen -t rsa
Generating public/private rsa key pair.
Enter file in which to save the key (/root/.ssh/id_rsa):
Enter passphrase (empty for no passphrase):
Enter same passphrase again:
Your identification has been saved in /root/.ssh/id_rsa.
Your public key has been saved in /root/.ssh/id_rsa.pub.
The key fingerprint is:
SHA256:UGcKoMkBmrZQXNzVTKoyOMFEWXPfY0LmZSZ7xfSwLrI root@node01
The key's randomart image is:
+---[RSA 2048]----+
|.+===oo.*+Bo+    |
|.*o+.o.B %o..+   |
|+.*   . B = . .  |
|o .o  o + o      |
| .o o . S . .    |
|   . o  o .      |
|      E          |
|                 |
|                 |
+----[SHA256]-----+
[root@node01 ~]# cat ~/.ssh/id_rsa.pub >> ~/.ssh/authorized_keys
[root@node01 ~]# ssh node01
Last login: Mon Feb 24 12:50:34 2020
[root@node01 ~]# scp ~/.ssh/id_rsa.pub root@node02:~/
root@node02's password:
id_rsa.pub                100%  393   351.3KB/s   00:00
```

```
[root@node02 ~]$ mkdir ~/.ssh
[root@node02 ~]$ cat ~/id_rsa.pub >> ~/.ssh/authorized_keys
[root@node02 ~]# rm -rf ~/id_rsa.pub

[root@node01 ~]# ssh node02
Last login: Mon Feb 24 15:49:50 2020 from node01
[root@node02 ~]#

[root@node01 ~]# scp ~/.ssh/id_rsa.pub root@node03:~/
root@node03's password:
id_rsa.pub                100%  393    351.3KB/s    00:00

[root@node03 ~]# mkdir ~/.ssh
[root@node03 ~]# cat ~/id_rsa.pub >> ~/.ssh/authorized_keys
[root@node03 ~]# rm -rf ~/id_rsa.pub

[root@node01 ~]# ssh node03
Last login: Mon Feb 24 15:45:09 2020 from 192.168.92.1
[root@node03 ~]#
```

13.1.8　搭建Hadoop集群

下载Hadoop官方二进制的版本,这里下载Hadoop 3.2.1版本,下载完成后,选择解压安装在/opt/module/hadoop/目录下,具体实现的方法如下。

```
[root@node01 ~]# mkdir -p /root/opt/module/hadoop/
[root@node01 ~]# cd opt/module/hadoop/
[root@node01 hadoop ~]# wget http://mirror.bit.edu.cn/apache/hadoop/common/
hadoop-3.2.1/hadoop-3.2.1.tar.gz
[root@node01 hadoop ~]# tar -zxvf hadoop-3.2.1.tar.gz
[root@node01 hadoop ~]# cd hadoop-3.2.1
[root@node01 hadoop-3.2.1]# ll
总用量 180
drwxr-xr-x. 2 hadoop hadoop    203 9月  11 00:51 bin
drwxr-xr-x. 3 hadoop hadoop     20 9月  10 23:58 etc
drwxr-xr-x. 2 hadoop hadoop    106 9月  11 00:51 include
drwxr-xr-x. 3 hadoop hadoop     20 9月  11 00:51 lib
drwxr-xr-x. 4 hadoop hadoop    288 9月  11 00:51 libexec
-rw-rw-r--. 1 hadoop hadoop 150569 9月  10 22:35 LICENSE.txt
-rw-rw-r--. 1 hadoop hadoop  22125 9月  10 22:35 NOTICE.txt
-rw-rw-r--. 1 hadoop hadoop   1361 9月  10 22:35 README.txt
drwxr-xr-x. 3 hadoop hadoop   4096 9月  10 23:58 sbin
drwxr-xr-x. 4 hadoop hadoop     31 9月  11 01:11 share
```

解压Hadoop安装包后,这里选择在/etc/hadoop/目录下放置Hadoop解压文件。在此之前需要修改配置文件core-site.xml,在core-site.xml文件中添加以下两项内容。

一个是fs.defaultFS,用于指定HDFS的主节点,即node01所在的CentOS 7机器。

另一个是hadoop.tmp.dir,用于指定Hadoop缓存数据的目录,需要手工创建该目录,这里选择在/root/opt/data/tep目录下缓存数据,具体实现的方法如下。

```
[root@node01 hadoop-3.2.1]# mkdir -p /root/opt/data/tep
[root@node01 hadoop-3.2.1]# cd etc/hadoop/
[root@node01 hadoop]# vim core-site.xml
#############
<configuration>
    <property>
        <name>fs.defaultFS</name>
        <value>hdfs://node01:9000</value>
    </property>
    <property>
        <name>hadoop.tmp.dir</name>
        <value>/root/opt/data/tep</value>
    </property>
    <property>
        <name>dfs.http.address</name>
        <value>0.0.0.0:50070</value>
    </property>
</configuration>
```

在同级目录下,还需要修改hdfs-site.xml文件,配置HDFS上的数据块副本个数的参数。由于是三节点,副本个数为3,因此设置的副本数量必须小于等于机器数量,具体实现的方法如下。

```
[root@node01 hadoop]# vim hdfs-site.xml
#############
<configuration>
    <property>
        <name>dfs.replication</name>
        <value>3</value>
    </property>
    <property>
        <name>dfs.permissions.enables</name>
        <value>false</value>
    </property>
    <property>
        <name>dfs.namenode.secondary.http-address</name>
        <value>node01:50090</value>
    </property>
    <property>
        <name>dfs.namenode.http-address</name>
        <value>node01:9870</value>
    </property>
</configuration>
```

为了确保MapReduce使用YARN来进行资源管理和调度,在同级目录下,还需要修改mapred-site.xml文件,添加YARN的配置,具体实现的方法如下。

```
[root@node01 hadoop]# vim mapred-site.xml
#############
<configuration>
    <property>
        <name>mapreduce.framework.name</name>
        <value>yarn</value>
    </property>
</configuration>
```

在同级目录下，最后需要修改 yarn-site.xml 文件，指定 MapReduce 的 shuffle，在 Hadooop 3.x 中配置 Hadoop 相关变量，并指定 ResourceManager 所在的主机名为 node01，具体实现的方法如下。

```
[root@node01 hadoop]# vim yarn-site.xml
#############
<configuration>
    <property>
        <name>yarn.nodemanager.aux-services</name>
        <value>mapreduce_shuffle</value>
    </property>
    <property>
        <name>yarn.nodemanager.env-whitelist</name>
        <value>JAVA_HOME, HADOOP_COMMON_HOME, HADOOP_HDFS_HOME, HADOOP_CONF_DIR,
CLASSPATH_PREPEND_DISTCACHE, HADOOP_YARN_HOME, HADOOP_MAPRED_HOME</value>
    </property>
    <property>
        <name>yarn.resourcemanager.hostname</name>
        <value>node01</value>
    </property>
</configuration>
```

最后，在三台 CentOS 7 中配置 Hadoop 环境变量，通过 Vim 修改/etc/profile，并修改配置相关的 Shell 脚本文件，包括 hadoop-env.sh、yarn-env.sh、workers 及 sbin 文件夹中的 start-dfs.sh、stop-dfs.sh、start-yarn.sh 和 stop-yarn.sh，具体实现的方法如下。

```
[root@node01 hadoop]# vim /etc/profile
#############
export HADOOP_HOME=/root/opt/module/hadoop/hadoop-3.2.1/
export PATH=$PATH:$HADOOP_HOME/bin:$HADOOP_HOME/sbin
[root@node01 hadoop]# source /etc/profile
[root@node01 hadoop]# hadoop version
Hadoop 3.2.1
Source code repository https://gitbox.apache.org/repos/asf/hadoop.git -r
b3cbbb467e22ea829b3808f4b7b01d07e0bf3842
Compiled by rohithsharmaks on 2019-09-10T15:56Z
Compiled with protoc 2.5.0
From source with checksum 776eaf9eee9c0ffc370bcbc1888737
This command was run using /root/opt/module/hadoop/hadoop-3.2.1/share/hadoop/common/
```

```
hadoop-common-3.2.1.jar
[root@node01 hadoop]# vim hadoop-env.sh
###########
export JAVA_HOME=/usr/local/java/jdk1.8.0_231
export HADOOP_LOG_DIR=/root/opt/data/tep

[root@node01 hadoop]# vim yarn-env.sh
###########
export JAVA_HOME=/usr/local/java/jdk1.8.0_231

[root@node01 hadoop]# vim workers
###########
node02
node03

[root@node01 hadoop] cd ../..
[root@node01 hadoop-3.2.1]# vim sbin/start-dfs.sh
###########
HDFS_DATANODE_USER=root
HDFS_DATANODE_SECURE_USER=hdfs
HDFS_NAMENODE_USER=root
HDFS_SECONDARYNAMENODE_USER=root

[root@node01 hadoop-3.2.1]# vim sbin/stop-dfs.sh
###########
HDFS_DATANODE_USER=root
HDFS_DATANODE_SECURE_USER=hdfs
HDFS_NAMENODE_USER=root
HDFS_SECONDARYNAMENODE_USER=root

[root@node01 hadoop-3.2.1]# vim sbin/start-yarn.sh
###########
YARN_RESOURCEMANAGER_USER=root
HADOOP_SECURE_DN_USER=yarn
YARN_NODEMANAGER_USER=root

[root@node01 hadoop-3.2.1]# vim sbin/stop-yarn.sh
###########
YARN_RESOURCEMANAGER_USER=root
HADOOP_SECURE_DN_USER=yarn
YARN_NODEMANAGER_USER=root
```

13.1.9　搭建 ZooKeeper 集群

　　ZooKeeper 是一个开源的分布式协调服务系统，是 Google Chubby 的开源实现。ZooKeeper 主要的功能是管理集群,监视着集群中各个节点的状态,根据节点提交的反馈进行下一步合理操作。这里选择下载安装ZooKeeper 3.5.6版本,下载完成后,选择解压安装在/opt/module/zookeeper/目录下,具体实现的方法如下。

```
[root@node01] mkdir -p opt/module/zookeeper
[root@node01] cd opt/module/zookeeper
[root@node01 zookeeper]# wget http://mirror.bit.edu.cn/apache/zookeeper/
zookeeper-3.5.6/apache-zookeeper-3.5.6-bin.tar.gz
[root@node01 zookeeper]# tar -zxvf apache-zookeeper-3.5.6-bin.tar.gz
[root@node01 zookeeper]# cd apache-zookeeper-3.5.6-bin
[root@node01 apache-zookeeper-3.5.6-bin]# ll
总用量 32
drwxr-xr-x. 2 elsearch elsearch   232 10月  9 04:14 bin
drwxr-xr-x. 2 elsearch elsearch    70 2月  27 11:20 conf
drwxr-xr-x. 5 elsearch elsearch  4096 10月  9 04:15 docs
drwxr-xr-x. 2 root     root      4096 2月  27 11:02 lib
-rw-r--r--. 1 elsearch elsearch 11358 10月  5 19:27 LICENSE.txt
drwxr-xr-x. 2 root     root        46 2月  27 11:17 logs
-rw-r--r--. 1 elsearch elsearch   432 10月  9 04:14 NOTICE.txt
-rw-r--r--. 1 elsearch elsearch  1560 10月  9 04:14 README.md
-rw-r--r--. 1 elsearch elsearch  1347 10月  5 19:27 README_packaging.txt
drwxr-xr-x. 3 root     root        35 2月  27 11:30 zkdata
drwxr-xr-x. 3 root     root        23 2月  27 11:23 zklog
[root@node01 apache-zookeeper-3.5.6-bin]# pwd
/root/opt/module/zookeeper/apache-zookeeper-3.5.6-bin
[root@node01 apache-zookeeper-3.5.6-bin]# mkdir zkdata
[root@node01 apache-zookeeper-3.5.6-bin]# mkdir zklog
[root@node01 apache-zookeeper-3.5.6-bin]# cd conf/
[root@node01 conf]# mv zoo_sample.cfg zoo.cfg
[root@node01 conf]# vim zoo.cfg
#############
dataDir=/root/opt/module/zookeeper/apache-zookeeper-3.5.6-bin/zkdata
dataLogDir=/root/opt/module/zookeeper/apache-zookeeper-3.5.6-bin/zklog
server.1=192.168.92.90:2888:3888
server.2=192.168.92.91:2888:3888
server.3=192.168.92.92:2888:3888
[root@node01 conf]# cd ../zkdata/
[root@node01 zkdata]# echo "1" >> myid
[root@node01 zkdata]# vim /etc/profile
#############
export ZOOKEEPER_HOME=/root/opt/module/zookeeper/apache-zookeeper-3.5.6-bin/
export PATH=$PATH:$ZOOKEEPER_HOME/bin
[root@node01 zkdata]# source /etc/profile
```

13.1.10　启动 Hadoop 和 ZooKeeper 集群

在启动 Hadoop 集群前，需要先通过 scp 拷贝主节点 node01 到 node02 和 node03，第一次开启 Hadoop 集群需要通过 bin/hdfs namenode –format 命令格式化 HDFS，具体实现的方法如下。

```
[root@node02 ]# mkdir -p /root/opt
[root@node03 ]# mkdir -p /root/opt

[root@node01 ]# 拷贝到两个从节点
[root@node01 ]# scp -rp opt/ root@node02:/root/opt/
[root@node01 ]# scp -rp opt/ root@node03:/root/opt/

[root@node01 ]# scp -rp /etc/profile node02:/etc/profile
[root@node01 ]# scp -rp /etc/profile node03:/etc/profile

[root@node02]# source /etc/profile
[root@node03]# source /etc/profile

[root@node01 ]# cd ../../
[root@node01 hadoop-3.2.1]# 格式化HDFS
[root@node01 hadoop-3.2.1]# bin/hdfs namenode -format
# 如果在后面的日志信息中能看到这一行,则说明namenode格式化成功
2020-02-24 15:21:28, 893 INFO common.Storage: Storage directory /root/opt/data/tep/
dfs/name has been successfully formatted.
# 启动Hadoop
[root@node01 hadoop-3.2.1]# sbin/start-all.sh
```

在三台机器中分别输入 jps 命令，来判断集群是否启动成功。如果看到以下服务，则表示 Hadoop 集群启动成功：在 node01 节点上可以看到 NameNode、ResourceManager、SecondaryNameNode 和 Jps 进程；在 node02 和 node03 节点上可以看到 NodeManager、DataNode 和 Jps 进程。

```
[root@node01 ~]# jps
3601 ResourceManager
3346 SecondaryNameNode
4074 Jps
3069 NameNode
[root@node02 ~]# jps
3473 Jps
3234 NodeManager
3114 DataNode
[root@node03 ~]# jps
3031 NodeManager
3256 Jps
2909 DataNode
```

Hadoop 集群启动成功后，可以访问 http://192.168.92.90:9870 或 http://node01:9870，Hadoop 集群启动页面如图 13.7 所示。

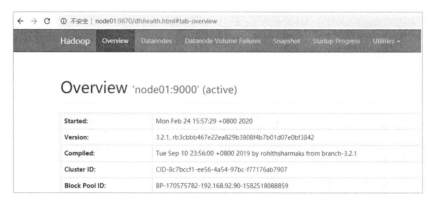

图13.7　Hadoop集群启动页面

Hadoop集群启动成功后,可以访问http://192.168.92.90:8088或http://node01: 8088,查看Hadoop集群状态,如图13.8所示。

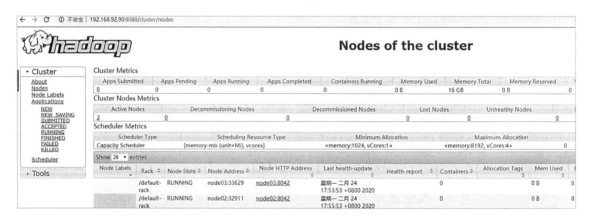

图13.8　Hadoop集群状态

如果想停止集群,则可以执行sbin/stop-all.sh命令。至此,Hadoop集群搭建成功。

```
# 停止Hadoop
[root@node01 hadoop-3.2.1]# sbin/stop-all.sh
```

下面启动ZooKeeper集群,先修改分发的myid文件,再分别启动ZooKeeper。

```
[root@node02 apache-zookeeper-3.5.6-bin]# vim zkdata/myid
2
[root@node03 apache-zookeeper-3.5.6-bin]# vim zkdata/myid
3


# 分别启动ZooKeeper
[root@node01 apache-zookeeper-3.5.6-bin]# bin/zkServer.sh start
[root@node02 apache-zookeeper-3.5.6-bin]# bin/zkServer.sh start
[root@node03 apache-zookeeper-3.5.6-bin]# bin/zkServer.sh start
```

```
# 查看ZooKeeper启动出现的节点QuorumPeerMain
[root@node01]# jps
16962 Jps
16005 NameNode
16534 ResourceManager
16903 QuorumPeerMain
16282 SecondaryNameNode

[root@node02]# jps
8402 Jps
8037 NodeManager
7914 DataNode
8202 QuorumPeerMain

# 查看ZooKeeper选举状态
[root@node01 apache-zookeeper-3.5.6-bin]# bin/zkServer.sh status
ZooKeeper JMX enabled by default
Usingconfig:/root/opt/module/zookeeper/apache-zookeeper-3.5.6-bin/bin/../conf/zoo.cfg
Client port found: 2181. Client address: localhost.
Mode: follower
[root@node02 apache-zookeeper-3.5.6-bin]# bin/zkServer.sh status
ZooKeeper JMX enabled by default
Usingconfig:/root/opt/module/zookeeper/apache-zookeeper-3.5.6-bin/bin/../conf/zoo.cfg
Client port found: 2181. Client address: localhost.
Mode: leader
[root@node03 apache-zookeeper-3.5.6-bin]# bin/zkServer.sh status
ZooKeeper JMX enabled by default
Usingconfig:/root/opt/module/zookeeper/apache-zookeeper-3.5.6-bin/bin/../conf/zoo.cfg
Client port found: 2181. Client address: localhost.
Mode: follower
```

至此,ZooKeeper集群搭建成功。在ZooKeeper集群中,选择node02为leader,选择node01和node03为follower,下面使用客户端命令简单操作ZooKeeper,具体实现的方法如下。

```
[root@node02 apache-zookeeper-3.5.6-bin]# bin/zkCli.sh
[zk: localhost:2181(CONNECTED) 0]# ls查看当前ZooKeeper中所包含的内容
[zk: localhost:2181(CONNECTED) 0] ls /
[zookeeper]
[zk: localhost:2181(CONNECTED) 1]# ls2查看当前节点详细数据
[zk: localhost:2181(CONNECTED) 1] ls2 /
[zookeeper]
cZxid = 0x0
ctime = Thu Jan 01 08:00:00 CST 1970
mZxid = 0x0
mtime = Thu Jan 01 08:00:00 CST 1970
pZxid = 0x0
cversion = -1
```

```
dataVersion = 0
aclVersion = 0
ephemeralOwner = 0x0
dataLength = 0
numChildren = 1
[zk: localhost:2181(CONNECTED) 2]# create创建节点
[zk: localhost:2181(CONNECTED) 2] create /zk myData
Created /zk
[zk: localhost:2181(CONNECTED) 3]# get获得节点的值
[zk: localhost:2181(CONNECTED) 3] get /zk
myData
[zk: localhost:2181(CONNECTED) 4]# set修改节点的值
[zk: localhost:2181(CONNECTED) 4] set /zk myData1
[zk: localhost:2181(CONNECTED) 5] get /zk
myData1
[zk: localhost:2181(CONNECTED) 6]# create创建子节点
[zk: localhost:2181(CONNECTED) 6] create /zk/zk01 myData2
Created /zk/zk01
[zk: localhost:2181(CONNECTED) 7]# stat检查状态
[zk: localhost:2181(CONNECTED) 7] stat /zk
cZxid = 0x100000008
ctime = Thu Feb 27 12:39:43 CST 2020
mZxid = 0x100000009
mtime = Thu Feb 27 12:42:37 CST 2020
pZxid = 0x10000000b
cversion = 1
dataVersion = 1
aclVersion = 0
ephemeralOwner = 0x0
dataLength = 7
numChildren = 1
[zk: localhost:2181(CONNECTED) 8]# rmr移除节点
[zk: localhost:2181(CONNECTED) 8] rmr /zk
```

至此，对ZooKeeper就算有了一个入门的了解，当然ZooKeeper的功能远比我们这里描述的多，如用ZooKeeper实现集群管理、分布式锁、分布式队列、leader选举、Java API编程等。

13.1.11　搭建Spark集群

在安装Spark前，需要配置Scala编程语言环境，具体实现的方法如下。

```
[root@node01]# mkdir -p /usr/local/scala
[root@node01]# cd /usr/local/scala/
[root@node01 scala]# wget https://downloads.lightbend.com/scala/2.13.1/scala-2.13.1.tgz
[root@node01 scala]# tar -zxvf scala-2.13.1.tgz
[root@node01 scala]# cd cala-2.13.1
[root@node01 scala-2.13.1]# pwd
```

```
/usr/local/scala/scala-2.13.1
[root@node01 scala-2.13.1]# vim /etc/profile
##########
export SCALA_HOME=/usr/local/scala/scala-2.13.1
export PATH=$PATH:$SCALA_HOME/bin
[root@node01 scala-2.13.1]# source /etc/profile
[root@node01 scala-2.13.1]# scala
scala> println("HelloWorld")
HelloWorld
```

下面安装 Spark，这里选择的版本是 2.4.5，目前 Spark 官方更新到 Spark 3 版本。下面同样将 Scala 和 Spark 分发到 node02 和 node03 节点中，具体实现的方法如下。

```
[root@node01 ~]# scp -rp /usr/local/scala/ node02:/usr/local/scala/
[root@node01 ~]# scp -rp /usr/local/scala/ node03:/usr/local/scala/

[root@node01 ~]# scp -rp opt/module/spark/ node02:opt/module/spark/
[root@node01 ~]# scp -rp opt/module/spark/ node03:opt/module/spark/


[root@node01 ]# scp -rp /etc/profile node02:/etc/profile
[root@node01 ]# scp -rp /etc/profile node03:/etc/profile

[root@node02 ~]# scala
Welcome to Scala 2.13.1 (Java HotSpot(TM) Server VM, Java 1.8.0_231).
Type in expressions for evaluation. Or try :help.
scala>
[root@node03 ~]# scala
Welcome to Scala 2.13.1 (Java HotSpot(TM) Server VM, Java 1.8.0_231).
Type in expressions for evaluation. Or try :help.
scala>
```

最后，启动 Spark 集群，注意在启动 Spark 集群前，需要先启动 Hadoop 集群。Spark 集群启动成功后，通过 jps 命令可以查看到 Spark 的 Master 和 Worker 两个节点。

```
[root@node01 spark]# sbin/start-all.sh
[root@node01 spark]# jps
5731 Jps
5589 Master
4934 SecondaryNameNode
4648 NameNode
5658 Worker
5195 ResourceManager
[root@node02 ~]# jps
3752 DataNode
3881 NodeManager
4058 Worker
4172 Jps
```

Spark集群启动成功后,可以访问http://192.168.92.90:8080,查看Spark集群状态,如图13.9所示。至此,Spark集群搭建成功。

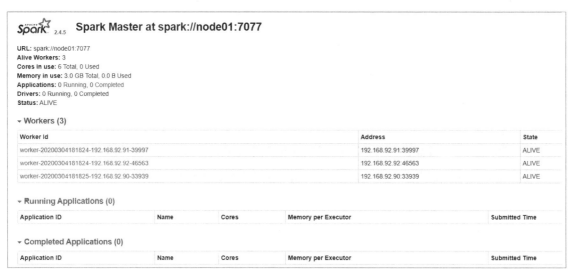

图 13.9　Spark集群状态

 13.2 Hadoop和Spark的基础知识

本节将主要介绍Hadoop中的HDFS、Spark Shell、RDD编程和Spark SQL。在这里,并不过多地介绍Hadoop其他基本架构。如果读者想了解更多的Hadoop大数据方面相关的内容,则可以到Apache Hadoop官方教程中查阅。

13.2.1　HDFS

Hadoop分布式文件系统(Hadoop Distributed File System,HDFS)的主要作用是进行数据的存储。HDFS提供Shell命令行客户端,可以使用hadoop fs命令查看具体的使用方法。

```
[root@node01 ~]# hadoop fs
Usage: hadoop fs [generic options]
    [-appendToFile <localsrc> ... <dst>]
    [-cat [-ignoreCrc] <src> ...]
    [-checksum <src> ...]
    [-chgrp [-R] GROUP PATH...]
    [-chmod [-R] <MODE[,MODE]... | OCTALMODE> PATH...]
    [-chown [-R] [OWNER][:[GROUP]] PATH...]
```

```
[-copyFromLocal [-f] [-p] [-l] [-d] [-t <thread count>] <localsrc> ... <dst>]
[-copyToLocal [-f] [-p] [-ignoreCrc] [-crc] <src> ... <localdst>]
[-count [-q] [-h] [-v] [-t [<storage type>]] [-u] [-x] [-e] <path> ...]
[-cp [-f] [-p | -p[topax]] [-d] <src> ... <dst>]
[-createSnapshot <snapshotDir> [<snapshotName>]]
[-deleteSnapshot <snapshotDir> <snapshotName>]
[-df [-h] [<path> ...]]
[-du [-s] [-h] [-v] [-x] <path> ...]
[-expunge [-immediate]]
[-find <path> ... <expression> ...]
[-get [-f] [-p] [-ignoreCrc] [-crc] <src> ... <localdst>]
[-getfacl [-R] <path>]
[-getfattr [-R] {-n name | -d} [-e en] <path>]
[-getmerge [-nl] [-skip-empty-file] <src> <localdst>]
[-head <file>]
[-help [cmd ...]]
[-ls [-C] [-d] [-h] [-q] [-R] [-t] [-S] [-r] [-u] [-e] [<path> ...]]
[-mkdir [-p] <path> ...]
[-moveFromLocal <localsrc> ... <dst>]
[-moveToLocal <src> <localdst>]
[-mv <src> ... <dst>]
[-put [-f] [-p] [-l] [-d] <localsrc> ... <dst>]
[-renameSnapshot <snapshotDir> <oldName> <newName>]
[-rm [-f] [-r|-R] [-skipTrash] [-safely] <src> ...]
[-rmdir [--ignore-fail-on-non-empty] <dir> ...]
[-setfacl [-R] [{-b|-k} {-m|-x <acl_spec>} <path>]|[--set <acl_spec> <path>]]
[-setfattr {-n name [-v value] | -x name} <path>]
[-setrep [-R] [-w] <rep> <path> ...]
[-stat [format] <path> ...]
[-tail [-f] [-s <sleep interval>] <file>]
[-test -[defswrz] <path>]
[-text [-ignoreCrc] <src> ...]
[-touch [-a] [-m] [-t TIMESTAMP] [-c] <path> ...]
[-touchz <path> ...]
[-truncate [-w] <length> <path> ...]
[-usage [cmd ...]]
```

HDFS所有的Hadoop命令均由bin/hadoop脚本运作,如果没有配置Hadoop环境变量,则需要在bin/hadoop目录下运行。由于前面配置了Hadoop环境变量,因此下面直接使用HDFS的Shell命令,具体实现的方法如下。

```
[root@node01 ~]# vim hello.txt
#######
Hello HDFS
[root@node01 ~]# hdfs dfs -mkdir /data
[root@node01 ~]# hdfs dfs -put hello.txt /data
hdfs dfs -ls /
[root@node01 ~]# hdfs dfs -ls /data
```

```
-rw-r--r--   3 root supergroup          11 2020-02-25 10:31 /data/hello.txt
[root@node01 ~]# hdfs dfs -cat /data/hello.txt
Hello HDFS
[root@node01 ~]# rm -rf hello.txt
[root@node01 ~]# hdfs dfs -get /hello.txt
[root@node01 ~]# ll hello.txt
-rw-r--r--. 1 root   root           11 2月  25 10:32 hello.txt
[root@node01 ~]# more hello.txt
Hello HDFS
[root@node01 ~]# hdfs dfs -rm -r /data
[root@node01 ~]# hdfs dfs -ls /
```

其中，hdfs dfs -mkdir /data命令用于创建data文件夹；hdfs dfs -put hello.txt /data命令用于将hello.txt文件上传到HDFS的data文件夹中；hdfs dfs -ls /data命令用于查看目录；hdfs dfs -get /hello.txt命令用于将HDFS的data文件夹中的hello.txt文件下载到本地；hdfs dfs -rm /data/hello.txt命令用于删除hello.txt文件。

13.2.2 Spark Shell

学习Spark程序开发，需要先了解Spark Shell交互式学习，以便加深对Spark程序开发的理解。Spark提供两种Shell：一种是Python版本，可以通过PySpark打开；另一种是Scala版本，在这里并不过多的论述。

```
[root@node01 ]# PySpark
Welcome to
      ____              __
     / __/__  ___ _____/ /__
    _\ \/ _ \/ _ `/ __/  '_/
   /__ / .__/\_,_/_/ /_/\_\   version 2.4.5
      /_/

Using Python version 2.7.5 (default, Aug  7 2019 00:51:29)
SparkSession available as 'spark'.
>>> exit()
```

由于CentOS 7默认配置了Python 2.7版本，而PySpark中的Python版本是Python 2，因此不推荐使用Spark内置的PySpark，故需要安装Python 3。

```
[root@node01 ~]# yum install yum-utils
[root@node01 ~]# yum install openssl-devel -y
[root@node01 ~]# mkdir -p  /usr/local/python3
[root@node01 ~]# cd /usr/local/python3/
[root@node01 python3]# wget https://www.python.org/ftp/python/3.6.7/Python-3.6.7.tgz
[root@node01 python3]# tar -zxvf Python-3.6.7.tgz
[root@node01 python3]# cd Python-3.6.7
[root@node01 python3.6.7]# ./configure --prefix=/usr/local/python3 --with-ssl
```

```
[root@node01 python3.6.7]# make && make install
Installing collected packages: setuptools, pip
Successfully installed pip-10.0.1 setuptools-39.0.
[root@node01 python3.6.7]# cd ..
[root@node01 Python3]# ln -s /usr/local/python3/bin/python3 /usr/bin/python3
[root@node01 Python3]# ln -s /usr/local/python3/bin/pip3 /usr/bin/pip3
[root@node01 Python3]# python3 -V
Python 3.6.7
[root@node01 Python3]# python3
Python 3.6.7 (default, Mar  5 2020, 11:00:15)
[GCC 4.8.5 20150623 (Red Hat 4.8.5-39)] on linux
Type "help", "copyright", "credits" or "license" for more information.
>>> exit()
```

由于上面安装了 Python 3，但是并没有配置环境变量，因此需要在配置中设置 PYSPARK_PYTHON环境变量为 Python 3.6 版本。

```
[root@node01 ~]# vim /etc/profile
##########
export PYSPARK_PYTHON=/usr/local/python3/bin/python3
[root@node01 ~]# source /etc/profile
[root@node01 ~]# PySpark
Welcome to
      ____              __
     / __/__  ___ _____/ /__
    _\ \/ _ \/ _ `/ __/  '_/
   /__ / .__/\_,_/_/ /_/\_\   version 2.4.5
      /_/

Using Python version 3.6.7 (default, Mar 11 2020 12:02:55)
SparkSession available as 'spark'.
>>>
```

通过 pip3 install pyspark==2.4.5 命令可以安装相同版本的 PySpark 包，安装完成后，使用命令行启动 Spark 集群。

```
[root@node01 ~]# pip3 install pyspark==2.4.5
Successfully installed py4j-0.10.7 pyspark-2.4.5
[root@node01 ~]# python
>>> from pyspark import SparkContext, SparkConf
>>> conf = SparkConf()
>>> conf.setMaster("spark://node01:7077")
<pyspark.conf.SparkConf object at 0x7f5a364475f8>
>>> sc = SparkContext(conf=conf)
>>> sc
<SparkContext master=spark://node01:7077 appName=pyspark-shell>
>>> 'applicationId:', sc.applicationId
('applicationId:', 'app-20200313165750-0000')
```

```
>>> import numpy as np
>>> rdd = sc.parallelize(np.arange(10))
>>> rdd.collect()
[0, 1, 2, 3, 4, 5, 6, 7, 8, 9]
>>> sc.stop()
```

如果不更改 Python 版本，则建议使用 Scala 版本，或者更改 PySpark 中的 Python 版本。下面通过 Spark Shell 实现 MapReduce 词频统计。

```
[root@node01 ~]# vim input.txt
I love hadoop
I love Java
Hadoop is written in Java
Spark is written in scala
[root@node01 ~]# hdfs dfs -put input.txt /
[root@node01 ~]# hdfs dfs -ls /
-rw-r--r--   3 root supergroup        78 2020-03-01 15:47 /input.txt
```

启动的 Spark 集群模式，并不是本地模式。在集群模式读取不到本机文件，需要将文件上传到 HDFS 中，或者在所有的集群的节点相同路径下都存在相同的文件，下面是 Spark Shell 实现 MapReduce 词频统计的代码，具体代码如下。

```
[root@node01 ~]# spark-shell --master spark://node01:7077
Spark context available as 'sc' (master=spark://node01:7077,
app id=app-20200301140512-0000).
Welcome to
      ____              __
     / __/__  ___ _____/ /__
    _\ \/ _ \/ _ `/ __/  '_/
   /___/ .__/\_,_/_/ /_/\_\   version 2.4.5
      /_/

Using Scala version 2.12.10 (Java HotSpot(TM) Server VM, Java 1.8.0_231)
Type in expressions to have them evaluated.
Type: help for more information.

# 当启动一个Spark Shell时,Spark Shell预先创建好一个SparkContext对象,变量名为"sc"
scala> val rdd = sc.textFile("hdfs://node01:9000/input.txt")

scala> rdd.count()
res0: Long = 4

scala> rdd.first()
res1: String = I love hadoop

scala> rdd.collect
res2: Array[String] = Array(I love hadoop, I love Java, Hadoop is written in Java,
Spark is written in scala)
```

```
scala> val rdd1 = rdd.flatMap(_.split(" "))
rdd3: org.apache.spark.rdd.RDD[String] = MapPartitionsRDD[2] at flatMap at
<console>:25

scala> rdd1.collect
res4: Array[String] = Array(I, love, hadoop, I, love, Java, Hadoop, is, written, in,
Java, Spark, is, written, in, scala)

scala> val rdd2 = rdd1.map(w=>(w, 1))
rdd5: org.apache.spark.rdd.RDD[(String, Int)] = MapPartitionsRDD[3] at map at
<console>:25

scala> rdd2.collect
res6: Array[(String, Int)] = Array((I, 1), (love, 1), (hadoop, 1), (I, 1), (love, 1),
(Java, 1), (Hadoop, 1 ), (is, 1), (written, 1), (in, 1), (Java, 1), (Spark, 1), (is, 1),
(written, 1), (in, 1), (scala, 1))

scala> val rdd3 = rdd2.reduceByKey(_+_)
rdd3: org.apache.spark.rdd.RDD[(String, Int)] = ShuffledRDD[4] at reduceByKey at
<console>:25

scala> rdd3.collect()
res4: Array[(String, Int)] = Array((scala, 1), (is, 2), (love, 2), (Java, 2),
(Spark, 1), (hadoop, 1), (I, 2), (written, 2), (in, 2), (Hadoop, 1))

scala> rdd3.sortByKey(true).collect()
res5: Array[(String, Int)] = Array((Hadoop, 1), (I, 2), (Java, 2), (Spark, 1),
(hadoop, 1), (in, 2), (is, 2), (love, 2), (scala, 1), (written, 2))

scala> rdd3.sortByValue(true).collect()
res5: Array[(String, Int)] = Array((Hadoop, 1), (I, 2), (Java, 2), (Spark, 1),
(hadoop, 1), (in, 2), (is, 2), (love, 2), (scala, 1), (written, 2))
```

对key、value进行调换,再按照key进行降序排序,再对key、value进行调换
```
scala> rdd3.map(x=>(x._2, x._1)).sortByKey(false).map(x=>(x._2, x._1)).collect().
foreach(println)
(I, 2)
(written, 2)
(in, 2)
(is, 2)
(love, 2)
(Java, 2)
(Spark, 1)
(hadoop, 1)
(Hadoop, 1)
(scala, 1)
```

13.2.3　RDD编程

Spark最基本的数据抽象叫作弹性分布式数据集（Resilient Distributed Dataset，RDD）。Spark 提供了很多对RDD的操作，如map、filter、flatMap、groupByKey和union等。下面依次介绍创建RDD、Action操作、Transformation操作和PairRDD操作。

1. 创建RDD

创建RDD的基本方式有两种：一种是使用textFile加载本地或集群文件系统中的数据；另一种是使用parallelize方法将Driver中的数据结构转化为RDD。

```
# 从集群中读取数据
scala> val rdd = sc.textFile("hdfs://node01:9000/input.txt")

# parallelize将Driver中的数据结构转化为RDD,参数2指定分区数
scala> val rdd = sc.parallelize(1 to 10, 2)

scala> rdd.collect
res2: Array[Int] = Array(1, 2, 3, 4, 5, 6, 7, 8, 9, 10)

scale> val rdd = sc.parallelize(List("spark", "i like spark"))

scala> rdd.collect
res3: Array[String] = Array(spark, i like spark)
```

2. Action 操作

RDD提供了大量的Action操作，主要有collect、count、countByValue、countByKey、take、lookup、top、takeOrdered、takeSample、reduce、aggregate、fold、foreach和saveAsTextFile。

```
scala> var rdd1 = sc.makeRDD(Array(("A", "1"), ("B", "2"), ("C", "3")), 2)

scala> rdd1.collect
res6: Array[(String, String)] = Array((A, 1), (B, 2), (C, 3))

scala> rdd1.count()
res7: Long = 3

# countByValue统计RDD中出现的次数
scala> rdd1.countByValue()
res8: scala.collection.Map[(String, String), Long] = Map((B, 2) -> 1, (C, 3) -> 1, (A, 1) -> 1)

scala> rdd1.countByKey()
res9: scala.collection.Map[String, Long] = Map(B -> 1, A -> 1, C -> 1)

# take(n)返回前n个元素
scala> rdd1.take(2)
res10: Array[(String, String)] = Array((A, 1), (B, 2))
```

```
# lookup用于(K,V)类型的RDD,指定K值,返回RDD中该K对应的所有V值
scala> rdd1.lookup("A")
res11: Seq[String] = WrappedArray(1)

scala> val rdd2 = sc.parallelize(List(1, 2, 3, 3, 4, 5))

# top(n)降序返回前n个元素
scala> rdd2.top(2)
res13: Array[Int] = Array(5, 4)

# takeOrdered(n)升序返回前n个元素
scala> rdd2.takeOrdered(2)
res14: Array[Int] = Array(1, 2)

# takeSample(false, 3)随机抽样,false表示不可以重复抽样
scala> rdd2.takeSample(false, 3)
res15: Array[Int] = Array(3, 1, 5)

# true表示可以重复抽样
scala> rdd2.takeSample(true, 3)
res16: Array[Int] = Array(3, 1, 3)

# reduce并行整合RDD中所有数据
scala> rdd2.reduce((x, y)=>x+y)
res17: Int = 18

# 可以简写成_+_
scala> rdd2.reduce(_+_)
res18: Int = 18

scala> val rdd3 = sc.parallelize(List(1, 2, 3, 4, 5, 6), 2)

scala> rdd3.partitions.length
res20: Int = 2

# aggregate(0):给(zeroValue: U)指定一个默认值0
# 每个分区操作时都需要加上此默认值,也就是分区数 * 默认值
# 计算:(n+1) * 默认值,n代表分区数,这是一个可变参数
# (2+1) * 0 + (第一个分区和) + (第二个分区和) = 0 + (1+2+3) + (4+5+6) = 21
scala> rdd3.aggregate(0)(_+_, _+_)
res21: Int = 21

# (2+1) * 1 + (1+2+3) + (4+5+6) = 24
scala> rdd3.aggregate(1)(_+_, _+_)
res22: Int = 24

# (2+1) * 10 + (1+2+3) + (4+5+6) = 51
scala> rdd3.aggregate(10)(_+_, _+_)
```

```
res23: Int = 51

# 第一个分区最大值3 + 第二个分区最大值6 = 9
scala> rdd3.aggregate(0)(math.max(_, _), _+_)
res24: Int = 9

# 3 + 6 + 1 = 10
scala> rdd3.aggregate(1)(math.max(_, _), _+_)
res25: Int = 10

# 默认值4,大于第一个分区数最大值3,因此4 + 4 + 6 = 14
scala> rdd3.aggregate(4)(math.max(_, _), _+_)
res26: Int = 14

# 默认值10,大于第一个分区数最大值3和第二个分区数最大值6,因此10 + 10 + 10 = 30
scala> rdd3.aggregate(10)(math.max(_, _), _+_)
res27: Int = 30

# 同理100 + 100 + 100 = 300
scala> rdd3.aggregate(100)(math.max(_, _), _+_)
res28: Int = 300

# fold的计算方法与aggregate相同
scala> rdd3.fold(0)(_+_)
res29: Int = 21

scala> rdd3.fold(1)(_+_)
res30: Int = 24

# foreach用于遍历RDD
# var和val的区别:val不能再赋值了,var可以重复给变量赋值
scala> var accum = sc.longAccumulator("sumAccum")

scala> rdd2.foreach(x=>accum.add(x))

# 1 + 2 + 3 + 3 + 4 + 5 = 18
scala> accum.value
res33: Long = 18

# saveAsTextFile用于将RDD以文本文件的格式保存到HDFS
scala> val file = "hdfs://node01:9000/rdddata"
file: String = hdfs://node01:9000/rdddata

scala> val rdd4 = sc.parallelize(1 to 10)

scala> rdd4.saveAsTextFile(file)

scala> val data = sc.textFile(file)
```

```scala
scala> data.collect.foreach(print)
12345678910
```

3. Transformation 操作

Transformation 操作具有懒惰执行的特性,指的是在被调用行动操作之前 Spark 不会开始计算。只有当 Action 操作触发到该依赖时,它才被运行。RDD 提供了大量的 Transformation 操作,主要有 map、filter、flatMap、sample、distinct、subtract、union、intersection、cartesian 和 sortBy。

```scala
# map操作对每个元素进行映射转换
scala> val rdd = sc.parallelize(1 to 10, 2)

scala> rdd.map(_+1).collect
res1: Array[Int] = Array(2, 3, 4, 5, 6, 7, 8, 9, 10, 11)

# filter应用过滤条件对每个元素进行过滤
scala> rdd.filter(_>5).collect
res2: Array[Int] = Array(6, 7, 8, 9, 10)

# flatMap实际上是先进行map,然后再进行一次flat处理
scala> val rdd1 = sc.parallelize(Array("hello spark", "hello hadoop"))

scala> rdd1.flatMap(_.split(" ")).collect
res4: Array[String] = Array(hello, spark, hello, hadoop)

scala> rdd1.map(_.split(" ")).collect
res5: Array[Array[String]] = Array(Array(hello, spark), Array(hello, hadoop))

# sample(withReplacement, fraction, seed)根据给定的随机种子seed,随机抽样出数量为
# fraction的数据。withReplacement:是否放回抽样;fraction:比例,0.1表示10%
> rdd.sample(false, 0.1, 0).collect
res6: Array[Int] = Array(2)

# distinct去重
> val rdd2 = sc.parallelize(Array(1, 1, 2, 3, 3, 4))

> rdd.distinct.collect
res8: Array[Int] = Array(1, 2, 3, 4)

# subtract找到上一个RDD不属于下一个RDD的元素,rdd:1~10,rdd2:1,2,3,4
scala> rdd.subtract(rdd2).collect
res9: Array[Int] = Array(6, 8, 10, 5, 7, 9)

# union合并数据
scala> val a = sc.parallelize(1 to 3)
scala> val b = sc.parallelize(4 to 6)

scala> a.union(b).collect
res12: Array[Int] = Array(1, 2, 3, 4, 5, 6)
```

```
# intersection求交集
scala> val a = sc.parallelize(1 to 3)
scala> val b = sc.parallelize(2 to 4)

scala> a.intersection(b).collect
res15: Array[Int] = Array(2, 3)

# cartesian进行笛卡儿积计算
scala> a.cartesian(b).collect
res16: Array[(Int, Int)] = Array((1, 2), (1, 3), (1, 4), (2, 2), (2, 3), (2, 4),
(3, 2), (3, 3), (3, 4))

# sortBy排序
scala> val rdd3 = sc.parallelize(Array((1, 2, 3), (3, 2, 1), (2, 3, 1)))

# 按照第一个元素排序
scala> rdd3.sortBy(_._1).collect
res18: Array[(Int, Int, Int)] = Array((1, 2, 3), (2, 3, 1), (3, 2, 1))

# 按照第二个元素排序
scala> rdd3.sortBy(_._2).collect
res19: Array[(Int, Int, Int)] = Array((3, 2, 1), (1, 2, 3), (2, 3, 1))
```

4. PairRDD操作

Spark操作中经常会用到键值对RDD，用于完成聚合计算。普通RDD中存储的数据类型是Int、String等，而键值对RDD中存储的数据类型是键值对。

```
scala> val rdd = sc.parallelize(List("Hadoop", "Spark", "Hive", "Spark"))

# 普通RDD转PairRDD主要使用map函数来实现
scala> val mapRDD = rdd.map(word=>(word, 1))

scala> mapRDD.keys.collect.foreach(println)
Hadoop
Spark
Hive
Spark

scala> mapRDD.collect.foreach(println)
(Hadoop, 1)
(Spark, 1)
(Hive, 1)
(Spark, 1)

# reduceByKey归并操作
scala> mapRDD.reduceByKey(_+_).collect.foreach(println)
(Hive, 1)
```

```
(Spark, 2)
(Hadoop, 1)

# groupByKey收集成一个Iterator(迭代器)
scala> mapRDD.groupByKey().collect.foreach(println)
(Hive, CompactBuffer(1))
(Spark, CompactBuffer(1, 1))
(Hadoop, CompactBuffer(1))

# 按照key排序
scala> mapRDD.sortByKey().collect.foreach(println)
(Hadoop, 1)
(Hive, 1)
(Spark, 1)
(Spark, 1)

# 键值对RDD中的每个value都应用一个函数
scala> mapRDD.mapValues(_+1).collect.foreach(println)
(Hadoop, 2)
(Spark, 2)
(Hive, 2)
(Spark, 2)
```

13.2.4　Spark SQL

Spark SQL 提供了一个称为 DataFrame 的编程抽象,并且可以充当分布式 SQL 查询引擎,DataFrame 参照了 Pandas 的思想,在 RDD 的基础上增加了 Schema,能够获取列名信息。学习 Spark SQL,其实就是学习 Python 模块中的 Pandas。

1. 创建 DataFrame

通过 toDF 方法可以将 Seq、List 或 RDD 转换成 DataFrame。

```
# 将Seq转换成DataFrame
scala> val seq = Seq((1, "First", java.sql.Date.valueOf("2020-03-02")),
(2, "Second", java.sql.Date.valueOf("2020-03-02")))
scala> val df = seq.toDF("int_column", "string_column", "date_column")
scala> df.show
+----------+-------------+-----------+
|int_column|string_column|date_column|
+----------+-------------+-----------+
|         1|        First| 2020-03-02|
|         2|       Second| 2020-03-02|
+----------+-------------+-----------+

scala> df.printSchema
root
```

```
 |-- int_column: integer (nullable=false)
 |-- string_column: string (nullable=true)
 |-- date_column: date (nullable=true)

# 将List转换成DataFrame
scala> val list = List(("Runsen", 20, 100), ("Zhangsan", 21, 99), ("Lisi", 22, 98))
scala> var df = list.toDF("name", "age", "score")
scala> df.show
+--------+----+-----+
|    name| age|score|
+--------+----+-----+
|  Runsen|  20|  100|
|Zhangsan|  21|   99|
|    Lisi|  22|   98|
+--------+----+-----+


# 将RDD转换成DataFrame
scala> val rdd = sc.parallelize(List(("Runsen", 20), ("Zhangsan", 21),
("Lisi", 22)), 2)
scala> val df = rdd.toDF("name", "age")
scala> df.show
+--------+----+
|    name| age|
+--------+----+
|  Runsen|  20|
|Zhangsan|  21|
|    Lisi|  22|
+--------+----+
```

2. 创建并保存DataSet

通过toDS方法可以将Seq、List或RDD转换成DataSet,或者通过as方法可以将DataFrame转换成DataSet。

```
# toDS方法转换DataSet
scala> case class Student(name:String, age:Int)
defined class Student
scala> val seq = Seq(Student("Runsen", 20), Student("Zhangsan", 21),
Student("Lisi", 22))
scala> val ds = seq.toDS
scala> ds.show
+--------+----+
|    name| age|
+--------+----+
|  Runsen|  20|
|Zhangsan|  21|
|    Lisi|  22|
+--------+----+
```

```
# 保存DataSet
scala> ds.toDF.rdd.saveAsTextFile("/Student.txt")

# 将RDD转换成DataSet
scala> val rdd = sc.parallelize(List(Student("Runsen", 20), Student("Zhangsan", 21),
Student("Lisi", 22)))
scala> val ds = rdd.toDS
scala> ds.show
+--------+----+
|    name| age|
+--------+----+
|  Runsen|  20|
|Zhangsan|  21|
|    Lisi|  22|
+--------+----+
```

3. DataFrame 中的 RDD 编程

DataFrame 支持 RDD 常用的 map、filter、flatMap、reduce、distinct、cache、sample、mapPartitions、foreach、intersect、except 等操作。

```
scala> df.show()
+----+--------+---+----------+
|  id|    name|sex|      city|
+----+--------+---+----------+
|   1|  Runsen|  1| Guangzhou|
|   2|Zhangsan|  1|   Beijing|
|   3|    Lisi|  2|  Shanghai|
+----+--------+---+----------+
only showing top 3 rows

scala> df.count
res14: Long = 3

scala> df.take(2)
res15: Array[org.apache.spark.sql.Row] = Array([1, Runsen, 1, Guangzhou],
[2, Zhangsan, 1, Beijing])

# map
scala> df.map(x=>x(1).toString.toUpperCase).show()
+------------+
|       value|
+------------+
|      RUNSEN|
|    ZHANGSAN|
|        LISI|
+------------+

# filte
```

```
scala> df.filter(s=>s(1).toString.endsWith("n")).show()
+----+---------+---+-----------+
|  id|     name|sex|       city|
+----+---------+---+-----------+
|   1|   Runsen|  1|  Guangzhou|
|   2| Zhangsan|  1|    Beijing|
+----+---------+---+-----------+

scala> val df1 = Seq("Hello World", "Hello Scala", "Hello Spark",
"Hello Spark").toDF("value")

scala> df1.show()
+-----------+
|      value|
+-----------+
|Hello World|
|Hello Scala|
|Hello Spark|
|Hello Spark|
+-----------+

# flatMap
scala> df1.flatMap(x=>x(0).toString.split(" ")).show()
+-----+
|value|
+-----+
|Hello|
|World|
|Hello|
|Scala|
|Hello|
|Spark|
|Hello|
|Spark|
+-----+

# distinct
df1.flatMap(x=>x(0).toString.split(" ")).distinct.show()
+-----+
|value|
+-----+
|World|
|Hello|
|Scala|
|Spark|
+-----+

# sample
scala> df1.sample(false, 0.6, 0).show()
```

```
+-----------+
|      value|
+-----------+
|Hello Spark|
|Hello Spark|
+-----------+

scala> val df2 = Seq("Hello World", "Hello java", "Hello python",
"Hello Hadoop").toDF("value")
scala> df2.show()
+------------+
|       value|
+------------+
| Hello World|
|  Hello java|
|Hello python|
|Hello Hadoop|
+------------+

# intersect
scala> df1.intersect(df2).show()
+-----------+
|      value|
+-----------+
|Hello World|
+-----------+

# except
scala> df1.except(df2).show()
+-----------+
|      value|
+-----------+
|Hello Spark|
|Hello Scala|
+-----------+
```

5. DataFrame常用操作

DataFrame可以进行增加列、删除列、重命名列、排序、去除重复行、去除空行等操作。

```
scala> val df = List((1, "Runsen", 1, null), (2, "Zhangsan", 1, "Beijing"),
(3, "Lisi", 2, "Shanghai")).toDF("id", "name", "sex", "city")

scala> df.show
+----+--------+---+-----------+
| id|    name|sex|       city|
+----+--------+---+-----------+
|  1|  Runsen|  1|       null|
|  2|Zhangsan|  1|    Beijing|
```

```
|  3|    Lisi|  2|  Shanghai|
+----+---------+---+----------+
```

增加列
```
scala> df.withColumn("Number", df("id")+202000).show()
+----+---------+---+----------+------+
| id|     name|sex|      city|Number|
+----+---------+---+----------+------+
|  1|   Runsen|  1|      null|202001|
|  2| Zhangsan|  1|   Beijing|202002|
|  3|     Lisi|  2|  Shanghai|202003|
+----+---------+---+----------+------+
```

删除列
```
scala> df.drop("city").show()
+----+---------+---+
| id|     name|sex|
+----+---------+---+
|  1|   Runsen|  1|
|  2| Zhangsan|  1|
|  3|     Lisi|  2|
+----+---------+---+
```

重命名列
```
scala> df.withColumnRenamed("sex", "gender").show()
+----+---------+--------+----------+
| id|     name|  gender|      city|
+----+---------+--------+----------+
|  1|   Runsen|       1|      null|
|  2| Zhangsan|       1|   Beijing|
|  3|     Lisi|       2|  Shanghai|
+----+---------+--------+----------+
```

降序排名
```
scala> df.sort($"name".desc).show()
+----+---------+---+----------+
| id|     name|sex|      city|
+----+---------+---+----------+
|  2| Zhangsan|  1|   Beijing|
|  1|   Runsen|  1|      null|
|  3|     Lisi|  2|  Shanghai|
+----+---------+---+--------- -+
```

去除NaN值
```
scala> df.na.drop.show()
+----+---------+---+----------+
| id|     name|sex|      city|
+----+---------+---+----------+
```

```
|  2| Zhangsan|  1|   Beijing|
|  3|     Lisi|  2|  Shanghai|
+---+---------+---+----------+

# 填充NaN值
scala> df.na.fill("Guangzhou").show()
+---+---------+---+----------+
| id|     name|sex|      city|
+---+---------+---+----------+
|  1|   Runsen|  1| Guangzhou|
|  2| Zhangsan|  1|   Beijing|
|  3|     Lisi|  2|  Shanghai|
+---+---------+---+----------+
```

本节简单地介绍了 Spark SQL 中的 DataFrame，并没有涉及 Java 和 Scala 编程 API，因此建议读者阅读 Spark SQL 的官方文档。

13.3　Spark MLlib

MLlib 是 Spark 对常用的机器学习算法的实现库，与 Python 中 sklearn 的功能基本相同。MLlib 支持 4 种常见的机器学习问题，分别是分类、回归、聚类和协同过滤。本节将主要探究 MLlib 在 Python 中的使用，也就是 Spark 的 Python API 第三方库 PySpark 的使用。

13.3.1　回归模型

本次回归模型案例采用的是 Kaggle 平台上的房价预测数据集 house-price.csv。首先需要将 house-price.csv 上传到 HDFS 中，可以通过 Spark 集群读取，表 13.2 所示是 house-price.csv 的列名及中文含义。

表 13.2　house-price.csv 的列名及中文含义

列名	中文含义
Price	房屋价格
SqFt	房屋面积
Bedrooms	卧式个数
Bathrooms	浴室个数
Offers	提供房屋人数

下面使用PySpark建立回归模型,首先初始化SparkSession,读取house-prices.csv,将文本格式转化为double数值格式;然后选出特征向量进行归一化操作,再和标签一起转化为DataFrame格式;最后进行回归模型的建立,并预测数据,具体代码如下。

```python
import os
# PySpark中的Python解释器的位置
os.environ['PYSPARK_PYTHON'] = '/usr/local/python3/bin/python3'
from pyspark.sql import SparkSession
from pyspark.ml.regression import LinearRegression
from pyspark.ml.feature import VectorAssembler


# 初始化SparkSession
spark = SparkSession.builder.master("spark://node01:7077").appName("Housing prices").
    getOrCreate()
# 读取house-prices.csv
df = spark.read.csv("hdfs://node01:9000/house-prices.csv", header=True)
# 文本格式转化为double数值格式
data = df.select(df.Price.cast('double'), df.SqFt.cast('double'),
                 df.Bedrooms.cast('double'), df.Bathrooms.cast('double'),
                 df.Offers.cast('double'))


# 使用SqFt、Bedrooms、Bathrooms和Offers作为特征向量
assembler = VectorAssembler(inputCols=["SqFt", "Bedrooms", 'Bathrooms', 'Offers'],
                            outputCol='features')


output = assembler.transform(data)


label_features = output.select("features", "Price").toDF('features', 'label')
label_features.show(truncate=False)
lr = LinearRegression(maxIter=10, regParam=0.3, elasticNetParam=0.8)
lrModel = lr.fit(label_features)


print("Coefficients: %s"%str(lrModel.coefficients))
print("Intercept: %s"%str(lrModel.intercept))


trainingSummary = lrModel.summary


print("numIterations: %d"%trainingSummary.totalIterations)
# 预测数据
print("objectiveHistory: %s"%str(trainingSummary.objectiveHistory))
trainingSummary.residuals.show()
print("RMSE: %f"%trainingSummary.rootMeanSquaredError)
print("r2: %f"%trainingSummary.r2)


####输出如下####
Coefficients: [61.840326613092, 9320.979151527052,
```

```
            12644.816069389013, -13600.9685842886]
Intercept: -17348.212349137608
numIterations: 11
objectiveHistory: [0.5, 0.4064541900581731, 0.23180541007344707, 0.1756372374893467,
                   0.15260752843633843, 0.1514848323858308, 0.1509443633810849,
                   0.15093752399094526, 0.15092323257085108, 0.150923215815279,
                   0.15092320739493156]
RMSE: 14703.373371
r2: 0.698182
```

13.3.2　分类模型

本次分类模型案例采用的是 Kaggle 平台上的关于蘑菇是否有毒分类的数据集 mushrooms.csv。需要根据特征数据，判断蘑菇是否有毒。首先需要将 mushrooms.csv 上传到 HDFS 中，表 13.3 所示是 mushrooms.csv 的列名及列名值缩写含义。

表 13.3　mushrooms.csv 的列名及列名值缩写含义

列名	列名值缩写含义
cap-shape	bell=b，conical=c，convex=x，flat=f，knobbed=k，sunken=s
cap-surface	fibrous=f，grooves=g，scaly=y，smooth=s
cap-color	brown=n，buff=b，cinnamon=c，gray=g，green=r，pink=p，purple=u，red=e，white=w，yellow=y
bruises	bruises=t，no=f
odor	almond=a，anise=l，creosote=c，fishy=y，foul=f，musty=m，none=n，pungent=p，spicy=s
gill-attachment	attached=a，descending=d，free=f，notched=n
gill-spacing	close=c，crowded=w，distant=d
gill-size	broad=b，narrow=n
gill-color	black=k，brown=n，buff=b，chocolate=h，gray=g，green=r，orange=o，pink=p，purple=u，red=e，white=w，yellow=y
stalk-shape	enlarging=e，tapering=t
stalk-root	bulbous=b，club=c，cup=u，equal=e，rhizomorphs=z，rooted=r，missing=?
stalk-surface-above-ring	fibrous=f，scaly=y，silky=k，smooth=s
stalk-surface-below-ring	fibrous=f，scaly=y，silky=k，smooth=s
stalk-color-above-ring	brown=n，buff=b，cinnamon=c，gray=g，orange=o，pink=p，red=e，white=w，yellow=y
stalk-color-below-ring	brown=n，buff=b，cinnamon=c，gray=g，orange=o，pink=p，red=e，white=w，yellow=y
veil-type	partial=p，universal=u
veil-color	brown=n，orange=o，white=w，yellow=y
ring-number	none=n，one=o，two=t
ring-type	cobwebby=c，evanescent=e，flaring=f，large=l，none=n，pendant=p，sheathing=s，zone=z

续表

列名	列名值缩写含义
spore-print-color	black=k,brown=n,buff=b,chocolate=h,green=r,orange=o,purple=u,white=w,yellow=y
population	abundant=a,clustered=c,numerous=n,scattered=s,several=v,solitary=y
habitat	grasses=g,leaves=l,meadows=m,paths=p,urban=u,waste=w,woods=d

1. 数据预处理

由于存在文本数据,对于文本数据的一般处理方法是采用One-Hot,但是考虑到这样分出来的列非常多,因此这里需要使用StringIndexer方法直接将字符转化为数值。

```python
import os
# PySpark配置
os.environ['PYSPARK_PYTHON'] = '/usr/local/python3/bin/python3'

from pyspark.sql import SparkSession
from pyspark.ml.feature import StringIndexer, VectorAssembler

spark = SparkSession.builder.master('spark://node01:7077').appName('learn_ml').
    getOrCreate()
# 载入数据
df = spark.read.csv('hdfs://node01:9000/mushrooms.csv', header=True,
                    inferSchema=True, encoding='utf-8')

old_columns_names = df.columns
# 使用StringIndexer将字符转化为数值,将特征整合到一起
new_columns_names = [name+'-new' for name in old_columns_names]
for i in range(len(old_columns_names)):
    indexer = StringIndexer(inputCol=old_columns_names[i],
                            outputCol=new_columns_names[i])
    df = indexer.fit(df).transform(df)
vecAss = VectorAssembler(inputCols=new_columns_names[1:], outputCol='features')
df = vecAss.transform(df)

# 更换label列名
df = df.withColumnRenamed(new_columns_names[0], 'label')

# 创建新的只有label和features的表
data = df.select(['label', 'features'])

# 将数据集分为训练集和测试集
train_data, test_data = dfi.randomSplit([4.0, 1.0], 100)

# 数据概观
print(data.show(5, truncate=0))

####输出如下#####
```

```
+-----+----------------------------------------------------------------------+
|label|features                                                              |
+-----+----------------------------------------------------------------------+
|1.0  |(22,[1,3,4,7,8,9,10,19,20,21],[1.0,1.0,6.0,1.0,7.0,1.0,2.0,2.0,2.0,4.0]) |
|0.0  |(22,[1,2,3,4,8,9,10,19,20,21],[1.0,3.0,1.0,4.0,7.0,1.0,3.0,1.0,3.0,1.0]) |
|0.0  |(22,[0,1,2,3,4,8,9,10,19,20,21],[3.0,1.0,4.0,1.0,5.0,3.0,1.0,3.0,1.0,3.0,5.0])|
|1.0  |(22,[2,3,4,7,8,9,10,19,20,21],[4.0,1.0,6.0,1.0,3.0,1.0,2.0,2.0,2.0,4.0]) |
|0.0  |(22,[1,2,6,8,10,18,19,20,21],[1.0,1.0,1.0,7.0,2.0,1.0,1.0,4.0,1.0])      |
+-----+----------------------------------------------------------------------+
```

下面在PySpark中依次使用逻辑回归、决策树、随机森林、朴素贝叶斯和支持向量机5种常见的分类模型,具体代码如下。

2. 逻辑回归

PySpark中的逻辑回归通过from pyspark.ml.classification import LogisticRegression导入,其方法和用法与sklearn中的逻辑回归完全相同。但不同的是,sklearn中的predict,在PySpark中换成了transform。

```
from pyspark.ml.classification import LogisticRegression
blor = LogisticRegression()
blorModel = blor.fit(train_data)
result = blorModel.transform(test_data)
# 计算准确率
print(result.filter(result.label==result.prediction).count()/result.count())


####输出如下####
0.9661954517516902
```

3. 决策树

PySpark中的决策树通过from pyspark.ml.classification import DecisionTreeClassifier导入,依然可以设置树的深度,其方法和用法与sklearn中的决策树基本相同。

```
from pyspark.ml.classification import DecisionTreeClassifier
dt = DecisionTreeClassifier(maxDepth=5)
dtModel = dt.fit(train_data)
result = dtModel.transform(test_data)
print(result.filter(result.label==result.prediction).count()/result.count())


####输出如下####
0.9944683466502766
```

4. 随机森林

PySpark中的随机森林通过from pyspark.ml.classification import RandomForestClassifier导入,其方法和用法与sklearn中的随机森林基本相同。

```
from pyspark.ml.classification import RandomForestClassifier
rf = RandomForestClassifier(numTrees=10, maxDepth=5)
```

```
rfModel = rf.fit(train_data)
result = rfModel.transform(test_data)
print(result.filter(result.label==result.prediction).count()/result.count())

####输出如下####
1.0
```

5. 朴素贝叶斯

PySpark 中的朴素贝叶斯通过 from pyspark.ml.classification import NaiveBayes 导入,其方法和用法与 sklearn 中的朴素贝叶斯基本相同。

```
from pyspark.ml.classification import NaiveBayes
nb = NaiveBayes()
nbModel = nb.fit(train_data)
result = nbModel.transform(test_data)
print(result.filter(result.label==result.prediction).count()/result.count())

####输出如下####
0.9231714812538414
```

6. 支持向量机

PySpark 中的支持向量机通过 from pyspark.ml.classification import LinearSVC 导入,其方法和用法与 sklearn 中的 SVC 基本相同。

```
from pyspark.ml.classification import LinearSVC
svm = LinearSVC()
svmModel = svm.fit(train_data)
result = svmModel.transform(test_data)
print(result.filter(result.label==result.prediction).count()/result.count())

####输出如下####
0.9938537185003073
```